ELEMENS

D'HISTOIRE NATURELLE

ET

DE CHIMIE.

TOME TROISIÈME.

ÉLÉMENS
D'HISTOIRE NATURELLE
ET
DE CHIMIE.

CINQUIÈME ÉDITION;

PAR A. F. FOURCROY, Médecin et Professeur de Chimie.

TOME TROISIÉME.

A PARIS,

Chez CUCHET, Libraire, rue & maiſon Serpente.

L'AN II DE LA RÉPUBLIQUE, UNE ET INDIVISIBLE.

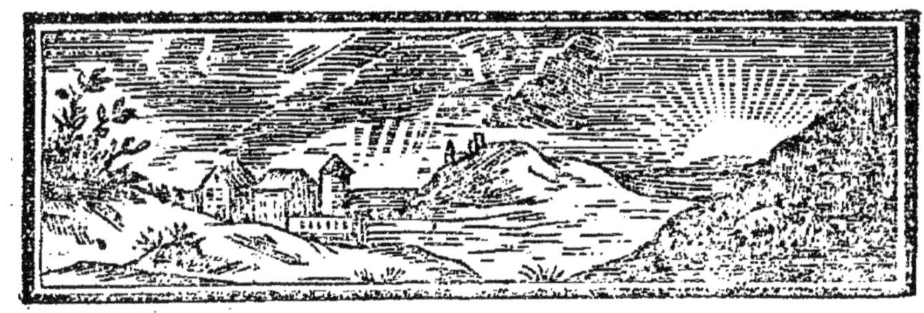

ÉLÉMENS D'HISTOIRE NATURELLE ET DE CHIMIE.

SUITE DE LA TROISIÉME SECTION DE LA MINÉRALOGIE OU DE L'HISTOIRE DES SUBSTANCES COMBUSTIBLES.

CHAPITRE XIII.

DE L'ANTIMOINE.

L'ANTIMOINE, *ſtibium*, eſt un métal fragile, peſant, d'une couleur blanche brillante, aſſez ſemblable à celle de l'étain ou de l'argent. Il paroît compoſé de lames appliquées les unes aux autres, et préſente à ſa ſurface une ſorte de criſtalliſation en étoiles ou feuilles de fougère. Il eſt encore ſuſceptible de criſtalliſer en pyramides trièdres, formées par des eſpèces de trémies implantées par leurs angles les unes ſur les autres; ces trémies paroiſſent être elles-mêmes le réſultat de l'aggrégation de pyramides quadrangulaires, ou d'octaëdres. Il perd dans l'eau un ſeptième de ſon poids; il ſe réduit facilement en poudre, il a une action très-ſenſible ſur l'eſtomac, puiſqu'il eſt fortement émétique & purgatif.

L'antimoine ſe recontre rarement natif; il a été découvert par M. Antoine Shwab, à Sahlberg en Suède. M. Schreiber, directeur des mines d'Allemont en Dauphiné, en a trouvé dans ces mines. Cet antimoine natif eſt en grandes lames & préſente toutes les propriétés de celui que l'on extrait de ſa mine; il contient ſeulement un ou deux centièmes d'arſenic.

M. Mongèz le jeune a découvert un oxide d'antimoine natif en aiguilles fines & blanches mêlées avec de l'antimoine, ou grouppées à la manière de la zéolite. Il a trouvé cet oxide ſur de l'antimoine natif des Chalanges en Dauphiné.

Ce métal eſt le plus ſouvent combiné avec le ſoufre, & il forme alors ce qu'on a appelé improprement antimoine, & ce qu'on doit nommer mine ou sulfure d'antimoine. Ce minéral est d'un gris noirâtre, en lames ou en aiguilles plus ou moins grosses, friables, dispersées ou réunies sous différentes formes. Il est quelquefois mêlé avec d'autres métaux, & particulièrement avec le plomb & le fer; il est commun en Hongrie, en France, dans le Bourbonnois, l'Auvergne, le Poitou. Les naturalistes ont multiplié les variétés de cette mine, suivant que ses filets sont parallèles, étoilés, irréguliers, chatoyans, &c. lorsqu'elle est mêlée d'une portion d'arsenic, ou qu'elle a été altérée par des vapeurs alcalines ou combustibles, elle est en aiguilles d'un rouge foncé, assez semblables aux belles fleurs de cobalt, mais un peu plus opaques. On peut, d'après ces détails, reconnoître plusieurs variétés de cette mine.

Variétés.

1. Sulfure d'antimoine cristallisé en prismes à six pans, terminés par des pyramides tétraëdres obtuses, & isolés.

2. Sulfure d'antimoine strié, ou formé de grosses aiguilles informes, appliquées & réunies en faisceaux irréguliers.

3. Sulfure d'antimoine à stries étoilées,

Variétés.

ſes aiguilles vont en divergeant d'un centre commun.

4. Sulfure d'antimoine lamelleux ; il eſt formé de lames plus ou moins étendues, qui imitent la mine de plomb nommée *Galène.* Quelquefois cette variété eſt brillante, on la nomme alors *antimoine ſpéculaire.*

5. Sulfure d'antimoine rouge. Il eſt en efflore ſcence granuleuſe, a la ſurface des aiguilles d'antimoine ; quelquefois il eſt criſtalliſé en aiguilles ou priſmes d'un rouge plus ou moins brillant & foncé. Quelques naturaliſtes le nomment en cet état *kermès* & *ſoufre doré natifs.*

On ne traite point le ſulfure d'antimoine dans ſes mines pour en ſéparer le métal pur ; on ſe contente de fondre ce minéral pour le ſéparer de ſa gangue & des autres matières métalliques auxquelles il peut être lié. A cet effet on prend deux pots de terre, dont l'un eſt percé de pluſieurs trous dans ſon fond, c'eſt dans celui-là que l'on met la mine à fondre ; l'autre pot placé au-deſſous du premier, & deſtiné à recevoir le ſulfure d'antimoine à meſure qu'il ſe fond, eſt enfoncé dans la terre. On fait du feu autour du pot ſupérieur ; on ne donne qu'une chaleur douce dans le commencement, parce que cette mine eſt très-fuſible ; mais ſur la fin on augmente le feu, afin de retirer du minéral tout ce qu'il contient. Il paſſe alors une portion des autres métaux, & notamment du fer qui ſe trouve dans la mine; ces métaux forment une couche de ſcories à la ſurface du ſulfure d'antimoine. Quoique ce minéral tiré de la Hongrie paſſe pour le plus pur, il eſt certain que tout ſulfure d'antimoine fondu, lorſqu'il eſt bien aiguillé & ſans mélange de ſcories, eſt également parfait & propre à tous les uſages auxquels on a coutume d'employer ce minéral. Il faut ſeulement obſerver que le ſulfure d'antimoine diffère ſouvent par la quantité reſpective de ſoufre & d'antimoine qu'il contient, & qu'il eſt très-important de faire l'eſſai de celui dont on ſe ſert pour préparer les médicamens antimoniaux, dont il ſeroit fort à deſirer que la force fût toujours la même.

Le ſulfure d'antimoine eſt très-fuſible, ainſi qu'on peut le voir d'après le procédé employé pour le ſéparer de ſa gangue; ſi on le pouſſe au feu, lorſqu'il eſt fondu dans des vaiſſeaux ouverts, il perd ſon ſoufre qui ſe diſſipe en vapeurs jaunes; la partie métallique s'oxide auſſi très-facilement, & ſe diſſipe en vapeurs blanches. Mais à une chaleur douce & incapable de fondre le sulfure d'antimoine, le soufre de ce minéral se dissipe lentement & par dégrés; le métal s'unit peu à peu à l'oxigène atmosphérique, & forme l'oxide gris d'antimoine. Cette opération ne peut bien se faire, qu'autant que le sulfure d'antimoine très-divisé présente une grande surface à l'air. Pour cela on le met en poudre et on l'expose à un feu doux sur une terrine de terre vernissée. Il faut aussi procéder avec lenteur au commencement, parce que ce minéral est très fusible; mais à mesure qu'on avance dans l'opération & que le soufre se dissipe, l'antimoine devenant plus réfractaire, on peut élever le feu jusqu'à faire rougir la capsule qui contient ce minéral. On s'apperçoit qu'on opère bien, lorsqu'on ne sent d'autre odeur que celle du soufre qui se sublime pendant le grillage, & que la matière ne se pelotonne pas; mais lorsque le sulfure d'antimoine se grumèle, & que le soufre se décompose en se volatilisant, ce qu'on sent par l'odeur suffoquante de l'acide sulfureux, alors la chaleur est trop grande, & il faut la diminuer.

Quoique le soufre paroisse peu adhérent à l'antimoine dans sa mine, il n'est cependant pas possible de l'enlever tout entier par le grillage; & l'oxide gris d'antimoine préparé par ce procédé, en retient toujours une assez grande quantité, malgré qu'il ait été calciné au point d'ôter au métal ses propriétés métalliques.

L'oxide sulfuré & gris d'antimoine, poussé au feu sans addition, se fond en un verre d'un brun rouge ou couleur d'hyacinthe. Ce verre est plus ou moins fusible, plus ou moins transparent, suivant que le minéral qui a servi à le former étoit plus ou moins calciné. Si cet oxide contient peu de soufre & beaucoup d'oxigène, le verre qu'il donne est transparent & peu fusible, c'est le *verre d'antimoine* proprement dit, ou l'oxide d'antimoine sulfuré vitreux. Si l'oxide contient beaucoup de soufre, & s'il se rapproche encore du caractère métallique, il produit un verre plus fusible & plus opaque; on le nomme *foie d'antimoine*, à cause de sa couleur rouge sombre, semblable à celle du foie des animaux. Lorsque l'oxide d'antimoine a été tellement brûlé qu'il a de la peine à fondre, il n'y a qu'à jeter dans le creuset où on le fond, un peu de soufre ou de sulfure d'antimoine, la matière entre en fusion dans l'instant.

L'oxide gris d'antimoine, & le même oxide vitreux, chauffés dans un creuset avec leur poids de flux noir & un peu de savon noir ou d'huile, se réduisent & donnent de l'antimoine pur. Le flux noir dans cette opération sert à deux usages; l'alcali qu'il contient s'unit au soufre que ces matières n'ont pu perdre par la seule action du feu, et la matière charbonneuse favorise la réduction de l'oxide métallique. C'est de cette manière que se prépare l'antimoine en grand dans le commerce; on l'appelle *régule*. On coule ce demi-métal en pains orbiculaires & applatis; ces pains présentent à leur surface une cristallisation en forme de feuilles de fougère.

L'antimoine n'est que peu altérable par le contact de la lumière. Il ne se fond au feu que lorsqu'il est rouge; & si on le chauffe fortement dans des vaisseaux clos, il se volatilise en entier sans être décomposé. Si on le laisse refroidir lentement lorsqu'il est fondu, & qu'on décante la portion fluide lorsque sa surface est figée, on trouve le reste cristallisé en pyramides ou en trémies, comme nous l'avons dit plus haut.

Ce métal fondu dans des vaisseaux ouverts, s'oxide promptement; il s'en élève des fumées blanches, épaisses, qui se précipitent à la surface du métal fondu, ou s'attachent au couvercle du creuset, sous la forme de petites aiguilles blanches; c'est un oxide métallique sublimé, auquel on a donné le nom impropre de *fleurs argentines de régule d'antimoine*, ou celui de *neige d'antimoine*. Pour en préparer une certaine quantité, on place un creuset horisontalement dans un fourneau, de sorte que ses bords s'ajustent avec la porte du foyer à laquelle on le lutte à l'aide de la terre à four. On met dans ce creuset de l'antimoine; on fait assez de feu pour faire fondre & fumer ce demi-métal, on reçoit cette fumée dans un second creuset qu'on adapte au premier; elle s'y condense en aiguilles très-déliées, blanches & brillantes, qui paroissent être des prismes à quatre pans.

L'oxide d'antimoine blanc & sublimé, n'est pas seulement susceptible de se volatiliser dans le tems de la déflagration du demi métal; mais il se sublime seul, lorsqu'on le pousse au feu. Cet oxide peut aussi se fondre en un verre de couleur orangée; ce verre est plus pâle & plus transparent que celui que l'on fait avec l'oxide gris & sulfuré d'antimoine; mais aussi il est beaucoup plus difficile à fondre.

L'antimoine n'éprouve aucune altération de la part des matières combustibles; mais les oxides d'antimoine peuvent être décomposés par ces substances, & reprendre l'état métallique. Comme la plupart sont très-oxidés ou chargés de beaucoup d'oxigène, ils ne passent que très-difficilement à l'état métallique, & comme ils sont aussi très-volatils, on ne peut faire cette réduction que dans des vaisseaux fermés. Il paroît que l'oxide blanc sublimé est dissoluble dans l'eau, & qu'il a pris quelques caractères salins. Rouelle est le premier qui ait fait cette observation sur les *fleurs* d'antimoine. Comme quelques autres oxides métalliques, & en particulier ceux d'arsenic, de molybdène, de tungstène, passent à l'état salin & acide, lorsqu'ils sont saturés d'oxigène ; peut-être découvrira-t-on par la suite la même propriété dans l'oxide d'antimoine.

L'antimoine n'est que fort peu altéré par l'air ; on observe seulement que la surface de ce métal se ternit. Il ne se dissout pas dans l'eau, cependant quelques médecins soupçonnent qu'il communique à ce fluide une qualité émétique très-marquée. Les oxides blancs d'antimoine dissous dans l'eau, donnent à ce fluide une propriété émétique. Cette action, jointe à leur dissolubilité dans l'eau & à leur volatilité, présente une sorte d'analogie avec l'oxide d'arsenic. Plusieurs minéralogistes ont pensé que la mine d'antimoine n'étoit jamais exempte d'arsenic ; il est certain que jetée en poudre sur les charbons, ainsi que le métal, elle exhale une odeur sensiblement arsenicale, & que lorsqu'on s'expose pendant quelques tems à cette vapeur, on est purgé, & on éprouve les effets d'un empoiſonnement léger, comme je l'ai obſervé pluſieurs fois dans mon laboratoire.

Les ſubſtances terreuſes n'ont point d'action ſur l'antimoine ; ſon oxide entre facilement dans les verres, & leur donne des couleurs orangées plus ou moins ſemblables à celle de l'hyacinthe.

On ne connoît point l'action des ſubſtances ſalino-terreuſes & des alcalis ſur l'antimoine ; on a mieux apprécié celle des acides ſur ce demi-métal.

L'acide ſulfurique qu'on fait bouillir lentement ſur ce régule, eſt décompoſé & en oxide une partie. Il s'exhale une grande quantité de gaz ſulfureux, & ſur la fin il ſe ſublime un peu de ſoufre. La maſſe qui reſte après la décompoſition de l'acide, eſt un compoſé de beaucoup d'oxide métallique & d'une petite portion du métal combiné à l'acide dans l'état de ſulfate d'antimoine. On ſépare la partie ſaline par le moyen de l'eau diſtillée. Ce ſel, fortement évaporé, eſt très-déliqueſcent, & n'eſt pas ſuſceptible de criſtalliſation ; il ſe décompoſe facilement au feu. L'eau pure, les ſubſtances ſalino-terreuſes & les alcalis en ſéparent auſſi les principes. L'oxide d'antimoine formé par l'acide ſulfurique & précipité de cet acide, eſt très-difficile à réduire.

L'acide nitrique attaque avec vivacité l'antimoine ; il est fortement décomposé, il en oxide la plus grande partie, & en dissout une portion. Cette dissolution se fait bien à froid ; le sel qui en résulte, séparé par la lessive de la portion oxidée, donne par l'évaporation un nitrate d'antimoine qui est fort déliquescent, qui se décompose au feu, & par les mêmes intermèdes que le sulfate de ce métal. L'oxide d'antimoine formé par l'acide nitrique, est très-blanc ; il est en même-tems un des plus réfractaires & des plus difficiles à réduire de tous les oxides métalliques.

L'acide muriatique paroît agir plus difficilement sur l'antimoine que les autres acides. Cependant il le dissout à l'aide d'une digestion longue, & l'oxide moins que ne font les acides sulfurique & nitrique. J'ai observé qu'en laissant pendant long-tems cet acide sur de l'antimoine en poudre, il agit lentement sur ce métal & en dissout une bonne quantité. Le muriate d'antimoine qu'on obtient en petites aiguilles par une forte évaporation, est très-déliquescent. Il se fond au feu ; il se volatilise, & il se décompose par l'eau distillée, comme le muriate d'antimoine sublimé, nommé *beurre d'antimoine*, que nous connoîtrons par la suite, & dont il ne diffère que très-peu. M. Monnet, qui a bien décrit cette combinaiſon opérée par une chaleur aſſez forte, obſerve que celle que l'on fait avec un oxide d'antimoine, diffère beaucoup de celle qui eſt préparée avec le métal, par ſa fixité & ſa manière de criſtalliſer en lames, comme le ſulfate de chaux & l'acide boracique. D'ailleurs cette eſpèce de ſel eſt décompoſable par l'eau. Nous avons eu occaſion d'obſerver que dans les diſſolutions d'antimoine par l'acide muriatique & au moyen de la diſtillation, il y a toujours une portion ſaline qui ne ſe volatiliſe pas par l'action du feu, & qui reſſemble à celle dont M. Monet fait mention. Cela dépend de ce qu'elle a été fortement oxidée par l'acide. Cette obſervation peut être également appliquée à preſque toutes les diſſolutions métalliques qui ſe trouvent dans pluſieurs états différens, ſuivant qu'elles contiennent le métal plus ou moins brûlé ou oxigéné. Bergman dit que l'acide muriatique a plus d'affinité avec l'antimoine, que n'en ont les autres acides.

L'acide muriatique oxigéné brûle l'antimoine avec la plus grande facilité. M. Weſtrumb a découvert que l'antimoine en poudre jeté dans du gaz acide muriatique oxigéné, brûle rapidement, & avec une flamme blanche très brillante.

L'*eau régale*, ou l'acide nitro-muriatique,

dissout ce métal plus efficacement que chacun des acides qui le composent; parce que l'activité de l'acide muriatique est augmentée en raison de son union avec l'oxigène séparé de l'acide nitrique. Le nitro-muriate d'antimoine est fort déliquescent, & peut être décomposé comme les autres combinaisons salines de ce métal.

Le sulfure d'antimoine, ou la combinaison naturelle du soufre avec le métal, se dissout mieux en général & s'oxide moins par les acides, que le métal lui-même. Il paroît que le soufre défend en partie l'antimoine de l'action de ces substances salines. L'acide nitro-muriatique agit doucement sur ce minéral; c'est un très-bon moyen d'en séparer le soufre, qui se précipite sous la forme d'une poudre blanche. M. Baumé conseille d'employer pour cette opération une *eau régale* composée de quatre parties d'acide nitrique & d'une partie d'acide muriatique; mais il n'a pas déterminé la force de ces acides. Lorsque l'action de cet acide mixte est appaisée, on filtre la dissolution; le soufre reste sur le filtre; on le pèse, & l'on sait ainsi quelle est la quantité respective de soufre & d'antimoine contenue dans la mine qu'on analyse; mais il faut observer que le soufre est toujours mêlé d'une petite quantité d'oxide d'antimoine, de ſorte qu'on ne doit pas regarder cette expérience comme d'une très-grande exactitude, à moins qu'on n'ait ſéparé auparavant par les acides la portion d'oxide mêlée au ſoufre.

L'acide muriatique en diſſolvant le ſulfure d'antimoine, forme un peu de *kermès*, ce qui prouve que l'eau eſt décompoſée.

Ce métal décompoſe facilement pluſieurs ſels neutres. M. Monnet a décrit, dans ſon Traité de la diſſolution des métaux, une opération par laquelle il démontre que l'antimoine décompoſe le ſulfate de potaſſe. Il a fait fondre dans un creuſet un mêlange d'une once de ce ſel & d'une demi-once du métal dont nous nous occupons. Il en a réſulté une maſſe jaune, vitriforme, très-cauſtique, qui n'étoit qu'un ſulfure de potaſſe antimonié; cette maſſe délayée dans l'eau chaude, a donné, par le refroidiſſement, un oxide d'antimoine ſulfuré rougeâtre, ou du véritable *kermès*. On conçoit, ſuivant la nouvelle doctrine, que le demi-métal s'eſt emparé de l'oxigène de l'acide ſulfurique qui a paſſé par-là à l'état de ſoufre. Une ſuite d'expériences que j'ai faites ſur cet objet, m'a prouvé que pluſieurs ſubſtances métalliques décompoſent de même les ſels ſulfuriques, comme je le ferai voir dans les chapitres ſuivans.

Le nitrate de potaſſe eſt décompoſé très-rapidement par l'antimoine. En projettant dans un creuſet rougi au feu, parties égales de ce métal & de nitre en poudre, ce ſel détonne vivement, & brûle le métal à l'aide de l'oxigène qu'il fournit ; après cette opération, on trouve dans le creuſet l'alcali fixe qui ſervoit de baſe au nitre, & l'antimoine dans l'état d'oxide blanc ; on a donné à cet oxide le nom d'*antimoine diaphorétique*. Nous le nommons *oxide d'antimoine par le nitre*. Le plus ordinairement on n'emploie pas l'antimoine pour faire cette préparation ; mais on ſe ſert du ſulfure d'antimoine natif ou de ſa mine. On ajoute ſeulement une plus grande quantité de nitre, comme trois parties contre une de ce minéral, afin de brûler, non-ſeulement le métal, mais encore tout le ſoufre qui lui eſt uni ; la raiſon de la préférence qu'on donne ici à la mine ſur le métal, c'eſt que le ſoufre rend la détonation du nitre plus rapide & plus complette, & facilite ſingulièrement la combuſtion de l'antimoine.

La matière qui reſte dans le creuſet, après la détonation, eſt compoſée de l'oxide d'antimoine, uni en partie à l'alcali fixe du nitre, & d'une portion du nitre qui a échappé à la détonation ; elle contient auſſi un peu de ſulfate de potaſſe, formé par l'acide du ſoufre & l'alcali l'alcali fixe du nitre. Ce composé a été nommé *fondant de Rotrou*, ou *antimoine diaphorétique non lavé*; on jette cette matière dans de l'eau bien chaude ; elle s'y délaie, la partie saline s'y dissout, & l'oxide métallique y reste suspendu ; on décante l'eau trouble, on laisse déposer cet oxide blanc & fixe; c'est ce qu'on appelle *antimoine diaphorétique lavé* ; on le sèche avec précaution, après l'avoir moulé en petits trochisques. L'eau qui surnage le dépôt, tient en dissolution les matières salines qui étoient dans le mélange, & une portion d'oxide métallique presque acidifié, unie à la potasse du nitre. Cette espèce d'antimoniate de potasse est susceptible de cristalliser, suivant M. Berthollet, les acides le décomposent & en précipitent un oxide d'antimoine, nommé *ceruse d'antimoine*, ou *matière perlee* de Kerkringius. La liqueur qui surnage ce précipité, contient un peu de nitre échappé à la détonation, un peu de sulfate de potasse produit pendant la détonation, & le sel neutre formé par l'union de l'acide avec l'alcali qui tenoit l'oxide métallique en dissolution. Quoique ce dernier sel varie suivant l'acide qu'on a employé, il porte le nom très impropre de *nitre antimonié* de Stahl; le plus souvent ce sel n'est point du nitre, puisqu'on peut se servir des acides sulfurique ou muriatique pour précipiter l'oxide d'antimoine; & lorsque la précipitation est bien faite, il ne contient point du tout de cet oxide.

Les oxides d'antimoine obtenus par le nitre, peuvent être fondus en verres comme tous les précédens; mais comme ils sont très-oxidés on a bien de la peine à les fondre. Par la même raison ils sont difficiles à réduire en métal; ils paroissent même plus irréductibles que l'oxide d'antimoine fait par le feu & sublimé. On ne sait pas encore s'ils sont moins dissolubles dans l'eau & dans les acides.

L'antimoine paroît susceptible de décomposer le muriate de soude; puisque si l'on chauffe dans une cornue un mélange de ces deux substances, il passe, suivant la remarque de M. Monnet, du muriate d'antimoine sublimé dans le récipient. Ce chimiste ne décrit point le résidu de cette opération.

Ce métal ne décompose pas bien le muriate ammoniacal, suivant Bucquet; & l'on n'obtient point de *beurre* ou muriate d'antimoine sublimé de cette décomposition, comme l'avoit avancé Juncker.

Toutes les matières combustibles ont une action plus ou moins marquée sur l'antimoine. Le gaz hydrogène altère sa surface & la colore. Il agit d'une manière plus énergique ſur ſes diſſolutions. J'ai fait paſſer ce gaz obtenu du fer & de l'acide ſulfurique aqueux, dans une diſſolution nitro-muriatique d'antimoine ; cette dernière s'eſt troublée sur-le-champ, elle a dépoſé une matière d'un jaune orangé, ſemblable à du *ſoufre doré*, mais jamais ſemblable à de vrai *kermès*. Les oxides d'antimoine blanc, expoſés de même au gaz hydrogène, ſoit à ſec, ſoit délayés dans l'eau, n'ont pas été altérés.

Le ſoufre ſe combine très-bien avec l'antimoine, & forme une mine artificielle, qui imite parfaitement le ſulfure d'antimoine natif. Pour obtenir cette combinaiſon, on fond promptement dans un creuſet partie égale de ſoufre & d'antimoine, & il en réſulte un minéral aiguillé d'un gris ſombre, qui ne contient jamais la moitié de ſon poids de ſoufre, à moins qu'on n'en ait employé une partie & demie contre une partie du métal. J'ai même obſervé qu'une once d'antimoine fondu dans une cornue avec une once de ſoufre, a donné dix gros de ſulfure d'antimoine, qui ne contenoit par conſéquent que deux gros de ſoufre, & que le reſte de cette matière combuſtible étoit parvenu, en ſe bourſoufflant par la fuſion, juſque dans le récipient. Il ne faut donc qu'une partie de ſoufre pour donner à quatre parties d'antimoine les caractères de mine ; & l'on voit, d'après cela, combien il est important de faire l'essai de celle dont on se sert en pharmacie, afin d'apprécier l'effet des diverses substances qu'on combine avec ce minéral.

Les sulfures alcalins ou *foies de soufre* dissolvent complétement l'antimoine, & forment une matière jaunâtre, d'où l'on peut précipiter le soufre antimonié, par un acide qui lui donne sur-le-champ une couleur orangée. Le gaz *hépathique* ou hydrogène sulfuré, agit sur les dissolutions de ce métal, absolument de la même manière que le gaz hydrogène.

L'antimoine s'unit à l'arsenic, au bismuth; mais on n'a point encore examiné ces alliages avec assez de soin.

Telles sont les principales propriétés de ce métal. Il est nécessaire maintenant de considérer en particulier sa mine, à laquelle on a donné le nom impropre d'*antimoine*. Comme c'est de ce minéral que l'on se sert le plus communément pour faire un grand nombre de préparations pharmaceutiques très-importantes, on conçoit que ses propriétés doivent être baucoup mieux connues que celles du métal qu'il contient. Les alchimistes qui s'en sont très-occupés, ont multiplié nos connoissances sur cette matière, & aucune substance n'a été le ſujet d'un plus grand nombre d'expériences que le ſulfure d'antimoine. Nous avons déja vu que l'on peut, à l'aide de la chaleur, en ſéparer une portion du ſoufre, qu'il réſulte de cette opération un oxide gris qui peut ſe fondre en *verre* ou en *foie* d'antimoine, ſuivant ſa calcination plus ou moins avancée; que le nitre en brûlant le ſoufre, oxide auſſi la matière métallique. Mais le grillage & la combuſtion par le nitre, ne ſont pas les ſeuls moyens d'enlever le ſoufre à l'antimoine : on y parvient encore en préſentant à ce minéral un corps qui ait plus d'affinité avec le métal que n'en a le ſoufre, ou qui ait plus de rapport avec le ſoufre que n'en a le régule.

On a un exemple de la première décompoſition, en appliquant les acides au ſulfure d'antimoine crud ; ces ſels & ſur-tout l'acide nitro-muriatique, diſſolvent le métal, & en ſéparent le ſoufre qui vient nager au-deſſus de la diſſolution; le métal paroît même plus aiſé à diſſoudre complétement dans le ſulfure d'antimoine, que lorſqu'il eſt pur, ainſi que nous l'avons déjà fait remarquer plus haut. Le fer & quelques autres ſubſtances métalliques enlévent le ſoufre à l'antimoine.

Le nitre eſt employé avec ſuccès pour préparer avec le ſulfure d'antimoine plusieurs médicamens assez importans. Nous avons déjà vu que lorsqu'on fait détoner une partie de cette mine avec trois parties de nitre, le soufre & le métal se trouvent brûlés, & il ne reste plus qu'un oxide d'antimoine presque acidifié, uni à l'alcali. Si l'on fait détoner parties égales de nitre & de sulfure d'antimoine, cette détonation est moins vive, parce qu'il y a moins de nitre; aussi est-on obligé de projetter ce mélange par cuillerées dans un creuset rougi, tandis que celui destiné à former l'oxide blanc, ou *l'antimoine diaphorétique*, n'a besoin que d'être allumé une fois, & détonne ensuite tout seul, jusqu'à ce qu'il soit entièrement réduit en une masse blanche. Lorsque la détonation du sulfure d'antimoine & du nitre, à parties égales est finie, on pousse le tout à la fonte, & au lieu d'*antimoine diaphorétique*, on trouve dans le creuset une masse brune-opaque, brillante, très cassante, en un mot, un *verre d'antimoine* brun & opaque couvert de scories. On conçoit que dans cette opération, le nitre n'a pas été en assez grande quantité pour brûler tout le soufre. La portion de ce dernier, qui n'est pas détruite, a entraîné l'oxide d'antimoine dans sa fusion. Lorsqu'on ne pousse pas ce mélange à la fonte, on n'obtient qu'une scorie vitreuse, à laquelle on donne le nom de *faux foie d'antimoine de Rulland.* Cette matière réduite en poudre & lavée dans l'eau, forme le *safran de métaux*, qui n'est que de l'oxide d'antimoine vitreux, pulvérisé & séparé des matières salines provenantes de la détonation du nitre.

On fait encore deux préparations analogues à la précédente, & qui sont de véritables verres d'antimoine sulfurés. L'une est la rubine d'antimoine, ou *magnesia opalina*, que l'on obtient en fondant dans un creuset parties égales de muriate de soude décrépité, de nitre & de sulfure d'antimoine. Cette fonte, qui a lieu sans détonation, fournit une masse vitreuse, d'un brun peu foncé, très-brillante, & couverte de scories blanches. L'autre appelée très-improprement *régule médecinal*, se prépare en fondant un mélange de quinze onces de sulfure d'antimoine, de douze onces de muriate de soude décrépité, et de trois onces de tartre. Il en résulte un verre noir, luisant, très-opaque, très-dense, qui n'a nullement l'aspect métallique. Ces deux espèces de composés qui diffèrent du vrai *foie d'antimoine* par quelques propriétés extérieures, doivent sans doute leurs différences au sel marin qui entre dans leur préparation, mais dont on n'a point encore apprécié les effets sur ce minéral.

Si l'on veut extraire l'antimoine de sa mine en petit dans les laboratoires, on doit n'employer que ce qu'il faut de nitre pour brûler le soufre, & ajouter au mélange une matière capable de favoriser la réduction de la partie de métal qui est réduite à l'état d'oxide dans cette expérience. Pour cela on prend huit onces de sulfure d'antimoine en poudre, six onces de tartre, & trois onces de nitre; on mêle exactement ces matières, on les projette par cuillerées dans un creuset rougi au feu; le nitre détone avec le tartre & le sulfure d'antimoine, il se forme du flux noir, & l'antimoine se fond. Lorsque la matière est bien fondue, on la verse dans un cône de fer chauffé & graissé, on frappe quelques coups sur le cône pendant qu'on verse le mélange; on le laisse réfroidir, & l'on trouve le régule sous la forme pyramidale au fond de ce vaisseau. Ce métal est recouvert de scories noires & rougeâtres, qui attirent facilement l'humidité de l'air. Le *régule* est pur lorsque sa surface supérieure est convexe, & qu'elle présente une étoile régulière. Cette étoile qui avoit exalté l'imagination des alchimistes, ne dépend que de la manière dont le métal cristallise en se réfroidissant. Ce réfroidissement commence par le bord, & la matière fluide étant rejetée du centre à la circonférence, produit cette cristallisation qui n'a lieu que dans les petites masses d'antimoine ; car dans les grands pains de ce métal, comme l'ondulation de la matière fluide part de plusieurs centres, au lieu d'une étoile on trouve des impressions en forme de feuilles de fougère, qui se cristallisent sous différens angles. Réaumur a fait voir qu'un réfroidissement subit empêche cette sorte de cristallisation en forme d'étoile, & que si on réfroidit brusquement un des côtés du cône, on n'obtient que la moitié de l'étoile (1). La quantité de métal qu'on retire par ce procédé, ne fait pas la moitié du sulfure antimonié qu'on a employé, quoique ce minéral contienne souvent plus de régule que de soufre, parce qu'une portion du métal est combinée avec les matières salines qui forment les scories.

Les scories qui surnagent l'antimoine extrait de sa mine par ce procédé, sont très-composées.

---

(1) Il y a sans doute un rapport entre la manière dont les culots métalliques cristallisent à leur surface, & la forme qu'ils affectent lorsque l'art parvient à les disposer en cristaux isolés par le réfroidissement bien ménagé, & par la séparation de la portion fluide d'avec celle qui est figée. M. l'abbé Mongès s'est occupé de ce rapport dans ses recherches sur la cristallisation des métaux.

On y trouve l'alcali fixe du nitre & du tartre uni au ſoufre de l'antimoine, & dans l'état de ſulfure alcalin ou d'*hépar*. Ce ſulfure tient en diſſolution une portion d'oxide d'antimoine, & il eſt mêlé d'un peu de ſulfate de potaſſe formé par l'acide ſulfurique produit par la combuſtion du ſoufre, & uni à une portion de l'alcali du nitre. Enfin ces ſcories contiennent une matière charbonneuſe fournie par le tartre. Si on les fait bouillir dans une grande quantité d'eau, & ſi on filtre la liqueur bouillante, elle laiſſe ſur le filtre la portion charbonneuſe. Cette diſſolution qui eſt claire tant qu'elle eſt chaude, ſe trouble par le réfroidiſſement, & dépoſe une matière rougeâtre qu'on a regardé juſqu'à préſent comme un ſulfure de potaſſe antimonié. Ce précipité eſt nommé *kermès minéral* par la voie ſeche. Lorſque la liqueur n'en précipite plus, on peut la faire évaporer, & on en obtient une matière moins colorée que le *kermès*, & qui eſt un véritable ſulfure de potaſſe antimonié. Elle fournit auſſi du ſulfate de potaſſe. Si, au lieu d'évaporer cette liqueur, on y verſe un acide quelconque, il y produit un précipité jaune orangé d'oxide d'antimoine ſulfuré, auquel on donne le nom de *ſoufre doré d'antimoine*; il paroît peu différent du *kermès*.

Si l'on fait bouillir quelques inſtans du ſulfure d'antimoine réduit en poudre, dans de l'eau chargée de carbonate de potaſſe ou de ſoude, l'un ou l'autre de ces alcalis efferveſcens diſſout le ſoufre, & forme un ſulfure alcalin qui tient en diſſolution une partie d'oxide d'antimoine : on filtre la liqueur bouillante ; elle laiſſe précipiter par le réfroidiſſement la portion d'oxide d'antimoine ſulfuré rouge, ou de *kermès*, qu'elle contient. Cette liqueur étant refroidie & filtrée, on peut en précipiter de nouvel oxide d'antimoine ſulfuré orangé, par le moyen des acides. Si on fait bouillir de nouvelle leſſive alcaline ſur le réſidu, on peut encore tirer du *kermès* ; mais celui-ci eſt plus pâle que le premier, & plus on réitère l'opération, moins on obtient de vrai kermès : il paroît que l'alcali diſſout plus de ſoufre que d'oxide d'antimoine, & qu'on ne devroit faire ſubir au ſulfure d'antimoine qu'une ou deux décoctions dans l'alcali. Cette opération ſe nomme en général préparation du *kermès* par la voie humide.

Ce nom lui a été donné par le frère Simon, chartreux, ſans doute à cauſe de ſa couleur ſemblable à celle de la coque animale appelée *kermès* (1), qu'on emploie dans la teinture. Le

---

(1) Le *Kermès* animal ou la *graine d'écarlate* dont on ſe ſert dans la teinture, n'eſt autre choſe que la peau

kermès minéral a été aussi appelé *poudre des Chartreux*, parce qu'il a d'abord été préparé dans la pharmacie de ces religieux. La découverte de ce médicament paroît être due à Glauber, qui le préparoit avec le sulfure d'antimoine & la liqueur de nitre fixé par les charbons. Mais il a décrit son procédé d'une manière inintelligible & presque sous les emblêmes alchimiques. Lémery qui a beaucoup travaillé sur l'antimoine, & qui a donné sous un autre nom une préparation analogue au *kermès*, peut en être regardé comme le véritable inventeur. Cependant ce remède a été présenté comme entièrement nouveau plusieurs années après la publication de l'ouvrage de ce chimiste; & il n'a dû en effet sa célébrité qu'aux cures singulières qu'il paroît avoir opérées entre les mains du frère Simon. Ce religieux tenoit cette com-

---

d'un insecte femelle, qui se fixe sur le chêne verd & s'étend peu à peu en se soulevant en manière de calotte. Il a perdu la forme des anneaux qui fait reconnoître ces animaux. C'est sous cette calotte que sont contenus les œufs qui y éclosent; les insectes sortis de ces œufs, percent cette coque, & les femelles sans ailes se fixent & meurent sur les feuilles de l'arbre, après avoir été fécondées par les mâles qui portent des ailes. La cochenille est une autre espèce d'insecte analogue à celui-ci, comme nous l'exposerons dans le regne animal.

position d'un chirurgien nommé la Ligerie, qui n'en étoit pas lui-même l'auteur. Ce dernier disoit l'avoir reçu de M. Chastenay, lieutenant de roi à Landau, à qui elle avoit, disoit-on, été communiquée par un apothicaire, prétendu élève de Glauber. Dodart, alors premier médecin du roi, s'adressa à la Ligerie pour faire publier la recette du *kermès*, & elle le fut en effet par ce chirurgien en 1720. Lémery le fils revendiqua la découverte pour son père, dans les mémoires de l'académie, & avec d'autant plus de justice que la plûpart des pharmaciens suivent encore le procédé indiqué par cet habile chimiste pour faire cette préparation.

Le procédé décrit par la Ligerie, consiste à faire bouillir pendant deux heures une pinte d'eau de pluie avec quatre onces de liqueur de nitre fixé par les charbons, et une livre de sulfure d'antimoine cassé par petits morceaux; à filtrer la liqueur bouillante; à faire bouillir la même mine avec trois onces de nouvelle liqueur de nitre fixé, étendue dans une pinte d'eau de pluie; enfin, à faire subir au second résidu une troisième ébullition avec les lessives précédentes, en y ajoutant deux onces de liqueur de nitre fixé, & une pinte d'eau de pluie. On filtre & on laisse déposer le *kermès*, on le lave jusqu'à ce qu'il soit insipide, on le fait ſécher, on fait brûler de l'eau-de-vie deſſus, & on le pulvériſe. Ce procédé eſt long, il ne fournit que très-peu de *kermès*, puiſqu'on n'en obtient tout au plus que deux ou trois gros d'une livre de ſulfure d'antimoine. Il eſt d'ailleurs embarraſſant à cauſe de la longue ébullition & de l'évaporation de l'eau. Enfin il fait perdre plus de trois quarts de la mine d'antimoine, en raiſon de la petite quantité d'alcali que l'on emploie relativement à celle de ce minéral.

M. Baumé, qui a adopté celui de Lémery, donne deux méthodes pour préparer facilement & en peu de tems, une grande quantité d'oxide d'antimoine ſulfuré rouge, ou de kermès; l'une par la voie ſeche, & l'autre par la voie humide. Suivant la première, on fait fondre dans un creuſet un mélange d'une livre de ſulfure d'antimoine, de deux livres d'alcali du tartre bien pur & d'une once de ſoufre, le tout bien pulvériſé. On coule ce mélange fondu dans un mortier de fer, on le pulvériſe groſſièrement quand il eſt réfroidi, on le fait bouillir dans une ſuffiſante quantité d'eau, on filtre la liqueur au papier gris, elle donne un kermès d'un rouge brun par ſon réfroidiſſement; on le lave d'abord avec l'eau froide & enſuite avec l'eau bouillante, juſqu'à ce qu'il ſoit ſuffiſamment dessalé; on le fait secher, on le pulvérise & on le passe au tamis de soie.

Pour préparer le *kermès* par la voie humide suivant le même chimiste, on fait bouillir une lessive de cinq ou six livres d'alcali fixe pur en liqueur, avec quinze ou vingt livres d'eau de rivière; on jette dans cette liqueur bouillante quatre ou cinq onces de sulfure d'antimoine porphyrisé, on agite bien le mélange, & lorsqu'il a bouilli un instant, on le filtre; cette liqueur dépose beaucoup de kermès par le réfroidissement, on le lave de la même manière que celui qui est fait par la fusion. Ce procédé fournit suivant M. Baumé, douze à treize onces de kermès par livre d'antimoine. Ce chimiste assure que ces deux kermès sont parfaitement semblables.

La théorie de cette opération & la nature du kermès ne sont pas encore parfaitement connues, malgré les travaux de plusieurs chimistes célèbres. On pense généralement que l'alcali dissout le soufre de la mine, & que le sulfure qui se forme dissout aussi l'antimoine. Ce métal n'est cependant pas dissous en totalité, puisque dans le procédé de Lémery par la voie humide, il se précipite pendant l'ébullition une poudre grise qui se fond sans addition en un véritable antimoine. La précipitation du *kermès* par le réfroidissement de la lessive, qui est d'abord rougeâtre & transparente, & qui perd sa couleur à mesure que le kermès se dépose, est encore un phénomène singulier. On pense que ce composé est une sorte d'antimoine surchargé de soufre, & soluble à chaud dans l'alcali fixe. En effet, si l'on fait chauffer une lessive qui contient du kermès déposé, cette substance se redissout par la chaleur. La lessive qui a précipité du kermès par le réfroidissement, contient encore du sulfure de potasse antimonié; lorsqu'on y verse un acide, il s'en précipite une matière orangée, nommée *soufre doré d'antimoine*, & qui est beaucoup plus émétique que le kermès. On croit qu'il contient moins de soufre & plus d'oxide métallique que ce dernier.

Geoffroy qui a donné à l'académie en 1734 & 1735, plusieurs mémoires sur le kermès, a procédé par beaucoup d'expériences à son analyse. L'action des acides est regardée comme le moyen le plus efficace qu'on puisse employer pour cela; on croit que ces sels dissolvent le métal & laissent le soufre à nu, & que l'on peut par ce moyen apprécier la quantité respective de ces deux substances. Un gros de kermès contient, suivant Geoffroy, seize à dix-sept grains de métal, treize à quatorze grains d'alcali fixe, & quarante à quarante-un grains

de

de soufre. Beaucoup de chimistes pensent aujourd'hui que le kermès ne contient pas un atôme d'alcali. M. Baumé dit que ce sel n'est pas un de ses principes constituans, & qu'on peut le lui enlever par le seul lavage dans beaucoup d'eau bouillante. M. Deyeux, qui a fait des recherches sur cet objet, est du même sentiment. Dans des travaux suivis sur le kermès dans le laboratoire de M. la Rochefoucauld, nous avons eu occasion de voir la même chose. Mais ce qu'il y a de plus important sur cet objet, c'est que le kermès paroît être très-différent de lui-même, suivant plusieurs circonstances de sa préparation. Il contient plus ou moins de soufre & de métal, & l'on conçoit que ses effets doivent varier à l'infini, d'après ces différences. En général il paroît que l'état du sulfure d'antimoine, la variété des proportions de ses principes, sa plus ou moins grande division, l'état de l'alcali plus ou moins caustique, sa quantité, celle de l'eau, le tems de l'ébullition, & plusieurs autres circonstances analogues, font singulièrement varier la nature du *kermès*. Pour l'avoir uniforme, il faut le préparer avec des substances toujours égales à elles-mêmes & dans des circonstances parfaitement semblables. Sans entrer dans beaucoup de détails sur les phénomenes que nous a offerts le kermès traité par un grand nombre d'intermèdes différens, nous ajouterons seulement, 1°. que les alcalis caustiques l'altèrent singulièrement & le dissolvent, même à froid; 2°. que les acides agissent avec une énergie très-variée sur cette substance, & qu'il est très-difficile de déterminer d'une manière exacte par leur moyen, la quantité & l'état du métal & du soufre qui entrent dans sa composition, parce que le soufre qui en est séparé retient toujours une certaine quantité d'oxide d'antimoine.

Les alcalis caustiques agissent avec beaucoup plus d'énergie que les alcalis effervescens sur le sulfure d'antimoine; ils forment un kermès beaucoup plus abondant & beaucoup plus foncé en couleur. La chaux, l'eau de chaux, mise en digestion sur l'antimoine en poudre, donne, même à froid au bout de quelques jours, une espèce de kermès ou de soufre doré, d'une belle couleur rouge. L'ammoniaque l'altère de la même manière. En distillant du muriate ammoniacal avec le sulfure d'antimoine, on obtient un sublimé pourpre pulvérulent, qui paroît être une sorte de sulfure antimonié à base d'ammoniaque.

Enfin, pour terminer l'histoire de la décomposition du sulfure d'antimoine, plusieurs substances métalliques ont la propriété de lui enlever son soufre, avec lequel elles ont plus d'affinité que n'en a le métal. L'étain, le fer, le cuivre & l'argent, peuvent opérer ces décompositions. Il suffit de chauffer & de faire fondre l'étain & l'argent avec cette mine, ces deux métaux s'unissent au soufre & laissent l'antimoine. Le fer & le cuivre produisent le même effet, lorsqu'après les avoir réduits en limaille, & les avoir fait rougir dans un creuset, on y ajoute le sulfure d'antimoine. Ce minéral accélère leur fusion, & le métal cassant s'en sépare. A la vérité, l'antimoine obtenu par ces procédés, n'est pas pur; il retient une partie des substances métalliques qu'on a employées pour le séparer du soufre; sa couleur & sa forme indiquent constamment cet alliage; on l'a distingué sous les noms de chaque métal avec lequel il est allié.

L'antimoine est employé dans plusieurs arts, & notamment pour la fonte des caractères d'imprimerie. On s'en servoit autrefois pour purger. On laissoit séjourner de l'eau ou du vin dans des vases de ce métal, pendant une nuit; on prenoit le lendemain cette liqueur. Mais, comme la température du lieu où se faisoit cette opération, l'état du vin plus ou moins acide, produisoient nécessairement des différences pour la quantité de métal diſſoute, ce médicament a été abandonné avec raiſon, comme très-infidèle. On a de même renoncé aux pilules perpétuelles, qui n'étoient que des petites boules de ce métal, qu'on avaloit pour ſe purger. L'état des ſucs digeſtifs, la nature de la ſaburre des premières voies, la ſenſibilité des différens individus, rendoient leurs effets incertains & ſouvent dangereux.

On ne ſe ſert aujourd'hui que du ſulfure d'antimoine cru, du fondant de Rotrou, de l'oxide d'antimoine appelé *diaphorétique*, du kermès minéral, & du ſoufre doré. Le ſulfure d'antimoine eſt employé comme ſudorifique dans les maladies de la peau. On le ſuſpend dans un linge en forme de nouet, dans les vaiſſeaux où l'on prépare les tiſannes appropriées à ces maladies; pluſieurs médecins nient qu'il ait quelques vertus lorſqu'on l'adminiſtre de cette manière. On le fait prendre auſſi en ſubſtance, exactement porphyriſé en pilules, pour remplir les mêmes indications.

Le fondant de Rotrou, ou l'oxide d'antimoine alcalin, eſt fort recommandé dans les maladies de la lymphe, qui dépendent de l'épaiſſiſſement de cette liqueur, comme dans les affections ſcrophuleuſes, & en général dans les engorgemens des glandes. Pluſieurs médecins n'ont pas de confiance dans les effets de l'antimoine diaphorétique lavé ; ils regardent ce médicament comme un pur oxide d'antimoine sans vertu. Cependant on ne doit point oublier que cet oxide, dans lequel Rouelle le jeune a trouvé une dissolubilité assez marquée, peut produire des effets, à raison de cette propriété. Il est d'ailleurs certain que, comme on ne connoît pas l'action des sucs gastrique & intestinal sur les oxides métalliques, on ne peut pas prononcer qu'une substance insoluble & insipide en apparence, ne puisse avoir aucune vertu. Cependant l'observation nous apprend que ce médicament ne produit que très-peu d'effets dans les éruptions dartreuses & dans les maladies de la peau les plus rébelles, quoiqu'on l'employe pendant long-tems. On doit préférer l'antimoine diaphorétique non lavé, ou le fondant de Rotrou, qui est beaucoup plus actif que la préparation précédente, en raison de l'alcali qu'il contient. On se sert encore dans ces affections d'un médicament nommé poudre de la Chevalleray. C'est de l'antimoine diaphorétique calciné sept fois de suite, pendant deux heures, avec de nouveau nitre, & lessivé à chaque opération ; il ne diffère pas sensiblement de l'antimoine diaphorétique lavé, parce que ce métal une fois bien oxidé, comme il l'est lorsqu'on l'a fait détoner avec trois fois son poids de nitre, n'est plus susceptible de s'oxider davantage; aussi dans cette préparation n'observe-t-on plus de détonation. Ce médicament est absolument sans effet, lorsqu'on lui a enlevé l'alcali.

Le kermès minéral est un des plus précieux médicamens antimoniaux que l'art possede. Il est incisif, & s'emploie avec le plus grand succès dans les affections pituiteuses de l'estomac, des poumons, des intestins, & même des voies urinaires. On s'en sert le plus souvent dans les maladies de poitrine, pour aider l'expectoration. On doit cependant ne l'administrer que lorsque l'inflammation est tombée. Il a aussi beaucoup de succès, donné à petites doses répétées, dans les catharres de la poitrine, l'asthme humide, les maladies de la peau, les engorgemens glanduleux, &c. On ne l'emploie qu'à la dose d'un demi-grain, jusqu'à celle de deux ou trois grains, dans des boissons appropriées ou des pilules. Il fait quelquefois vomir, souvent il excite la sueur, ou il fait couler les urines.

Le soufre doré, comme émétique & purgatif violent, est de peu d'usage. On le donnoit autrefois dans les mêmes cas que le kermès, mais ses effets sont beaucoup plus incertains.

Il eſt encore pluſieurs autres préparations d'antimoine, dont on ſe ſert avec beaucoup d'avantage en médecine ; mais comme elles ſont faites avec des matières végétales, nous en parlerons dans une autre circonſtance. Cette ſubſtance métallique eſt une des plus importantes pour les médecins, & ils ne ſauroient trop en étudier toutes les propriétés. C'eſt une de celles ſur leſquelles les alchimiſtes & les chimiſtes eux-mêmes ſe ſont le plus exercés, & c'eſt ce qui a donné naiſſance aux préparations nombreuſes que nous avons décrites.

CHAPITRE XIV.

DU ZINC.

LE zinc eſt une ſubſtance métallique fragile ; brillante, d'un blanc bleuâtre, criſtalliſé en lames étroites ; il n'a ni ſaveur, ni odeur particulière. Il ne peut pas ſe réduire en poudre comme les autres métaux caſſans, il s'applatit ſous le marteau, & peut même être laminé aſſez fortement, pourvu qu'on ne lui ait pas donné auparavant trop d'écrouiſſement par le marteau. C'eſt à M. Sage qu'eſt due cette expérience. Lorſqu'on veut avoir du zinc très divisé, il faut le grenailler, c'est-à-dire, le couler fondu dans de l'eau froide, ou le réduire en limaille. Il a l'inconvénient de graisser les limes, & d'en remplir les dents. Macquer dit que lorsqu'on le fait chauffer le plus qu'il est possible sans le fondre, il devient très-cassant, & qu'on peut alors le pulvériser dans un mortier. Cette propriété est bien différente de celle des métaux qui deviennent plus ductiles par l'action de la chaleur, & elle nous fournit un procédé avantageux pour avoir le zinc en fragmens très-divisés. On l'obtient encore tel en le triturant, lorsqu'il est fondu, & en tenant les molécules écartées par le mouvement, avant qu'elles se prennent en masse par le refroidissement. Il ne faut point faire cette opération dans un mortier de fer, parce que le zinc dissout toujours une portion de ce métal; on doit se servir d'un mortier & d'un pilon de marbre.

Le zinc perd dans l'eau environ un septième de son poids. Les facettes brillantes & comme régulières que les saumons du zinc du commerce présentent dans leur fracture, indiquoient que ce métal avoit la propriété de cristalliser d'une manière particulière. M. l'abbé Mongèz a réussi parfaitement à obtenir cette cristallisation. Elle est formée de faisceaux de petits prismes quadrangulaires, disposés en tous sens, & d'une couleur bleue changeante, si on l'expose à l'air, lorsque ce métal est encore chaud.

M. Sage regarde le zinc comme le plus commun des métaux, après le fer. Il assure en avoir trouvé dans toutes les pyrites martiales; & M. Grignon avance que la cadmie des fourneaux où l'on traite les mines de fer terreuses, contient beaucoup de zinc.

Le zinc natif est très-rare; la plupart des naturalistes doutent même de son existence. Cependant M. Valmont de Bomare dit en avoir vu dans les mines de pierre calaminaire du duché de Limbourg, & dans les mines de Goslard; il étoit en petits filets plians, d'une couleur grisâtre, & s'enflammant facilement.

Ce métal est le plus souvent dans l'état d'oxide; il constitue alors la *pierre calaminaire* dont la forme varie beaucoup. Elle est quelquefois cristallisée en pyramides quadrangulaires, en prismes, en feuillets ou en lames allongées à biseaux; le plus souvent elle est en masses irrégulières. Sa couleur varie aussi. Elle est tantôt blanche, quelquefois grise ou jaune, d'autres fois rougeâtre. Quoique fort dure, elle ne l'est jamais assez pour faire feu avec le briquet. Elle se trouve en carrières assez considérables dans le duché de Limbourg, les comtés de Namur, de Nottingham & de Sommerset en Angleterre. On rencontre souvent dans ces calamines des corps marins, du spath calcaire, &c. ce qui prouve qu'elles ont été déposées par l'eau. On nomme encore la pierre calaminaire, *cadmie naturelle* ou *fossile*. Bergman, qui a fait une analyse très-détaillée des mines de zinc, a trouvé dans presque toutes les calamines de la terre silicée, de l'alumine & de l'oxide de fer en différentes proportions; les calamines contiennent depuis $\frac{4}{100}$ jusqu'à $\frac{30}{100}$ de métal.

M. l'abbé Haüy a reconnu dans toutes les calamines cristallisées, la propriété électrique des tourmalines. La calamine zéolitiforme dont l'analyse a été donnée par M. Pelletier, dans le Journal de Physique, est en petites lames, qui ne ressemblent nullement à la zéolite; c'est parce qu'elle fait une gelée avec les acides, que les minéralogistes l'ont mal-à-propos confondue avec la véritable zéolite.

Le zinc uni au soufre, forme la *blende* ou *fausse galène*; ce sulfure de zinc est ordinairement disposé par écailles; quelquefois il paroît cristallisé en tétraëdres, en octaëdres, en dodécaëdres; il diffère pour la couleur; tantôt il tire sur celle du plomb, le plus souvent il est noir ou rougeâtre ; on en trouve aussi à Ronsberg en Norwège, à Goslard & à Sainte-Marie une espèce qui est jaune & transparente. Quelques blendes sont phosphoriques, lorsqu'on les frotte dans l'obscurité. Il en est même qui le sont à un tel point, qu'il suffit de les frotter avec un curedent pour développer cette propriété. On a désigné la blende sous le nom de *Sterile nigrum* ; parce que lorsqu'on la fondoit pour en tirer le plomb qu'elle paroissoit contenir, on n'en tiroit rien, à cause que le zinc se volatilisoit dans la fonte. Toutes les blendes exhalent, lorsqu'on les frotte ou qu'on les dissout dans un acide, une odeur très sensible de gaz hydrogène sulfuré. Cronstedt les regarde comme du zinc uni au soufre par l'intermède du fer. M. Sage croit qu'elles contiennent un sulfure ou *foie de soufre* terreux.

Le zinc se trouve encore dans l'état salin combiné à l'acide carbonique & à l'acide sulfurique ; le premier de ces composés naturels est connu sous le nom de *mine de zinc vitreuse* ou de *spath de zinc* ; cette mine est blanche, grise ou bleuâtre, elle fait feu avec le briquet; elle est pesante, quelquefois cristallisée, en stalactiques ou informe ; elle se dissout avec effervescence dans les acides, & donne de l'acide carbonique. Bergman y admet sur 100 grains, 65 d'oxide de zinc, 28 d'acide carbonique, 6 d'eau & 1 de fer.

Le sulfate ou *vitriol* de zinc natif se trouve en cristaux rhomboïdaux, ou en stalactites blanches; souvent il est cristallisé en fines aiguilles & en filets soyeux, comme l'amiante, dans cet état on l'a quelquefois confondu avec l'*alun de plume;* il se rencontre en Italie & dans les mines de Goslard au Hartz.

On peut, d'après ces différens détails, disposer les mines de zinc de la manière suivante, selon l'état où ce métal se trouve.

Etat I. Zinc natif.

1. En filets plians grisâtres & inflammables.

Etat II. Zinc en oxide: *Calamine.*

Variétés.

1. Oxide de zinc, ou *Calamine* blanche en lames allongées en biseaux, groupées confusément. Elle tire quelquefois sur le vert.
2. Oxide de zinc, ou *Calamine* cristallisée en pyramides quadrangulaires, on l'a comparée au spath calcaire à dents de cochon, elle est d'une couleur blanche, grise, verdâtre ou rougeâtre. MM. Sage & Romé de Lisle croient que cette calamine provient du spath

Variétés.

calcaire décompofé. En effet, elle fe trouve fouvent en partie calcaire, & creufe dans l'intérieur.

3. Oxide de zinc, ou *Calamine* folide & comme vermoulue. Elle eft fillonnée, cellulaire & comme criftallifée en dendrites.

4. Oxide de zinc, ou *Calamine* folide & compacte, pierre calaminaire. Celle qui nous vient du comté de Namur, eft toujours calcinée. Il eft défendu de l'exporter fans lui avoir fait fubir cette opération.

5. Oxide de zinc, ou *Calamine* en ftalagmites verdâtres ou jaunâtres.

6. Oxide de zinc, ou *Calamine* zéolitiforme, connu fous le nom de zéolite de Fribourg. M. Pelletier a découvert que cette prétendue zéolite couleur de perle, contient fur 100 parties, 48 à 52 de filice, 36 d'oxide de zinc & 8 ou 12 d'eau.

Etat III. Zinc minéralifé par le foufre; Sulfure de zinc, *Blende.*

C'eft de la forme du fulfure de zinc, qu'on doit tirer les principales variétés de cette mine. La blende cubique n'a été défignée ainfi que par une apparence trompeufe. Voici les principales variétés de forme qu'elle affecte d'après les recherches de M. l'abbé Haüy.

Variété.

1. Blende dodécaèdre à plans rhombes. C'est la forme primitive que l'on extrait des cristaux par des sections très-nettes. On ne l'a point encore trouvée dans la nature sans facettes additionnelles.

2. Blende à 12 trapézoïdes & 12 triangles.

3. Blende en octaèdre régulier.

4. Blende en tétraèdre régulier.

5. Outre ces 5 variétés que les minéralogistes regardoient comme des espèces, ils en ont encore distingué d'autres par la couleur; il y en a de grise bleuâtre avec l'aspect métallique, de noire, de rouge ou brune rougeâtre, de verte jaunâtre, de jaune de cire, &c. Elles sont toutes ou informes ou cristallisées.

6. On peut encore distinguer les blendes par leur phosphorescence plus ou moins sensible au frottement, par l'odeur fétide d'hydrogène sulfuré qu'elles donnent lorsqu'on les échauffe ou qu'on les frotte.

7. Sulfure de zinc, ou blende en décomposition, dont les lames sont écartées & le brillant détruit; elle passe à l'état d'oxide de zinc ou de calamine.

Etat IV. Zinc ſalin.

Variétés.

1. Carbonate de zinc, zinc ſpathique ou mine de zinc vitreuſe.
2. Sulfate de zinc en criſtaux rhomboïdaux, en ſtalactiques, ou en filets ſoyeux.

Pour eſſayer la *calamine* en général, il ſuffit d'en mettre en poudre, de la mêler avec du charbon, & de la chauffer dans un creuſet couvert d'une lame de cuivre rouge. Cette dernière ne tarde pas à jaunir & à ſe convertir en laiton. Bergman a fait une analyſe beaucoup plus exacte des calamines par la voie humide, il s'eſt ſervi de l'acide ſulfurique pour les calamines pures & la carbonate de zinc ; la diſſolution contient du ſulfate de zinc & du ſulfate de fer ; il décompoſe ce dernier par un poids connu de zinc, & il précipite enſuite par le carbonate de ſoude ; il a déterminé que 193 grains de ce précipité équivalent à 100 grains de zinc ; il défalque de ce poids celui du zinc employé pour précipiter le fer.

La plupart des *calamines* étant plus compoſées que celles-ci, & contenant de la ſilice, de l'alumine & de la craie combinées avec des oxides de zinc, de fer, & même de plomb, Bergman traite d'abord ces mines trois fois de ſuite avec deux parties d'acide nitrique à chaque fois ; en les chauffant à ſiccité, cet acide occide le fer & le rend inſoluble ; il diſſout enſuite ce qui eſt ſoluble dans de nouvel acide nitrique ; le fer, la ſilice & l'alumine reſtent à part. L'acide tient en diſſolution de la chaux, & des oxides de zinc & de plomb. L'acide muriatique eſt employé pour précipiter ce dernier ; l'acide ſulfurique, pour ſéparer la chaux ; quant au zinc, il le précipite par les pruſſiates alcalins. Bergman prend le cinquième du poids de ce précipité pour l'oxide de zinc contenu dans la *calamine*. Il a auſſi employé une ſeconde méthode par l'acide ſulfurique, en le diſtillant ſur la calamine, juſqu'à ſiccité ; il leſſive enſuite le réſidu dans l'eau chaude ; il précipite cette leſſive par l'ammoniaque cauſtique qui ſépare le fer & l'alumine, ſans ſéparer l'oxide de zinc ſoluble dans le ſulfate ammoniacal.

Quant à l'eſſai des *blendes*, après les avoir grillées, on les traitoit autrefois de la même manière que les *calamines*. M. Monnet eſt le premier qui ait aſſuré qu'on pouvoit eſſayer commodément ces mines, en les diſſolvant dans l'eau forte, qui s'unit à la ſubſtance métallique, & en ſépare le ſoufre. On réduit enſuite l'oxide de zinc, qu'on ſépare de l'acide nitrique par la diſtillation. Bergman a fait ſur ces

ces mines les mêmes expériences exactes que sur les calamines, il a fort étendu l'idée de M. Monnet sur leur docimasie humide. Il en sépare d'abord par la distillation l'eau, l'arsenic & une partie du soufre qu'elles contiennent; ensuite il les traite par différens acides, suivant qu'ils ont plus ou moins d'action sur elles; enfin il précipite ces dissolutions par les différens-réactifs.

On n'exploite guère les mines de zinc pour en retirer ce métal; c'est en fondant les mines de plomb mêlées de blende, que l'on retire du zinc sous la forme d'oxide, qui se sublime dans les cheminées des fourneaux, & y produit des incrustations grisâtres, nommées *tuthie* ou *cadmie des fourneaux*. On en obtient une autre portion en métal; pour cela on a soin de rafraîchir la partie antérieure du fourneau, qu'on nomme *la chemise*. Le zinc réduit en vapeurs par l'action du feu, vient se condenser dans cet endroit, & retombe en grenailles dans la poudre de charbon, dont on a couvert une pierre placée au bas de la chemise dans le fourneau, & nommée *assiette du zinc*. Ce métal est préservé de l'oxidation par la poudre de charbon; on le fond de nouveau dans un creuset, & on le coule en saumons. Tel est le procédé par lequel on retire à Rammelsberg la plus grande partie du zinc qu'on a dans le commerce, soit en oxide, soit en métal. Ce zinc est toujours uni à une certaine quantité de plomb qui l'altère ; il paroît que celui qu'on prépare en Chine, & qui nous vient des Indes, sous le nom de *toutenague*, est beaucoup plus pur (1) ; on ne connoît pas la manière dont ce dernier est préparé. M. Sage assure que les Anglois retirent le zinc en grand de la pierre calaminaire par la voie de la distillation, mais que leur appareil n'est pas connu.

Le zinc exposé au feu dans des vaisseaux fermés, se fond dès qu'il rougit, & se volatilise sans se décomposer ; si on le laisse refroidir lentement, & dans un vaisseau qui puisse faciliter l'écoulement d'une portion de ce métal fondu, le reste du zinc se cristallise en prismes aiguillés. M. Mongèz s'est servi à cet effet d'un têt à rôtir, percé au fond & sur ses côtés de plusieurs trous qu'il bouchoit avec de la terre des os. Quand le zinc se refroidit à sa surface, on débouche peu à peu les trous, &

(1) M. Kirwan donne le nom de *toutenague* à une variété de calamine fragile de la Chine, dont M. Engestrom a présenté l'analyse dans les Mémoires de Stockolm, 1775. Cette mine est très-riche & contient depuis $\frac{60}{100}$ jusqu'à $\frac{90}{100}$ de zinc.

on agite le métal avec un fer rouge introduit par ces ouvertures. Ce procédé simple fait couler la portion de zinc fondu ; alors on agite le têt à rôtir, jusqu'à ce qu'il n'échappe plus de métal fondu, & la portion refroidie cristallise. Si on la laisse dans le vaisseau, elle a la couleur métallique ; si on l'expose à l'air, elle prend des nuances irisées. Lorsque le zinc fondu a le contact de l'air, il se couvre d'une pellicule grise, qui se convertit assez vîte en un oxide jaunâtre, peu réfractaire, & facilement réductible. Cet oxide pèse plus que le zinc employé. Mais si ce métal est fortement chauffé, il brûle avec une flamme blanche ou d'un jaune légèrement verdâtre, très-brillante, semblable à celle du phosphore. Le courant de cette flamme entraîne & volatilise l'oxide de zinc, qui se condense à l'air sous la forme de floccons blancs, très-légers, nommés *fleurs de zinc*, *pompholix*, *nihil album*, *laine* ou *coton philosophique*. C'est un oxide de zinc saturé d'oxigène, qui a plus de pesanteur que le métal qui a servi à la former, puisque M. Baumé en a obtenu seize onces six gros cinquante-quatre grains par livre de zinc, quoiqu'il en ait sans doute perdu beaucoup. Il n'est point volatil par lui-même, & sa sublimation n'est due qu'à la rapidité avec laquelle brûle le zinc ; car ſi on expoſe cet oxide au feu après qu'il a été volatiliſé, il reſte très-fixe; il conſerve pendant quelque tems une lumière phoſphorique, ſenſible dans l'obſcurité; il peut ſe fondre en verre; mais il faut pour cela un feu de la plus grande violence. L'oxide de zinc vitrifié eſt d'un beau jaune pur.

L'oxide et le verre de zinc ne ſont autre choſe que la combinaiſon du métal avec la baſe de l'air vital ou l'oxigène. Le verre ne paroît différer de l'oxide blanc que par l'union plus intime de ces deux principes; ce compoſé eſt du nombre des oxides métalliques que la chaleur ne peut point détruire, & il ne peut point ſe réduire en métal ſans addition. Il faut qu'on le mette en contact avec des corps combuſtibles pour le décompoſer. En chauffant fortement un mélange d'oxide de zinc blanc & de charbon, ou de toute autre matière combuſtible, on obtient du zinc, & le charbon ſe trouve en partie brûlé à l'aide de l'oxigène qu'il a enlevé à l'oxide métallique. Le zinc a donc avec l'oxigène moins d'affinité que n'en a le charbon, quoiqu'il ſemble plus combuſtible que lui: cette opération ne réuſſit bien que dans des vaiſſeaux fermés; auſſi eſt-ce par la diſtillation que les Anglois réduiſent, dit-on, la pierre calaminaire.

Le zinc n'eſt que peu altérable par l'air ; ſa ſurface ſe ternit ſeulement un peu, & il paroît éprouver un commencement d'oxidation.

L'eau a beaucoup d'action ſur le zinc, lorſque ce métal commence à rougir ; elle l'oxide facilement & donne beaucoup de gaz hydrogène, ce qui prouve qu'elle eſt décompoſée par le zinc qui lui enlève ſon oxigène à l'aide d'une haute température. MM. Lavoiſier & Meuſnier ſe ſont aſſurés de ce fait dans leurs expériences ſur la décompoſition de l'eau. Le gaz hydrogène obtenu dans ce procédé tient en diſſolution un peu de charbon qui provient du zinc.

Le zinc n'a point d'action ſur les terres ſilicée & alumineuſe ; mais ſon oxide entre dans les compoſés vitreux & colore les verres en jaune.

La baryte, la magnéſie & la chaux n'ont point d'action ſur le zinc.

La potaſſe ou la ſoude cauſtiques en liqueur que l'on fait bouillir ſur ce métal, noirciſſent ſa ſurface, ſe colorent en jaune fale, tiennent en diſſolution une certaine quantité d'oxide de zinc, que l'on peut en ſéparer par les acides, comme Laſſonne l'a fait voir. L'ammoniaque agit moins bien à chaud ſur le zinc, ſans doute à cauſe de ſa volatilité ; ce ſel mis en digeſtion à froid avec le zinc, en dissout un peu ; il se dégage dans les trois dissolutions du zinc par les alcalis une certaine quantité de gaz hydrogène, dont la production est due à la décomposition de l'eau ; de sorte que c'est ce fluide qui agit sur le métal, qui en opère l'oxidation, & qui le rend en partie soluble dans les alcalis.

L'acide sulfurique étendu d'eau, dissout le zinc à froid. A mesure que la dissolution s'opère, ce métal devient d'un gris noirâtre ; il se produit beaucoup de chaleur, & il se précipite une poudre noire qui a été inconnue pendant long-tems, & qui est du carbure de fer ou de la *plombagine*, il se dégage beaucoup de gaz hydrogène, qui tient un peu de charbon en dissolution. Ce fluide élastique dont l'odeur est semblable à celle que présente le gaz obtenu pendant la dissolution du fer par le même acide, est certainement dû à l'eau, puisque l'acide sulfurique concentré ne dissout point le zinc sans l'aide de la chaleur, & puisqu'il ne produit alors que du gaz sulfureux. L'eau commence donc par opérer l'oxidation du zinc, & l'acide dissout ensuite l'oxide de ce métal ; lorsqu'il ne se dégage plus de gaz hydrogène, l'effervescence s'arrête, l'odeur de cette dissolution change, & elle ressemble parfaitement à celle d'une graiſſe un peu rance; la liqueur eſt blanchâtre, un peu trouble; elle devient tranſparente en l'étendant d'eau; elle fournit par l'évaporation un ſulfate de zinc blanc, un peu plus diſſoluble dans l'eau chaude que dans l'eau froide, & dont une portion criſtalliſe par refroidiſſement. On obtient aſſez facilement des criſtaux très-réguliers de ce ſel, nommé dans les arts *couperoſe blanche*, *vitriol blanc*, *vitriol de Goſlard*; en expoſant pendant quelques jours à l'air une diſſolution de ce ſel faite dans l'eau bouillante, & un peu évaporée, il s'y forme des priſmes tétraëdres, terminés par des pyramides auſſi à quatre faces. Les côtés de ces priſmes ſont liſſes; telle eſt la forme indiquée par MM. Sage & Romé de Liſle, & que j'ai obtenue moi-même. Bucquet a obſervé que ces priſmes étoient rhomboïdaux. M. Monnet aſſure cependant que ce ſel ſe criſtalliſe très-difficilement, & qu'il faut l'évaporer fortement, & l'expoſer au refroidiſſement prompt, pour en obtenir des criſtaux réguliers ſans conſiſtance. L'oxide blanc de zinc ſe diſſout auſſi dans l'acide ſulfurique, & forme le ſel dont nous parlons.

Ce ſel a une ſaveur ſtiptique aſſez forte; il perd, ſuivant Hellot, une partie de ſon acide par l'action du feu. Cet acide a les caractères de l'acide ſulfureux; il s'échauffe avec l'acide ſulfurique concentré, ſuivant la remarque de Macquer. Après l'action du feu, ce ſulfate paroît être converti en ſulfite de zinc, dont on ne connoît pas bien les propriétés. Le ſulfate de zinc ne s'altère que peu à l'air, lorſqu'il eſt très-pur; à l'aide du tems ſon oxide abſorbe plus d'oxigène de l'atmoſphère qu'il n'en contenoit; il jaunit, & n'eſt plus entièrement diſſoluble dans l'eau. Le ſulfate de zinc eſt décompoſé par l'alumine, la baryte, la magnéſie, la chaux, & les trois alcalis. L'oxide de zinc, précipité par ces ſubſtances, peut ſe rediſſoudre dans les acides, & même dans les alcalis. L'ammoniaque prend une couleur brune & ſale dans cette diſſolution. Le ſulfate de zinc décompoſe le nitre, & eſt décompoſé par ce ſel neutre; on obtient par la diſtillation de ce mêlange deux eſpèces d'acide nitreux, qui ne ſe confondent point, & de l'acide ſulfurique glacial. Nous donnerons plus de détail ſur cet objet, à l'article du ſulfate de fer ou *vitriol martial*.

On trouve dans le commerce, ſous le nom de *couperoſe blanche*, un ſulfate de zinc qui ſe prépare en grand à Goſlard. On fait griller la blende; une portion du ſoufre brûle, & fournit de l'acide ſulfurique, qui diſſout l'oxide de zinc; on lave la mine grillée, & après avoir laiſſé dépoſer la leſſive, on la décante, on la fait évaporer & cristalliser. On fond ce sel à une douce chaleur, pour qu'il perde l'eau de sa cristallisation, & on le laisse refroidir. Par ce procédé, il se condense en masses blanches, opaques & grenues comme le sucre. Le *vitriol de Goslard*, dissous dans l'eau bouillante, cristallise par refroidissement; ses cristaux sont un peu rougeâtres. On attribue cette couleur aux impuretés de ce sel, qu'on croit contenir un peu de plomb & de fer. Pour le purifier on peut jetter du zinc dans sa dissolution : ce métal précipite les oxides de fer & de plomb, parce qu'il a plus d'affinité qu'eux avec l'acide sulfurique; on filtre la liqueur, qui ne contient plus que du sulfate de zinc pur. On est d'autant plus porté à croire que ce qui altère le *vitriol de Goslard* est souvent de l'oxide de fer, que quelquefois le zinc du commerce obéit à l'aimant, sans doute à cause d'un peu de fer qui lui reste uni. Si donc on vouloit faire des expériences de recherche sur ce métal, il seroit bon de n'opérer que sur du zinc qu'on auroit préparé soi-même, en réduisant le précipité du sulfate de zinc purifié comme nous venons de l'indiquer. Nous ferons cependant observer que le zinc n'obéit souvent à l'aimant que dans la portion de saumon qui a été coupée, parce que cette dernière opération se fait avec des ciseaux ou des coins de fer.

L'acide nitrique foible & étendu d'eau, se combine au zinc à froid, & avec beaucoup de rapidité. Il se produit comme dans la dissolution par l'acide sulfurique une chaleur considérable. L'effervescence vive qui accompagne cette combinaison, donne lieu au dégagement d'une grande quantité de gaz nitreux, qui rougit subitement avec l'air lorsqu'on fait l'opération dans un vaisseau ouvert; mais qui est sans couleur par lui-même, & qu'on peut recueillir au-dessus de l'eau, en plongeant sous ce fluide l'extrêmité du vaisseau qui contient le mélange. Cette expérience prouve que le zinc décompose l'acide nitrique, & qu'il lui enlève une portion de son oxigène. Si le zinc est mêlé d'un peu de fer, il se couvre d'une poudre rougeâtre ochracée, qui n'est que la portion de ce dernier métal fortement oxidée par l'acide; s'il est pur, il se précipite quelques flocons d'une matière noire ou de carbure de fer, comme on l'observe avec l'acide sulfurique. L'acide nitrique tient beaucoup plus d'oxide de zinc en dissolution que l'acide sulfurique. M. Baumé dit que six onces de cet acide dissolvent cinq gros & demi de zinc en moins de deux heures. La dissolution nitrique de zinc est d'un jaune verdâtre & un peu trouble quand elle vient d'être faite; elle perd cette couleur

& devient transparente par le repos. Elle est très-caustique, quoique faite avec un acide étendu d'eau, & elle ronge très-vîte la peau. Elle m'a fourni par l'évaporation jointe au refroidissement, des cristaux en prismes tétraëdres comprimés & striés, terminés par des pyramides à quatre faces, aussi striées ; ce nitrate de zinc mis sur les charbons, fond d'abord, & fuse en pétillant dans les portions qui se dessèchent. Il répand en détonnant une petite flamme rougeâtre. Il ne présente pas le même phénomène lorsqu'on le fond dans un creuset ; on ne peut le dessécher, même à la chaleur la plus douce sans l'altérer. Il laisse échapper des vapeurs de gaz nitreux ; il devient d'un rouge brun, & prend la consistance d'une gelée. Si on le fait refroidir dans cet état, il conserve sa mollesse pendant quelque tems ; si on continue de le chauffer, il se dessèche tout-à fait, & laisse un oxide jaunâtre. Hellot a retiré de la distillation du nitrate de zinc un acide nitreux très-fumant, & il a observé la couleur rouge qu'il prend en se fondant. On conçoit que la chaleur dégageant du gaz nitreux de ce sel, il passe à l'état de *nitrite de zinc*. Il donne aussi une certaine quantité de gaz oxigène ou d'air vital. Le nitrate de zinc attire promptement l'humidité de l'air & perd sa forme régulière. Il ne reste plus, après quelques jours d'exposition à l'air, que des prismes striés & pointus, sans figure déterminée. On ne sait point s'il peut être décomposé par les autres acides. MM. Pott & Monnet assurent que l'oxide du zinc a beaucoup d'affinité avec tous ces sels, sans avoir de préférence pour aucun d'eux en particulier. L'oxide blanc de zinc dissous dans l'acide nitrique, forme le même sel suivant Hellot. Si l'on prend pour opérer cette dissolution de l'acide nitreux, on a du nitrite de zinc qui n'est pas encore exactement connu.

L'acide muriatique agit sur le zinc avec une aussi grande rapidité que l'acide nitrique; il se dégage, pendant l'effervescence vive qui accompagne cette combinaison, beaucoup de gaz hydrogène, jouissant des mêmes propriétés que celui que fournit l'acide sulfurique, & qui est dû comme ce dernier, à l'eau décomposée par le zinc; il se dépose peu à peu une matière en floccons noirâtres, qui n'est qu'une combinaison de carbone & de fer, ou du carbure de fer. La dissolution du zinc par l'acide muriatique est sans couleur; on ne peut point en obtenir de cristaux par l'évaporation. Lorsqu'on la chauffe, elle devient d'un brun noirâtre, répand des vapeurs âcres & piquantes d'acide muriatique, & s'épaissit beaucoup; exposée à l'air pendant huit jours dans cet état, elle n'a point donné de criſtaux. Elle fournit à la diſtillation un peu d'acide très-fumant, & un muriate de zinc ſolide & fuſible. MM. Hellot & Monnet ont très-bien décrit cette expérience ; je l'ai répétée pluſieurs fois dans mes cours, & j'ai obtenu, après un peu d'acide jaunâtre, une matière congelée dans l'alonge & dans le bec de la cornue. Ce muriate de zinc étoit du plus beau blanc de lait, très-ſolide & formé de petites aiguilles rayonnées, comme une ſtalactite ; il ſe fond par une chaleur douce. J'en ai conſervé pendant pluſieurs années dans des flacons de verre bien bouchés, il ne s'eſt que légèrement humecté, & la partie qui touchoit au verre étoit un peu jaunâtre, le fond du flacon préſentoit les couleurs de l'iris. Cette altération dépend ſans doute de la lumière. Il reſte dans la cornue qui ſert à cette diſtillation, une matière noirâtre vitriforme & déliqueſcente. Le muriate de zinc qu'Hellot a obtenu par la diſtillation étoit jaunâtre ; il dit que l'acide ſulfurique en dégage l'acide muriatique. L'oxide de zinc ſe comporte de même avec cet acide. On ne connoît pas le muriate oxigéné de zinc.

L'acide carbonique liquide, dans lequel on met du zinc ou de ſon oxide en digeſtion à froid, diſſout au bout de vingt-quatre heures une assez grande quantité de ce métal, suivant Bergman. Cette dissolution exposée à l'air se couvre d'une pellicule qui réfléchit diverses couleurs, & qui n'est autre chose que du carbonate de zinc, suivant le célèbre chimiste que nous venons de citer.

On ne connoît pas encore bien l'action de l'acide fluorique & de l'acide boracique sur le zinc.

Toutes les dissolutions de zinc dans les acides sont précipitées par l'eau de chaux, la magnésie, les alcalis fixes & l'ammoniaque. L'oxide de ce métal se présente alors sous la forme de floccons blans ou jaunâtres, suivant l'état de sa dissolution ou la pureté du précipitant; on peut le réduire à l'aide des matières combustibles; il est dissoluble dans les acides & dans les alcalis. En ajoutant plus de ces derniers qu'il n'en faut pour précipiter l'oxide de zinc de ses dissolutions acides, le précipité disparoît peu à peu, & la liqueur prend une couleur jaunâtre sale, qui indique la dissolution de cet oxide dans les alcalis. Lorsqu'au lieu d'employer les alcalis purs ou caustiques, pour séparer le zinc des acides, on prend les carbonates de potasse, de soude & d'ammoniaque, il n'y a que peu d'effervescence, le précipité est plus blanc, & il paroît que l'acide carbonique se reporte sur l'oxide de zinc, de manière qu'il y a dans ce cas deux décompositions & deux nouvelles combinaisons.

Le zinc a la propriété de décomposer plusieurs sels neutres; en le traitant au feu avec du sulfate de potasse dans un creuset, il décompose ce sel & il forme du sulfure de potasse comme le fait l'antimoine. Dans cette expérience, le zinc s'empare de l'oxigène de l'acide sulfurique; cet acide passe à l'état de soufre, que la potasse dissout. Le sulfure formé par cette combinaison dissout une portion de l'oxide de zinc; tous les sulfates sont également décomposés par le zinc.

Ce métal en limaille ou en poudre fait détonner le nitre avec une rapidité singulière. Ce mélange bien sec, projetté par cuillerées dans un creuset rouge, produit une flamme blanche & rouge. L'activité de cette inflammation est telle, qu'il s'élance loin du creuset des jets de matière brûlante, & qu'elle demande beaucoup de précaution de la part de l'artiste. Le zinc brûle à l'aide de l'oxigène fourni par le nitre décomposé, & il se trouve ensuite un oxide plus ou moins parfait, suivant la quantité de nitre qu'on emploie. Une partie de ce résidu est dissoluble dans l'eau; c'est de la potasse combinée avec une portion d'oxide de zinc, que l'on peut en précipiter à l'aide des acides. Respour attribuoit à cette dissolution la propriété de dissoudre tous les métaux, si l'on en croit Hellot, qui l'a donné comme *l'alcaëst* de cet alchimiste.

Le zinc, d'après les travaux de Pott, paroît être capable de décomposer le muriate de soude. Il décompose sur-tout très bien le muriate ammoniacal. M. Monnet assure qu'en triturant ce métal avec ce sel, il se dégage de l'ammoniaque. Bucquet a observé qu'en distillant ce sel avec le zinc, on obtient beaucoup de gaz ammoniac & du gaz hydrogène produit pendant la combinaison de l'acide muriatique avec ce métal. Il a vu que c'étoit en raison de la réaction vive que le zinc opère sur l'acide muriatique, qu'il en dégage si facilement l'ammoniaque. L'oxide de zinc le dégage aussi, suivant Hellot. Le résidu de cette décomposition est du muriate de zinc que l'on peut sublimer.

Une dissolution de sulfate d'alumine que l'on fait bouillir avec de la limaille de zinc, se décompose & fournit du sulfate de ce métal. La base de ce sel paroît donc avoir moins d'affinité avec l'acide sulfurique que n'en a le zinc. Ce fait est dû à Pott; nous aurons occasion

de

de l'obſerver ſur pluſieurs autres ſubſtances métalliques.

On n'a point examiné les effets du gaz hydrogène ſur le zinc. J'ai ſeulement obſervé que ce métal plongé dans ce gaz, prenoit au bout de quelque temps une couleur bleue & changeante très-brillante ; mais je n'ai pas ſuivi plus loin cette altération. Le gaz hydrogène n'eſt pas ſuſceptible de réduire l'oxide de ce métal, qui retient l'oxigène avec beaucoup de force, & qui décompoſe l'eau.

Le zinc ne paroît d'abord ſe combiner au ſoufre qu'avec beaucoup de difficulté. En fondant ces deux ſubſtances enſemble, elles ſe ſéparent ſans contracter aucune eſpèce d'union. Cependant N. Dehne a obſervé que ſi on les tient quelque temps fondus enſemble, le zinc s'oxide en partie, prend une couleur brune ou griſe & augmente de poids. M. Morveau a découvert, depuis la remarque de M. Dehne, que l'oxide de zinc s'unit facilement au ſoufre par la fuſion, & qu'il en réſulte un minéral gris fort ſemblable à la *blende* d'Hüelgoët, d'où il s'élève quelquefois des aiguilles priſmatiques jaunes & brillantes qui s'attachent au couvercle du creuſet. M. Morveau obſerve qu'il eſt d'autant plus vraiſemblable que la *blende* ſe forme dans la nature par la combinaiſon de l'oxide de zinc & du soufre, que l'on ne trouve point de zinc natif.

M. Malouin n'a pas pu réussir à combiner le zinc avec le sulfure alkalin, soit par la voie humide, soit par la voie sèche, & en variant les doses de ces deux corps.

Le même chimiste a combiné le zinc avec l'arsenic. Il a observé qu'il ne s'unissoit pas si bien qu'avec l'oxide d'arsenic. Cependant, dans une expérience où il a distillé un mélange de cet oxide, de suif & de zinc, il a obtenu une masse noirâtre, semblable à la blende & plus tendre que cette mine. Il paroît aussi que le zinc enlève l'oxigène à l'arsenic, lorsqu'on le distille ensemble avec l'oxide de ce dernier, & qu'une partie de ce métal se brûle, tandis qu'une portion de l'oxide d'arsenic passe à l'état métallique. Il seroit important de faire une suite d'expériences sur cet objet, pour connoître quelle est l'action réciproque des oxides métalliques & des métaux les uns sur les autres, & pour déterminer les attractions électives immédiates de l'oxigène avec ces substances.

On ne sait point si le zinc est susceptible de s'allier au cobalt.

Il ne se combine point avec le bismuth, & lorsqu'on fond ces deux métaux ensemble, le bismuth se précipite, comme le plus pesant, au-dessous du zinc ; on les sépare d'un coup de marteau.

Le zinc fondu avec l'antimoine, donne un alliage dur & cassant, que Malouin ne fait qu'indiquer.

Le zinc est d'un grand usage dans les arts. On l'emploie dans plusieurs alliages, notamment dans celui qui constitue le tombac, le similor ou le métal de prince. On mêle du zinc en limaille fine à la poudre à tirer, pour produire les étoiles blanches & brillantes de l'artifice. Quelques personnes ont proposé de substituer pour l'étamage ce métal à l'étain, que l'on regardoit comme dangereux. Malouin, après avoir comparé ces substances métalliques, dans deux mémoires insérés parmi ceux de l'académie royale des sciences pour les années 1743 & 1744, rend compte des expériences qu'il a faites sur l'étamage avec le zinc. Il résulte de ses recherches, que cette espèce d'étamage seroit plus exactement étendu sur le cuivre, beaucoup plus dur & moins fusible que celui de l'étain, & conséquemment plus durable & moins sujet à laisser le cuivre à découvert. Macquer, qui reconnoît ces avantages, fait cependant des observations bien importantes sur l'emploi du zinc pour les vaisseaux servans à la cuisine, & le croit dangereux, parce qu'il est dissoluble par les acides végétaux, comme le vinaigre, le verjus, &c. & parce qu'il a une propriété émétique assez forte. Il le prouve par le sulfate de zinc, qu'on employoit autrefois comme vomitif, sous le nom de *gilla vitrioli*, & par le témoignage de Gaubius, qui reconnut un remède accrédité dans les maladies convulsives, & nommé *luna fixata Ludemanni*, pour de l'oxide de zinc sublimé. Cette prétendue lune fixée étoit fort émétique, & à de très-petites doses. Mais ne seroit-il pas permis de présumer que ces reproches, qui ne tombent que sur le sulfate & l'oxide de zinc, ne peuvent pas plus s'appliquer au métal lui-même, qu'aux sels formés par sa combinaison avec les acides végétaux? La Planche, docteur en médecine de la faculté de Paris, a changé cette présomption en certitude par des expériences faites avec beaucoup de soin & sur lui-même. Il a pris des sels de zinc, formés par les acides végétaux, à beaucoup plus forte dose que n'en pourroient contenir les alimens préparés dans du cuivre étamé de zinc, & il n'a éprouvé aucun effet dangereux de ces composés. Cependant, comme les objets qui intéressent la santé & la vie de tous les hommes ne sauroient être traités avec trop de sagesse & de circonspection, il me paroît prudent &

même néceſſaire de ne ſe décider ſur cet objet qu'après avoir bien reconnu, par une grande quantité d'expériences, quelle peut être l'action du zinc en nature & des ſels qu'il forme avec les acides végétaux employés dans les alimens, ſur l'économie animale.

Les médecins allemands employent avec ſuccès l'oxide de zinc ſublimé, comme antiſpaſmodique, dans les convulſions & les accés épileptiques. On n'en fait point en France un uſage étendu ; il paroît cependant que ce remède pourroit être utile, adminiſtré en pilules, à la doſe d'un demi-grain par jour. On m'a aſſuré qu'à Edimbourg on l'employoit à une doſe bien plus conſidérable, & qu'on n'en obtenoit point d'effet ſenſible. Ce fait eſt contraire à ce que dit Gaubius de la propriété émétique de cet oxide de zinc.

On ſe ſert du *pompholix*, de la *tuthie* ou de divers oxides de zinc, &c. comme de très-bons deſſicatifs dans les maladies des yeux, &c.

CHAPITRE XV.

Du Mercure.

LE mercure ou vif-argent a l'opacité & le brillant métalliques ; c'est après l'or & le platine la substance la plus pesante qu'on connoisse. Un pied cube de mercure bien pur pèse neuf cents quarante-sept livres, il perd dans l'eau un treizième de son poids. Comme il est habituellement fluide, on ne connoît bien ni sa ténacité ni sa ductilité, & l'on est encore embarrassé pour savoir quel rang lui assigner. En effet, il se volatilise comme les demi-métaux ; il a une espèce de ductilité comme les métaux. Cependant sa pesanteur énorme, sa fluidité habituelle, sa volatilité extrême, & les altérations singulières qu'il est susceptible d'éprouver par beaucoup de combinaisons, le font regarder avec vraisemblance comme une substance particulière, qui appartenant aux matières métalliques par son brillant, sa pesanteur, son opacité & sa combustibilité, doit être rangée à part de sa fluidité habituelle.

On a cru pendant long-tems, que le mercure

ne pouvoit pas perdre sa fluidité. Mais les académiciens de Pétersbourg ont prouvé le contraire. Ces savans profitèrent du froid excessif de 1759, pour tenter plusieurs expériences importantes ; ils augmentèrent encore le froid naturel à l'aide d'un mélange de neige & d'esprit de nitre fumant, & parvinrent par ce moyen à faire descendre un thermomètre de mercure à 213 degrés, suivant la graduation de Delile, qui répond à 46 au-dessous de la glace, dans la graduation de Réaumur. Observant qu'à ce degré le mercure ne descendoit plus, ces messieurs cassèrent la boule de verre, & trouvèrent ce fluide métallique gelé & formant un corps solide qui se laissoit étendre sous le marteau. Cette expérience démontre que le mercure pouvoit devenir concret comme toutes les autres substances métalliques, & qu'il jouissoit alors d'un certain degré de ductilité. Ils n'ont point déterminé jusqu'où pouvoit aller la ductilité du mercure, parce que chaque coup de marteau refoulant la chaleur dans quelque point du métal, le fondoit & le faisoit couler dans ce point.

M. Pallas, qui a réussi à faire congeler du mercure en 1772 à Krasnejarck, par un froid naturel de 55 degrés & demi, a observé qu'il ressembloit alors à de l'étain mou, qu'on pouvoit le battre en lames ; qu'il se rompoit facilement, & que ses morceaux rapprochés se réunissoient. En 1775, M. Hudchius a observé le même phénomène à Albany-fort, & M. Bieker à Rotterdam en 1776, au degré 56 au-dessous de zéro. Enfin on est parvenu en 1783, en Angleterre, à opérer cette congellation du mercure à un froid moindre, & on a déterminé que 32 degrés au-dessous de zéro du thermomètre de Réaumur, étoit le terme où elle avoit lieu : si donc le mercure a descendu plus bas dans les premières expériences, c'est à un resserrement ou à une condensation successive qu'il faut attribuer ce phénomène. Ce métal est donc le plus fusible de tous ceux que nous connoissons ; le plus grand froid connu dans les pays où il est natif, ne peut pas le rendre solide. Il est vraisemblable que si dans les expériences précédentes le froid qui a gelé le mercure avoit été conduit par degrés insensibles, cette matière métallique auroit pris une forme cristalline & régulière.

La fluidité habituelle du mercure l'a fait regarder comme une eau métallique particulière, & on l'a appellé *aqua non madefaciens manus* : l'eau qui ne mouille pas les mains. Il est vrai que le mercure ne mouille ni les mains, ni aucuns des autres corps qui peuvent être mouillés par l'eau, par les huiles ou les autres liqueurs ; mais ce phénomène ne dépend que du peu d'affinité qui exiſte entre ce fluide métallique & ces corps. Car quand il eſt en contact avec quelques-unes des ſubſtances auxquelles il peut s'unir, comme l'or, l'argent, l'étain, &c. alors il s'applique intimément à ces corps, & les mouille au point qu'on ne peut les deſſécher qu'en faiſant évaporer au feu le mercure qui les enduit.

Le mercure étant un métal fondu, affecte toujours la forme de globules parfaits lorſqu'on le diviſe ; quand il eſt renfermé dans un flacon, ſa ſurface paroît convexe. Cet effet dépend & du peu d'affinité qu'a le mercure avec le verre, & de la grande attraction qui tend à rapprocher les parties de ce métal : car ſi on met ce fluide dans un vaſe de métal avec lequel il ait de l'affinité, alors ſa ſurface paroît concave comme celle de tout autre fluide, parce qu'il ſe combine avec les parois de ce vaiſſeau.

Le mercure a une ſaveur que les nerfs du goût ne peuvent point percevoir, mais qui cependant produit un effet très-marqué dans l'eſtomac & les inteſtins, auſſi-bien qu'à la ſurface de la peau. Les inſectes & les vers ſont infiniment plus ſenſibles que les autres animaux à cette ſaveur ; c'eſt pour cela que le mercure les tue très-vîte, & que les médecins l'emploient comme un excellent vermifuge. C'eſt même en raiſon de la propriété qu'il a de guérir la galle & pluſieurs autres maladies de la peau, que quelques ſavans ont penſé que ces maladies étoient produites par la préſence de certains inſectes qui pénétroient le tiſſu de cet organe. Mais cette opinion n'a point été généralement adoptée, quoique pluſieurs naturaliſtes aient décrit le ciron de la galle, &c.

Le mercure, frotté quelque temps entre les doigts, répand une légère odeur particulière. Lorſqu'il eſt bien pur & qu'on l'agite, on obſerve quelquefois, & ſur-tout dans les temps chauds, qu'il brille d'une petite lueur phoſphorique aſſez ſenſible ; ce phénomène a été conſtaté ſur le mercure du baromètre par pluſieurs phyſiciens. Si l'on plonge la main dans ce fluide métallique, on éprouve une ſenſation de froid qui ſembleroit indiquer qu'il eſt d'une température plus froide que l'air atmoſphérique; cependant en y plongeant un thermomètre, on s'aſſure bien vîte que le mercure eſt à la température de l'atmoſphère. Cet effet qui nous trompe, doit être entièrement attribué à la ſortie rapide de la chaleur des mains qui eſt enlevée par le mercure, dont la propriété conductrice pour ce corps eſt très énergique.

Le mercure diviſé à l'aide d'un mouvement rapide & continuel, comme celui d'une roue de moulin, ſe change peu-à peu en une poudre noire très-fine, qu'on a appelée *Ethiops per ſe*, à cauſe de ſa couleur ; comme le mercure éprouve un commencement de combuſtion dans cette expérience, nous nommons cette poudre *oxide de mercure noir*. On peut, en le chauffant légèrement ou en le triturant dans un mortier chaud, le faire reparoître avec ſa fluidité ordinaire & ſon brillant métallique.

Le mercure eſt peu abondant dans la nature, & il ſe rencontre dans la terre ou dans l'état vierge & jouiſſant de toutes ſes propriétés, ou dans l'état d'oxide, ou combiné avec les acides, le ſoufre & quelques autres matières métalliques, il eſt alors minéraliſé par ces diverſes ſubſtances.

Le mercure coulant ſe trouve en globules ou en plus grandes maſſes, dans les terres & les pierres tendres, & le plus ſouvent il eſt interpoſé dans ſes mines. A Ydria, en Eſpagne & en Amérique, on le ramaſſe dans les cavités & les fentes des rochers ; on le trouve auſſi quelquefois dans de l'argile à Almaden, & dans les lits de craie en Sicile. Enfin on le rencontre dans des mines d'argent, de plomb, & mêlé à l'oxide d'arſenic blanc.

M. Sage a fait connoître une mine de mercure en oxide venant d'Ydria dans le Frioul ; elle est d'un rouge brun, fort doux & grenue dans sa cassure ; on y trouve quelques globules de mercure coulant ; elle se réduit sans addition par la chaleur. M. Kirwan la regarde comme une combinaison d'oxide mercuriel & d'acide carbonique ; elle donne 91 parties de mercure sur 100 de mine.

M. Woulse a trouvé en 1776, à Obermuschel dans le duché de Deux-Ponts, une mine de mercure cristallisée, pesante, spathique, blanche, jaune & verdâtre, dans laquelle il a reconnu par les alcalis la présence des acides sulfurique & muriatique ; c'est un composé de sulfate de mercure & de muriate mercuriel, corrosif. M. Sage assure qu'elle tient 86 parties de mercure par quintal ; ce chimiste a décrit une mine de mercure corné brune de Carinthie.

C'est le plus communément avec le soufre que le mercure est combiné dans la nature. Il forme alors un composé connu sous le nom de *Cinabre*. Cette substance minérale est rouge, & n'a en aucune manière l'aspect métallique, quoique le soufre s'y trouve en petite quantité, relativement au mercure, parce que la combinaison de ces deux corps est très-exacte. Le cinabre ſe rencontre dans le duché de Deux-Ponts, dans le Palatinat, en Hongrie, dans le Frioul, en Eſpagne à Almaden, & dans l'Amérique méridionale, ſur-tout à Guamanga au Pérou. Il eſt tantôt en maſſe compacte, dont la couleur varie depuis le rouge pâle juſqu'au rouge foncé & noirâtre, quelquefois en criſtaux tranſparens couleur de rubis, ſouvent en eſpèces d'écailles ou en lames feuilletées. On le nomme *vermillon natif* ou *cinabre en fleurs*, lorſqu'il eſt ſous la forme d'une poudre rouge très-brillante. Enfin on le trouve diſperſé dans différentes terres, dans le ſulfate de chaux, mêlé au fer, aux pyrites & à l'argent.

M. Cronſted parle, dans ſa minéralogie, d'une mine de mercure dans laquelle cette ſubſtance eſt unie au ſoufre & au cuivre. Cette mine eſt d'un gris noirâtre, fragile & peſante ; ſa fracture eſt vitreuſe ; elle décrépite au feu ; elle ſe trouve à Muſchel-Landſberg.

Le même minéralogiſte aſſure qu'on a quelquefois trouvé dans la mine de Sahlberg en Suède, du mercure amalgamé avec de l'argent vierge. Romé de Liſle avoit dans ſon cabinet un morceau qu'il croyoit être de cette eſpèce.

M. Monnet parle, dans ſon ſyſtême de minéralogie, d'une mine apportée en 1768, du

Dauphiné, par M. de Montigny, qui contient du mercure, du ſoufre, de l'arſenic, du cobalt, du fer & de l'argent; elle eſt griſe, blanchâtre & friable. Il y a trouvé une livre de mercure, & trois à quatre onces d'argent par quintal.

D'après ce court expoſé, les différens états que préſente le mercure dans l'intérieur de la terre, peuvent être réduits aux variétés ſuivantes :

État I. Mercure natif.

Diſſéminé dans des terres & des pierres, & le plus ſouvent dans ſes mines mêmes.

État II. Oxide de mercure natif.

État III. Sulfate & muriate de mercure, natifs.

État IV. Mercure minéraliſé par le ſoufre; Cinabre.

Variétés.

1. Cinabre tranſparent, rouge & criſtalliſé en priſmes triangulaires très-courts, terminés par des pyramides triangulaires.
2. Cinabre tranſparent, rouge en criſtaux octaëdres, formés de deux pyramides triangulaires, réunies par leurs baſes, & tronquées.

Variétés.

3. Cinabre ſolide, compacte, d'un rouge brun, ou d'un rouge clair. Il eſt quelquefois formé de feuillets.

4. Cinabre rouge, diſtribué en ſtries ſur une gangue pierreuſe ou ſur du cinabre ſolide. Il eſt quelquefois aiguillé comme le cobalt.

5. Cinabre en fleurs, vermillon natif; c'eſt un cinabre d'un rouge brillant ſatiné, qui adhère à différentes gangues ſous la forme d'une pouſſière très-fine; il eſt quelquefois cryſtalliſé en très-petites aiguilles, alors il reſſemble beaucoup au précédent.

État V. Mercure combiné au ſoufre & au cuivre; mine de mercure noire & vitreuſe de Cronſtedt.

État VI. Mercure allié au ſoufre, à l'arſenic, au cobalt, au fer & à l'argent.

État VII. Mercure allié à l'argent, amalgame d'argent natif.

Pour connoître une mine qui contient du mercure, on la pile, on la méle avec de la chaux, des alcalis, &c. On en jette ſur une brique chaude, on couvre le tout d'une cloche, le mercure ſe réduit en vapeurs, & ſe condenſe aux parois de la cloche. Si l'on veut connoître la quantité de mercure qui est contenue, après l'avoir pulvérisée & lavée, on la distille avec des matières capables de s'emparer du soufre & d'en dégager le mercure. On a soin de mettre de l'eau dans le récipient, afin de rassembler le mercure au fond de ce fluide. En pesant exactement la mine avant de l'essayer, & le mercure qu'on en obtient par la distillation, on connoît ce qu'elle en peut fournir.

Le mercure vierge se sépare facilement, en broyant les pierres avec lesquelles il est mêlangé, & en les délayant dans de l'eau; le métal se précipite & l'eau entraîne la terre; c'est ainsi qu'on le retire des mines d'Ydria dans le Frioul.

On ne grille point le cinabre, parce qu'étant volatil, il se dissiperoit au feu; mais comme la nature l'a presque toujours mêlangé avec une substance calcaire ou martiale, cette substance devient un intermède propre à décomposer le cinabre à l'aide du feu.

Antoine de Jussieu a décrit dans les mémoires de l'académie, en 1719, le travail qu'on fait à Almaden en Espagne, pour retirer le mercure du cinabre. Cette mine contient du fer & un peu de pierre calcaire; on la met dans des fours qui ont la forme de fourneaux de réverbère, on

chauffe

chauffe ces fours, en mettant les matières combustibles dans le cendrier. Le fourneau n'a d'ouvertures que huit trous pratiqués à sa partie postérieure; à chacun de ces trous on ajuste une file d'aludels, dont le dernier aboutit à un petit bâtiment assez éloigné du fourneau. Entre le fourneau & le bâtiment où se terminent les aludels, est une petite terrasse qui s'arase avec les ouvertures du fourneau & celles du bâtiment. Cette terrasse forme deux plans inclinés, & soutient les aludels. Si quelque jointure mal bouchée laisse échapper du mercure, il se rassemble dans la jonction des plans inclinés de la terrasse. Lorsque le feu est appliqué au cinabre, le fer & la pierre calcaire absorbent le soufre; le mercure réduit en vapeurs passe dans les aludels, & va gagner le petit bâtiment. Après la distillation, on transporte tous les aludels dans une chambre quarrée, pour les vider & réunir le mercure dans une fosse pratiquée au milieu de cette chambre, dont le sol est incliné en talus vers cette fosse moyenne.

Antoine de Jussieu a observé que les mines de cinabre ne donnoient aucune exhalaison funeste aux végétaux, & que les environs & le dessus des mines d'Amaden étoient très-fertiles. Il a également observé que l'exploitation de cette mine n'étoit pas funeste aux ouvriers, comme on l'avoit cru ; que ceux qui travaillent dans l'intérieur de la mine, comme forçats, ſont les ſeuls qui ſoient ſujets à des maux graves, parce que le feu qu'ils ſont obligés d'allumer, volatiliſant une portion du mercure, ils ſe trouvent continuellement plongés dans une vapeur mercurielle.

M. Sage a décrit dans les mémoires de l'académie, année 1776, le procédé que l'on emploie pour extraire le mercure du cinabre dans le Palatinat. Le fourneau eſt une galère chargée de quarante-huit cornues de fonte, dont l'épaiſſeur eſt d'un pouce, la longueur de trois pieds neuf pouces, & qui contiennent environ ſoixante livres de matières. Ces cornues ſont fixées à demeure ſur le fourneau; on y introduit à l'aide de cuillers de fer, un mêlange de trois parties de la mine bien bocardée, avec une partie de chaux éteinte; on chauffe avec du charbon de terre que l'on met par les deux extrémités du fourneau, dont les côtés ſont percés de pluſieurs ouvertures qui établiſſent des courans, & font brûler le charbon. Le mercure ſe volatiliſe à l'aide de la réaction de la chaux ſur le ſoufre; on le recueille dans des récipiens de terre adaptés aux cornues, & remplis d'eau juſqu'au tiers de leur capacité. Cette opération dure dix à onze heures.

Le mercure retiré ou révivifié du cinabre, est très-pur & ne contient aucune particule étrangère; on en trouve peu qui soit de cette pureté dans le commerce. Presque tout celui que vendent les marchands est plus ou moins mêlé de matières métalliques étrangères; il paroît un peu terne, & au lieu de se diviser en globules lorsqu'il coule, il s'applatit & semble se hérisser de pointes. Les marchands disent alors qu'il *fait la queue*.

Le mercure ne paroît point éprouver d'altération de la part de la lumière. C'est une des matières fluides qui s'échauffe le plus vîte & le plus régulièrement; c'est à dire, dont la marche de la dilatation est la plus constante, comme l'ont démontré MM. Bucquet & Lavoisier, par leurs recherches sur la marche de la chaleur dans les différens fluides, lues à l'académie des sciences. Ce phénomène indique que le mercure est le fluide le plus propre à marquer exactement les dégrés de chaleur, & à former les thermomètres les plus exacts.

Ce fluide métallique exposé au feu dans les vaisseaux fermés, bout à la manière des liquides. Cette propriété ne lui est point particulière; il la partage avec l'argent, l'or & la plupart des autres métaux. Il est vrai que comme le mercure est plus fusible qu'aucun autre, il bout plus vîte & long-tems avant d'être rouge. L'ébullition n'est autre chose que son passage de l'état liquide à l'état de vapeur. Cette vapeur qui devient bientôt très-apparente sous la forme d'une fumée blanche, & qui trouble la transparence des vaisseaux dans lesquels on la reçoit, se condense par le froid en gouttelettes de mercure, qui n'ont éprouvé aucun déchet, ni aucune altération, lorsqu'on fait cette distillation avec soin. Le mercure est donc une substance très-volatile, qu'on peut distiller comme de l'eau, & qui se rapproche par-là des demi-métaux ou métaux cassans.

Boerhaave a distillé cinq cens fois de suite la même quantité de mercure, il n'étoit altéré en aucune manière; il lui a seulement paru un peu plus brillant, plus pesant & plus fluide; ce qui ne dépendoit sans doute que d'une purification très-exacte. Il a obtenu dans cette distillation une petite quantité de poudre grise, qui ne lui a paru que du mercure très-divisé, & qui n'avoit besoin que d'être trituré dans un mortier, pour devenir fluide & brillant; c'étoit un peu d'oxide noir de mercure, dû à l'air contenu dans l'appareil.

La distillation est un moyen de purifier le mercure, & le séparer des métaux fixes qui l'altèrent ordinairement dans le commerce; on retrouve dans la cornue le métal étranger en une croute brillante dans quelques endroits, & noirâtre dans d'autres. On connoît en pesant ce résidu, la quantité de matière qui altéroit le mercure.

La pesanteur extrême du mercure a fait croire aux chimistes que cette substance contient abondamment le principe terreux pur, ou la terre vitriable. Mais d'un autre côté, ce principe, lorsqu'il domine dans les corps, leur donne de la solidité, & le mercure est au contraire très-fusible; le principe terreux est éminemment fixe, & le mercure est très-volatil. Ces qualités qui paroissent opposées, ont engagé Beccher à admettre dans ce fluide métallique une terre particulière, qu'il nommoit, comme nous l'avons déjà dit, *terre mercurielle*, à laquelle il attribuoit en même-tems la pesanteur & la volatilité. Le mercure étoit donc, suivant ce chimiste, un composé de ces trois terres; de la vitrifiable, de l'inflammable & de la mercurielle. Personne n'a encore démontré l'existence de la dernière dans aucun corps, & on ne doit regarder cette opinion que comme une assertion dénuée de preuves. Le mercure nous paroît, comme toutes les autres substances métalliques, un corps combustible particulier dont on n'a point encore séparé les principes. Quant à la terre vitrifiable dont nous avons examiné les propriétés dans le commencement de cet ouvrage, nous ne croyons pas qu'on puiſſe l'admettre plus dans le mercure que dans les autres métaux, puiſqu'on n'en a jamais extrait aucun principe ſemblable. Ce que Beccher & Stahl appeloient ainſi dans le mercure & dans les autres ſubſtances métalliques, n'eſt rien moins qu'un corps ſimple & terreux, ainſi que nous l'avons dit en parlant des oxides des métaux en général.

Le mercure réduit en vapeurs a une force expanſive conſidérable, & eſt ſuſceptible de produire des exploſions vives lorſqu'il eſt enfermé. Hellot a rapporté à l'académie qu'un particulier ayant voulu fixer le mercure, en avoit mis une certaine quantité dans une boule de fer très-bien ſoudée; on jetta cette boule au milieu d'un braſier ardent; mais à peine fut-elle rouge, que le mercure déchira ſon enveloppe avec un bruit conſidérable, & s'élança à perte de vue. M. Baumé rapporte dans ſa *Chimie expérimentale*, un fait à-peu près pareil, dont Geoffroy l'apothicaire avoit été témoin.

Le mercure eſt infiniment plus ſuſceptible de s'oxider par le contact de l'air & de beaucoup de corps, qu'on ne l'a cru juſqu'actuellement.

Il se forme sans cesse à sa surface une pellicule grise noirâtre, qui est un véritable oxide mercuriel.

Chauffé avec le concours de l'air, ce métal se change au bout de quelques jours en une poudre terreuse, rouge, brillante, disposée en petites écailles. Cette poudre, qui n'a plus l'aspect métallique, est un vrai oxide de mercure. Les alchimistes qui ont cru que le mercure se fixoit dans cette expérience, l'ont appelé improprement mercure précipité par lui-même, ou *précipité per se*. Comme le mercure est très-volatil, & que cependant il a besoin du concours de l'air pour se brûler, on a imaginé pour cette opération un instrument assez commode, nommé *enfer de Boyle*. C'est un flacon de crystal très-large & très-plat; on y renferme le mercure qui y forme une couche mince, & présente par conséquent une grande surface. Le bouchon qui s'ajuste exactement au goulot de ce flacon, est un cylindre de crystal percé d'un tuyau capillaire. On place le flacon sur un bain de sable; on chauffe le mercure jusqu'à le faire bouillir. L'ouverture du cylindre est telle, que l'air a de l'accès dans le flacon, sans que le mercure puisse se dissiper. Au bout de plusieurs mois de digestion, on sépare l'oxide qui s'est formé à la surface du mercure. Pour cela on jette le tout ſur une toile ſerrée, le mercure paſſe à l'aide de la preſſion, & l'oxide rouge reſte ſur le linge. On peut ſe ſervir, avec tout autant de ſuccès, d'un matras à fond plat, dans lequel on verſe aſſez de mercure pour y former une couche mince; on tire à la lampe le col de ce matras en un tuyau capillaire, & on en caſſe la pointe. Ce moyen indiqué par M. Baumé, fournit un vaiſſeau plus propre à l'oxidation du mercure, parce qu'il contient plus d'air; il eſt auſſi plus aiſé à chauffer, moins diſpendieux, & moins ſujet à caſſer que l'enfer de Boyle. Pour que l'expérience réuſſiſſe, il faut entretenir le mercure dans une chaleur capable de le faire bouillir légèrement nuit & jour pendant pluſieurs mois; en multipliant les matras ſur le même bain de ſable, on obtient une plus grande quantité de *précipité per ſe*, ou d'oxide de mercure rouge, & l'on peut même en préparer une certaine quantité en quinze ou vingt jours.

Le *précipité per ſe* eſt un vrai oxide de mercure, ou une combinaiſon de cette matière métallique avec l'oxigène, qu'elle enlève peu à peu à l'atmoſphère. Ce qui le prouve d'une manière convaincante, c'eſt que, 1°. on ne peut jamais réduire le mercure en *précipité per ſe*, ſans le contact de l'air, 2°. On ne peut former cette combinaison qu'avec l'air vital, & elle n'a pas lieu dans les différens gaz qui ne sont point de l'air. 3°. Le mercure dans cette expérience augmente de poids. 4°. En le chauffant dans des vaisseaux fermés, on le réduit tout entier en mercure coulant, & il se dégage en même-temps une grande quantité de fluide élastique, dans lequel les corps combustibles brûlent quatre fois plus rapidement que dans l'air de l'atmosphère; c'est ce fluide dont M. Priestley a le premier reconnu l'existence, qu'il a désigné sous le nom d'*air déphlogistiqué*, & que nous appelons *gaz oxigène*, ou air vital. Le mercure a perdu dans cette réduction le poids qu'il avoit acquis en se brûlant.

Ce dernier fait, joint aux phénomènes de la combustion du mercure, à la nécessité & à la diminution de l'air dans cette opération, a porté M. Lavoisier à penser, d'après une analogie aussi bien fondée que toutes celles que l'on établit en physique, que les oxides métalliques ne sont que des combinaisons des métaux avec l'oxigène de l'air. Comme le *précipité per se* peut être très-bien analysé par la chaleur, & comme il se sépare en deux principes, l'air vital pur & le mercure coulant, on sent combien cette belle expérience répand de lumières sur la théorie pneumatique, & combien elle lui est favorable. On conçoit très-bien comment la base de l'air vital ou l'oxigène fixé dans le mercure, se dégage en reprenant de l'élasticité à l'aide de la chaleur. Pour réduire ainsi l'oxide rouge de mercure, il faut le chauffer dans des vaisseaux exactement fermés; s'il a le contact de l'air, il reste dans l'état d'oxide, parce qu'il trouve toujours dans l'atmosphère, le corps avec lequel il peut s'unir, & qui a seul la propriété de l'oxider. C'est pour cela que M. Baumé a soutenu que le *précipité per se* n'étoit pas réductible, qu'il se sublimoit au contraire en cristaux rougeâtres, de la couleur du rubis; tandis que M. Cadet a prétendu que tous les *précipités per se* pouvoient également être réduits en mercure coulant. Macquer a prouvé par une explication ingénieuse & bien d'accord avec les faits, que l'un & l'autre de ces chimistes avoit raison, & que si on chauffoit l'oxide de mercure avec le contact de l'air, il se sublimoit en entier, & pouvoit même se fondre en un verre de la plus belle couleur rouge, comme l'a dit M. Keir, savant chimiste écossois, dans sa traduction du dictionnaire de Chimie, tandis que le même oxide susceptible de se sublimer lorsqu'il a le contact de l'air, se réduit en mercure coulant, & fournit de l'air vital lorsqu'on le chauffe fortement dans des vaisseaux bien fermés.

Comme le brillant du mercure se ternit par les molécules de poussière que l'air entraîne, & qui se déposent à sa surface, on lui a donné le nom d'*aimant de la poussière*. Mais il paroît que tous les corps ont cette propriété, & qu'elle n'est très-sensible dans ce métal qu'en raison de son brillant. D'ailleurs il n'est nullement altéré, & il suffit de le filtrer à travers une peau de chamois, pour le séparer des molécules étrangères qui flottent à sa surface, & pour lui rendre tout son éclat.

Le mercure ne paroît pas se dissoudre dans l'eau; cependant les médecins sont dans l'usage de faire suspendre un nouet plein de ce métal dans les tisannes vermifuges pendant leur ébullition. On assure même que l'expérience a constaté les bons effets de cette pratique. Lemery a prouvé que le mercure ne perdoit rien de son poids dans cette décoction. Peut-être s'émane-t-il de ce métal un principe analogue à celui de l'odeur, si fugace & si tenu, qu'on ne peut en connoître la pesanteur, à cause de son extrême ténuité, & qui communique à l'eau la vertu anthelmintique.

Le mercure ne s'unit pas plus aux terres que ne le font les autres substances métalliques. Son oxide rouge ou *précipité per se*, pourroit peut-être se fixer dans les verres, & les colorer, comme on l'obſerve pour l'oxide d'arſenic.

On ne connoît point l'action de la baryte, de la magnéſie, de la chaux & des alcalis ſur le mercure.

L'acide ſulfurique n'agit ſur cette ſubſtance métallique, que quand il eſt très-concentré. Pour faire cette diſſolution, on met dans une cornue de verre une partie de mercure, & on verſe par-deſſus une partie & demie ou deux parties d'acide ſulfurique concentré. On chauffe le mélange; peu-à-peu il s'excite une efferveſcence vive; la ſurface du mercure devient blanche; il s'en ſépare une poudre de la même couleur, qui trouble l'acide en s'y diſperſant. Il ſe dégage une grande quantité de gaz ſulfureux, & on peut le recueillir au-deſſus du mercure. C'eſt, comme nous l'avons vu en parlant de l'acide ſulfurique, le procédé qu'on met en uſage pour obtenir ce gaz. Il paſſe auſſi une portion d'eau chargé de gaz acide ſulfureux. Lorſqu'on pouſſe cette diſtillation juſqu'à ce qu'il nous paſſe plus d'acide ſulfureux, on trouve dans le fond de la cornue une maſſe blanche, opaque, très-cauſtique, qui pèſe un tiers de plus que le mercure qu'on a employé, & qui attire un peu l'humidité de l'air. La plus grande partie de cette maſſe eſt un oxide de mercure uni à une petite portion d'acide ſulfurique. Cette matière eſt aſſez fixe, ſuivant la remarque de Kunckel, Macquer & Bucquet. Dans cette opération l'acide ſulfurique eſt décompoſé par une double attraction élective ; le mercure, qui eſt une ſubſtance combuſtible, s'eſt uni à l'oxigène contenu dans cet acide, tandis que la chaleur a dégagé le gaz ſulfureux & l'eau. Le métal doit donc être dans l'état d'oxide, & conſéquemment avoir beaucoup plus de fixité que le mercure coulant.

Une portion de cette maſſe mercurielle ſulfurique eſt diſſoluble dans l'eau ; lorſqu'on y verſe ce fluide en grande quantité, il délaye cette maſſe, & laiſſe précipiter une poudre blanche ſi l'eau eſt froide ; ſi on emploie de l'eau bouillante, cette poudre prend une belle couleur jaune brillante, & d'autant plus vive qu'on y verſe plus d'eau & qu'elle eſt plus chaude. On a donné très-anciennement le nom de *turbith minéral* ou de *précipité jaune* à cette matière ; nous la nommons oxide mercuriel jaune. On décante l'eau qui a ſervi à le laver ; on verſe ſur le *turbith* une nouvelle quantité de ce fluide bouillant, il devient d'un jaune plus éclatant ; on le lave encore à une troiſième eau pour lui enlever tout l'acide ſulfurique qu'il contient. Dans cet état il n'a plus de ſaveur, c'eſt un oxide mercuriel qui, poussé au feu dans une cornue, donne d'abord un peu d'acide sulfureux, & se réduit en mercure coulant en fournissant une grande quantité d'air vital. Kunckel annonce cette réduction ; elle a réussi à MM. Monnet, Bucquet & Lavoisier, qui l'ont suivi dans tous ses détails. Je l'ai répétée plusieurs fois avec succès ; elle prouve, comme nous l'avons vu, que l'acide sulfurique est formé de soufre, d'oxigène & d'eau ; mais il faut un feu assez violent pour réduire le turbith. C'est vraisemblablement parce que M. Baumé ne l'a pas chauffé suffisamment, qu'il n'a pas obtenu de mercure, & qu'il annonce qu'il ne peut reparoître sous sa forme métallique, que par l'addition d'une matière combustible. En continuant de chauffer la masse sulfurique mercurielle dans la même cornue où on l'a dissoute, sans rien déluter & sans laver cette masse pour en enlever la portion d'acide, on décompose de même cet oxide ; il se réduit en mercure coulant, à mesure que l'oxigène qu'il avoit enlevé à l'acide sulfurique devient fluide élastique, par sa combinaison avec la chaleur & la lumière.

L'eau que l'on a versée sur la masse mercurielle sulfurique blanche, s'est chargée de la portion d'acide non décomposé & encore contenue dans cette masse. Mais comme l'oxide de mercure eſt ſoluble dans l'acide ſulfurique, cette ſubſtance ſaline en emporte toujours avec elle; de ſorte que l'eau tient en diſſolution un vrai ſulfate de mercure. En l'évaporant fortement, elle dépoſe ce ſel en petites aiguilles dont on ne peut déterminer la forme, parce qu'elles ſont molles & très-déliqueſcentes. En jettant de l'eau bouillante ſur ces criſtaux de ſulfate de mercure, ils deviennent jaunes & dans l'état d'oxide mercuriel, parce que l'eau en ſépare l'acide qui eſt peu adhérent & laiſſe cet oxide pur. La même choſe a lieu lorſqu'après avoir fortement évaporé la première leſſive de la maſſe mercurielle, on l'étend dans beaucoup d'eau bouillante au lieu de la faire criſtalliſer; elle précipite une poudre jaune & dans l'état d'un vrai oxide. Si on ſe ſert d'eau froide, le précipité eſt blanc, mais il ſuffit de reverſer ſur ce précipité blanc de l'eau bouillante pour lui faire reprendre la couleur jaune. On peut rendre ainſi à volonté la diſſolution d'oxide de mercure décompoſable ou non par l'eau; il ſuffit pour cela de l'évaporer fortement ou de charger l'acide de tout l'oxide mercuriel qu'il eſt facile de diſſoudre, alors l'union de ces deux corps eſt facilement ſéparée par l'eau. Si l'on y ajoute un peu d'acide, elle ne précipite plus par ce fluide. Je me ſuis convaincu de cette vérité, en dissolvant du *turbith minéral* bien lavé dans de l'acide sulfurique foible. Cette dissolution n'est pas surchargée d'oxide mercuriel, elle ne précipite pas par l'eau. Mais si on charge cet acide de tout ce qu'il en peut dissoudre à l'aide de la chaleur, ce qui se fait en ajoutant cette matiere jusqu'à ce qu'il refuse d'en dissoudre, alors cette dissolution versée dans de l'eau froide, forme un précipité blanc, ou une poudre jaune dans l'eau chaude; si on y ajoute dans cet état un peu d'acide sulfurique, elle cesse de précipiter. L'oxide mercuriel blanc que le sulfate de mercure très-chargé dépose lorsqu'on le verse dans l'eau froide, est très-dissoluble; on peut le faire disparoître en ajoutant de l'acide sulfurique dans le mélange.

Le sulfate de mercure peut être décomposé par la magnésie & la chaux qui le précipitent en jaune. Les alcalis fixes en séparent un oxide de mercure à-peu-près de la même couleur; ce précipité varie pour la couleur, suivant l'état de la dissolution & suivant la substance précipitante; la quantité en est aussi différente. Il est très-abondant dans une dissolution chargée; si l'on décompose au contraire une dissolution qui n'est point saturée de mercure, chaque flocon d'oxide qui s'en sépare par les premières gouttes

gouttes de la matière précipitante, est redissous à mesure par l'acide excédent ; quand cet excès d'acide est saturé, le précipité est permanent. Ces oxides de mercure, précipités par les alcalis fixes, peuvent être réduits seuls dans les vaisseaux fermés.

L'ammoniaque ne précipite point le sulfate de mercure quand il est avec excès d'acide ; elle forme un sel triple ou sulfate ammoniaco-mercuriel. Quand le sulfate de mercure est bien neutre & sans excès d'acide, elle ne sépare qu'une petite portion d'oxide noir, qu'elle rend réductible par le seul contact de la lumière, & elle forme un sel triple avec la plus grande partie du sulfate de mercure.

L'acide nitrique est décomposé par le mercure avec la plus grande rapidité. La dissolution se fait à froid & avec plus ou moins d'activité, suivant l'état de l'acide. L'eau-forte ordinaire du commerce agit sur le mercure, sans répandre beaucoup de vapeurs rouges. Si l'on y ajoute un peu d'acide nitreux fumant, ou si on chauffe le mélange, l'action devient très-rapide, il se dégage une très-grande quantité de gaz nitreux, & le mercure réduit en oxide reste en dissolution. La liqueur est d'abord verdâtre en raison d'un peu de gaz nitreux qu'elle tient en dissolution ; mais elle perd cette couleur au bout d'un certain tems. L'acide nitrique peut se charger par ce procédé d'une quantité de mercure égale à son poids. Bergman a fait observer dans sa dissertation sur l'analyse des eaux, que les dissolutions mercurielles nitriques diffèrent les unes des autres, suivant la manière dont elles ont été préparées. Celle qui a été faite à froid & sans dégagement de beaucoup de vapeurs rouges, n'est point décomposable par l'eau distillée ; mais si on a aidé la dissolution par la chaleur, si elle a produit une grande quantité de gaz nitreux, elle précipitera par l'eau, & ne pourra plus être employée avec sûreté dans l'analyse des eaux, comme nous le dirons en parlant des eaux minérales. Je pense que ce phénomène est dû à la même cause dans la dissolution nitreuse, que dans celle par l'acide sulfurique. L'acide nitrique peut à l'aide de la chaleur, se surcharger d'oxide de mercure, & le tenir, pour ainsi dire, en suspension. Cette sorte de dissolution, avec excès de mercure, sera précipitée par l'eau distillée, qui change la densité de la liqueur & diminue l'adhérence de l'oxide mercuriel avec l'acide nitrique. Aussi le précipité est-il du nitrate de mercure très-oxidé & très-jaune si l'on verse la dissolution dans de l'eau chaude, ou blanc si on la verse dans de l'eau froide. On peut lui donner sur-le-champ de la couleur, en le lavant à l'eau chaude. Comme, au contraire, la dissolution faite à froid, ne contient que du nitrate de mercure sans excès d'oxide, puisqu'elle ne peut se charger d'oxide surabondant à sa combinaison qu'à l'aide de la chaleur, l'eau distillée n'y occasionne pas de précipité. Je suis fondé à penser ainsi, d'après un fait dont je me suis assuré un grand nombre de fois ; c'est qu'on peut rendre à volonté la même dissolution mercurielle, décomposable ou non par l'eau, en ajoutant ou du mercure, ou de l'acide, & la faire passer plusieurs fois à l'un ou l'autre état. Il suffit pour cela de dissoudre à froid du mercure dans de l'acide nitrique, & de laisser cet acide se charger d'autant de mercure qu'il est possible ; cette dissolution n'est pas décomposable par l'eau, quoiqu'elle ait laissé échapper du gaz nitreux. En y ajoutant du mercure, & la laissant se charger de tout ce qu'elle en peut dissoudre à l'aide de la chaleur, elle devient capable de précipiter avec l'eau. On entend très-bien, par la même théorie, pourquoi une dissolution nitrique qui ne précipite pas par l'eau, acquiert cette propriété si on la chauffe ; la chaleur en dégage en effet du gaz nitreux, & ce dégagement ne peut se faire sans qu'une portion de l'acide soit détruite ; dès lors la proportion de l'oxide mercuriel devient plus forte, relativement à l'acide; elle n'est plus combinée, mais adhérente au nitrate de mercure, & suspendue de manière que l'eau pourra la précipiter fort aisément. Je me suis assuré que les dissolutions mercurielles ne précipitent par l'eau qu'un oxide excédent uni à très-peu d'acide nitrique, & qu'elles retiennent encore une portion de vrai nitrate de mercure, qu'on peut décomposer par les alcalis, comme cela a lieu pour la masse mercurielle sulfurique lessivée pour la préparation du *turbith* minéral; on peut même faire cristalliser cette portion de nitrate de mercure. L'excès d'oxide mercuriel, qui rend les dissolutions nitriques susceptibles d'être décomposées par l'eau, est aussi accompagné d'une circonstance qui favorise cette décomposition. C'est que l'oxide y est assez fortement oxigéné, pour n'avoir que peu d'adhérence avec l'acide nitrique.

La dissolution de mercure dans l'acide nitrique est d'une très-grande causticité; elle peut ronger & détruire nos organes. Lorsqu'elle tombe sur la peau, elle y forme des taches d'un pourpre foncé, & qui paroissent noires. Ces taches ne se dissipent que par la séparation de l'épiderme qui tombe en écailles ou en espèce d'escarres. On s'en sert comme d'un puiſſant eſcarrotique en chirurgie, & on l'appelle *eau mercurielle.*

La diſſolution de mercure dans l'acide nitrique eſt ſuſceptible de fournir des criſtaux qui diffèrent dans leur forme, ſuivant l'état de la diſſolution, & ſuivant les circonſtances qui accompagnent la criſtalliſation. En obſervant avec ſoin ces variétés, j'en ai reconnu quatre eſpèces bien diſtinctes, que je vais décrire.

1°. Une diſſolution faite à froid donne, par une évaporation ſpontanée de pluſieurs mois, des criſtaux tranſparens très-réguliers. M. Romé de Liſle les a très bien définis. Ce ſont des ſolides applatis à quatorze faces, formés par la réunion de deux pyramides tétraëdres, coupés très-près de leur baſe, & tronqués aux quatre angles qui réſultent de la jonction des pyramides.

2°. Si on évapore la même diſſolution faite à froid, & qu'on la laiſſe refroidir, il s'y dépoſe au bout de vingt-quatre heures des eſpèces de priſmes aigus & ſtriés obliquement ſur leur largeur, qui ſont formés par l'application ſucceſſive de petites lames poſées en recouvrement les unes ſur les autres comme les tuiles, ce que les botaniſtes nomment *imbricatim.* En examinant de près les élémens de ces priſmes informes, j'ai vu que les lames qui les conſtituent font des folides à quatorze facettes femblables aux criftaux qu'on obtient par l'évaporation fpontanée, mais plus petits & plus irréguliers.

3°. Si l'on fait une diffolution nitrique, à l'aide d'une chaleur douce & ménagée, elle fournit par le refroidiffement des criftaux en aiguilles plates très-longues & très-aigues, ftriées fur leur longueur. Ce font ceux que l'on obtient le plus fouvent, & qui ont été décrits par le plus grand nombre des chimiftes, fpécialement par MM. Macquer, Rouelle, Baumé, &c.

4°. Enfin, fi l'on chauffe davantage cette diffolution, & qu'elle devienne décompofable par l'eau, ordinairement elle fe prend en une maffe blanche & informe, femblable à la maffe fulfurique. Quelquefois j'ai eu dans cette circonftance un amas confus de petites aiguilles très-longues, fatinées & flexibles, qui fuivoient le mouvement de la liqueur; elles étoient affez femblables aux dendrites brillantes & argentées, que j'ai plufieurs fois obfervées fur les parois des bouteilles où l'on conferve de l'acétite de potaffe, ou *terre foliée de tartre*. Il eft effentiel d'ajouter que cette dernière diffolution, qui ne fournit que des criftaux irréguliers & confus, ou des maffes informes, parce qu'elle contient beaucoup d'oxide de mercure ſurabondant, peut être rendue ſuſceptible de criſtalliſer plus régulièrement en y ajoutant de l'acide.

Ces différens nitratres de mercure préſentent à peu près les mêmes phénomènes. Ils ſont très-cauſtiques & rongent la peau comme leurs diſſolutions; ils détonnent lorſqu'on les met ſur des charbons ardens. Il faut obſerver, à l'égard de cette propriété, qu'elle eſt beaucoup plus ſenſible dans les criſtaux très-réguliers à quatorze faces, que dans ceux qui ſont en petites aiguilles, & qu'elle eſt nulle dans la maſſe blanche précipitée de la diſſolution fortement chauffée. La détonation du nitrate de mercure n'eſt que très-peu apparente dans les criſtaux nouvellement formés; il faut, pour bien l'obſerver & la rendre très-ſenſible, les laiſſer égoutter quelque tems ſur du papier brouillard. Si on les met alors ſur un charbon bien allumé, ils ſe fondent, noirciſſent & éteignent l'endroit où ils ſont poſés; mais leurs bords qui ſont deſſéchés, jettent de petits éclairs rougeâtres avec un bruit ſemblable à une décrépitation légère. Lorſqu'ils ſont ſecs, il s'en échape une flamme blanchâtre plus vive, qui ceſſe très-vîte.

Le nitrate de mercure ſe fond lorſqu'on le chauffe dans un creuſet; il s'en exhale des vapeurs rouges très-épaisses ; à mesure qu'il perd son eau & son gaz nitreux, il prend d'abord une couleur jaune foncée qui passe à l'orangé, & enfin au rouge brillant ; on l'a nommé dans cet état *précipité rouge*. Nous le désignons par le nom d'*oxide de mercure rouge par l'acide nitrique*. Il doit être fait dans des matras & à une douce chaleur, si on le destine à être employé comme caustique en chirurgie, afin qu'il retienne une portion d'acide à laquelle est due la vertu rongeante. Mais si on le chauffe fortement, ce n'est plus qu'un oxide de mercure formé par ce métal uni à l'oxigène de l'acide nitrique. Le nitrate de mercure distillé dans une cornue, donne un phlegme acidule & du gaz nitreux dans le premier tems ; il est alors dans l'état de *précipité rouge* ; en le chauffant fortement, il s'en dégage une grande quantité d'air vital mêlé d'un peu de gaz azote, & le mercure se sublime sous forme métallique. C'est cette expérience qui, faite avec la plus grande précision par M. Lavoisier, l'a conduit à démontrer la composition de l'acide nitrique, comme nous l'avons dit en faisant l'histoire de cet acide.

Le nitrate de mercure devient jaunâtre à l'air, & s'y décompose très-lentement. Il est assez dissoluble dans l'eau distillée, plus dans l'eau bouillante que dans l'eau froide, & il cristallise par refroidissement. Lorsqu'on dissout ce sel dans l'eau, il y en a une portion qui se précipite sans s'y dissoudre, & qui est jaunâtre. M. Monnet appelle cette matière *turbith nitreux*; & il observe qu'on peut en obtenir beaucoup en lavant une masse mercurielle nitrique évaporée à siccité, comme celle que l'on fait pour préparer le *précipité rouge*. Si l'on veut dissoudre entièrement le nitrate de mercure, il faut employer de l'eau distillée, dans laquelle on doit verser de l'eau forte jusqu'à ce que le précipité disparoisse. J'ai observé que lorsqu'on verse de l'eau bouillante sur le nitrate de mercure le plus pur, il jaunit sur-le-champ, & donne un oxide d'une couleur plus foncée, qui, exposé au feu, devient rouge beaucoup plus vîte que celui qui est fait par l'acide sulfurique. L'oxide de mercure jaune par l'acide nitrique, est en général plus complettement oxidé que celui qui est préparé par l'acide sulfurique; ce qui vient, comme nous l'avons déjà fait observer sur d'autres substances combustibles, de ce que l'acide nitrique laisse plus facilement dégager son oxigène que l'acide sulfurique. C'est pour cela que l'acide nitrique est plus décomposable que l'acide sulfurique.

La baryte, la magnésie, la chaux & les alcalis

décomposent le nitrate de mercure, & en précipitent le métal dans l'état d'oxide. Ces précipités varient par la couleur, la pesanteur & la quantité, suivant l'état de la dissolution. Les alcalis fixes caustiques forment un précipité jaune, plus ou moins brun ou briqueté, suivant leur causticité. L'ammoniaque précipite en gris ardoisé la dissolution mercurielle nitrique en bon état, c'est-à-dire, que l'eau ne peut point décomposer, tandis que le même sel produit un dépôt blanc dans une dissolution saturée de mercure que l'eau est susceptible de précipiter; ces différences ont été bien observées per Bergman. Ces précipités ne sont que des oxides de mercure plus ou moins oxigénés. Ils sont tous réductibles sans addition & par la chaleur dans des vaisseaux fermés, & ils donnent de l'air pur dans leur réduction. Ceux qui ont été précipités par les carbonates alcalins, fournissent une certaine quantité d'acide carbonique par l'action de la chaleur. Ceux qui sans avoir été précipités par des carbonates, ont seulement été exposés au contact de l'air atmosphérique, présentent le même phénomene, parce qu'ils absorbent cet acide de l'atmosphère, propriété commune à tous les oxides de mercure, & même à ceux de plusieurs autres métaux.

Les oxides de mercure précipités de leurs

dissolutions acides par les intermèdes alcalins, présentent une propriété découverte par M. Bayen, & que nous ne devons pas passer sous silence; c'est de détonner comme la poudre à canon, lorsqu'on les expose dans une cuiller de fer à un feu gradué, après en avoir trituré un demi-gros avec six grains de fleurs de soufre; il reste après la détonnation une poussière violette susceptible de se sublimer en cinabre.

L'acide sulfurique & les sels dans lesquels il entre, peuvent décomposer aussi le nitrate de mercure, parce que cet acide a plus d'affinité avec le mercure que n'en a l'acide nitrique. Si l'on verse de l'acide sulfurique, ou une dissolution des sulfates de potasse, de soude, &c. & de tous les sels sulfuriques en général, dans une dissolution mercurielle nitrique, il se forme un précipité blanchâtre, si la dissolution nitrique n'est pas saturée, & d'autant plus jaune que le nitrate de mercure contient moins d'acide & plus d'oxide mercuriel. Ce précipité est du sulfate de mercure, neutre dans le premier cas & surchargé d'oxide dans le second. M. Bayen a reconnu qu'il retenoit toujours un peu d'acide nitrique.

L'acide muriatique n'a pas d'action sensible sur le mercure, quoique cet acide soit celui de tous qui a le plus d'affinité avec l'oxide de ce métal ; mais il en a une très marquée ſur l'oxide mercuriel, & il forme avec lui un ſel neutre particulier. Cette combinaiſon a lieu toutes les fois que l'acide muriatique ſe trouve en contact avec cet oxide très-diviſé. Si l'on verſe un peu d'acide muriatique ſur une diſſolution nitrique de mercure, cet acide s'empare de l'oxide du métal, & forme avec lui un ſel qui ſe précipite en une eſpèce de coagulum blanchâtre qu'on nomme *précipité blanc.* Les ſels muriatiques à baſe d'alcalis ou de ſubſtances ſalino-terreuſes, produiſent abſolument le même effet, & ils forment de plus des ſels nitriques différens ſuivant leur baſe. Mais il eſt important d'obſerver au ſujet de cette précipitation, qu'elle n'a pas lieu ſi l'on ſe ſert d'acide muriatique oxigéné, parce que quoique cet acide enlève l'oxide de mercure à l'acide nitrique, le ſel qu'il forme avec lui eſt très-ſoluble dans l'eau, tandis que celui qui eſt formé par l'acide muriatique ordinaire ne l'eſt pas du tout.

Cet acide a auſſi plus d'affinité avec l'oxide de mercure que n'en a l'acide ſulfurique, & il occaſionne dans les diſſolutions de ce métal par ce dernier, le même précipité qu'il forme dans les diſſolutions par l'acide nitrique. Le composé d'acide muriatique & d'oxide de mercure peut être dans deux états, comme nous l'avons dit plus haut, suivant la nature simple ou oxigénée de cet acide ; ce dernier constitue le *muriate* oxigéné de mercure ou *corrosif*, & le premier le *muriate mercuriel doux*.

Il y a plusieurs procédés pour préparer le *sublimé corrosif* ou muriate mercuriel corrosif. Le plus souvent on mêle parties égales de nitrate mercuriel desséché, de muriate de soude décrépité, & de sulfate de fer ou *vitriol martial* calciné au blanc ; on met ce mélange dans un matras dont les deux tiers de la capacité doivent rester vides ; on plonge ce vaisseau dans un bain de sable, & on le chauffe par degrés, jusqu'à faire rougir obscurément son fond. L'acide sulfurique dégage l'acide muriatique de la soude. Ce dernier sépare du mercure l'acide nitreux à qui il enlève une partie de son oxigène, de maniere qu'il devient acide muriatique oxigéné ; alors il se combine avec l'oxide de mercure & forme du muriate mercuriel corrosif, qui se sublime sous la forme de cristaux applatis & pointus, à la partie supérieure du matras. L'acide nitrique se dissipe en gaz nitreux ; le résidu est rougeâtre ou brun ; il contient de l'oxide de fer & du sulfate de soude formé par l'union de l'acide sulfurique avec la base du sel marin. En Hollande on prépare ce sel en grand, en triturant parties égales de mercure, de muriate de soude & de sulfate de fer, & en exposant ce mêlange à un feu violent. Dans cette préparation, l'oxide de fer privé de l'acide sulfurique par la chaleur & très-oxigéné, paroît faire passer l'acide muriatique à l'état oxigéné, puisqu'il n'y a que ce dernier qui puisse dissoudre le mercure entier qu'on y emploie. On peut encore obtenir le muriate mercuriel corrosif, en sublimant des mêlanges de sulfate de fer, de muriate de soude, & de précipités mercuriels par les alcalis fixes, ou de toute espèce d'oxides de mercure.

Boulduc a donné aussi un très-bon procédé pour préparer le muriate mercuriel corrosif; mais Spielman remarque qu'il avoit été indiqué par Kunckel dans son *Laboratoire chimique*. Il consiste à chauffer dans un matras une quantité égale de sulfate de mercure & de muriate de soude décrépité. Le muriate de mercure se volatilise, & le résidu n'est que du sulfate de soude. Ce moyen fournit du muriate mercuriel corrosif très-pur, tandis que celui du commerce, & même celui que l'on prépare en petit avec le sulfate de fer, contiennent toujours un peu de ce métal. Il est en même-tems plus facile & plus économique. Nous ferons observer que cette opération prouve encore que l'acide ſulfurique a la propriété d'oxigéner l'acide muriatique. M. Monnet aſſure avoir également obtenu ce ſel en traitant à la cornue du muriate de ſoude bien ſec, & de l'oxide mercuriel précipité de ſa diſſolution nitreuſe par l'alcali fixe. Dans toutes ces préparations du muriate mercuriel corroſif, on doit avoir ſoin de ne caſſer le vaiſſeau ſublimatoire que lorſqu'il eſt entièrement refroidi, afin d'éviter les vapeurs de ce ſel. Enfin il y a une dernière manière de préparer plus promptement du muriate mercuriel corroſif, c'eſt de verſer dans une diſſolution de nitrate de mercure de l'acide muriatique oxigéné, & d'évaporer lentement le mélange; lorſque l'acide nitreux eſt dégagé, la liqueur donne par le refroidiſſement des criſtaux de muriate mercuriel corroſif. Il y a lieu de croire que lorſque l'acide muriatique oxigéné de Schéele ſera mieux connu, on préparera le muriate mercuriel corroſif dans les pharmacies, ou par le dernier procédé indiqué, ou par la ſimple diſſolution.

Le muriate mercuriel corroſif eſt une ſubſtance ſaline neutre, qui mérite toute l'attention des chimiſtes & des médecins. Il jouit d'un grand nombre de propriétés qu'il eſt important de bien connoître & dont nous allons faire l'hiſtoire. Ce ſel a une ſaveur très-cauſtique. Mis en très-petite quantité ſur la langue, il laiſſe pendant long-tems une impreſſion ſtiptique & métallique très-déſagréable. Cette impreſſion ſe porte même juſqu'au larynx, qu'elle reſſerre ſpaſmodiquement, & elle dure quelquefois long-tems, ſur-tout chez les perſonnes ſenſibles. L'action de ce ſel eſt encore beaucoup plus vive ſur les tuniques de l'eſtomac & des inteſtins. Lorſqu'il y reſte appliqué pendant quelque tens, il les corrode & les fait tomber en eſcarres; c'eſt auſſi un des plus violens poiſons que l'on connoiſſe. Cette cauſticité du muriate mercuriel corroſif paroît dépendre de l'état du mercure dans ce ſel, comme l'a très-ingénieuſement expliqué Macquer. On ne peut l'attribuer à l'acide muriatique, comme quelques Auteurs l'ont penſé, puiſque le mercure y eſt en quantité plus que triple de celle de cet acide. Auſſi ce ſel verdit-il le ſirop de violette plutôt que de le rougir, ſuivant l'obſervation de Rouelle. D'ailleurs la ſaveur du muriate mercuriel corroſif eſt bien au-deſſus de celle de l'acide muriatique. En effet, on peut impunément prendre un gros d'acide muriatique étendu d'eau, tandis que quelques grains de muriate mercuriel corroſif diſſous dans la même quantité d'eau empoiſonneroient immanquablement. Bucquet penſoit que cette extrême ſaveur dépendoit de la

combinaiſon

combinaison même des deux corps de ce composé ; & il tiroit de-là une des grandes preuves de la loi d'affinité qui établit que les composés ont des propriétés nouvelles & très-différentes de celles de leurs composans.

Le muriate mercuriel corrosif n'est pas sensiblement altérable par la lumière. La chaleur le volatilise & lui fait éprouver une demi-vitrification. Si on le chauffe fortement & à l'air libre, il se dissipe en une fumée blanche dont les effets sur l'économie animale sont très-actifs & très-dangereux. Chauffé lentement & par degrés, il se sublime sous une forme cristalline & régulière. Ses cristaux sont des prismes si comprimés, qu'il est impossible de déterminer le nombre de leurs pans. Ils sont terminés par des sommets très-aigus, & on les a comparés avec raison à des lames de poignard jettées pêle-mêle les unes sur les autres. Le feu n'est pas capable de décomposer ce sel. Il n'éprouve aucune altération à l'air. Il se dissout dans dix-neuf parties d'eau, & il cristallise par l'évaporation en prismes applatis & très-aigus à leurs extrémités, comme ceux que l'on obtient par la sublimation. L'évaporation spontanée de sa dissolution m'a fourni plusieurs fois, ainsi qu'à Bucquet, des parallélipipèdes obliquangles, dont les extrémités étoient tronquées de biais. M. Thouvenel a obtenu des criſtaux de ce ſel en priſmes hexaèdres un peu comprimés.

La baryte, la magnéſie & la chaux décompoſent le muriate mercuriel corroſif, & en précipitent l'oxide de mercure. On prépare *l'eau phagédénique* dont ſe ſervent les chirurgiens pour ronger les chairs, en jettant un demi-gros de ce ſel en poudre dans une livre d'eau de chaux; il ſe forme un précipité jaune qui trouble la liqueur, & on l'emploie ſans en ſéparer ce dépôt. Les alcalis fixes ſéparent du muriate mercuriel corroſif un oxide orangé dont la couleur ſe fonce par le repos. L'ammoniaque précipite ce ſel en blanc; mais ce précipité prend en peu de temps la couleur de l'ardoiſe.

Les acides & les ſels neutres alcalins n'altèrent en aucune manière le muriate mercuriel corroſif.

Ce ſel contracte une union intime avec le muriate ammoniacal & ſans aucune décompoſition. Il forme, ſoit par la ſublimation, ſoit par la criſtalliſation, un compoſé ſalin très-ſingulier, dont les alchimiſtes font beaucoup de cas, & qu'ils ont nommé ſel *alembroth*, ſel *de l'art*, ſel *de ſageſſe*, &c. Le muriate ammoniacal rend le muriate mercuriel corroſif très-diſſoluble, puiſque, ſuivant M. Baumé, trois onces d'eau chargée de neuf gros du premier sel dissolvent cinq onces du second. Cette dernière dissolution se fait avec chaleur, & elle se prend en une masse en refroidissant. On fait avec ce sel une préparation qu'on appelle *mercure précipité blanc.* Pour cela on jette dans une dissolution d'une livre de muriate ammoniacal, pareille dose de muriate mercuriel corrosif en poudre; lorsque ce sel est bien dissous, on y verse une dissolution de carbonate de potasse qui y forme un précipité blanc; on lave ce précipité & on le fait sécher à l'air après l'avoir mis en trochisques. Dans cette opération, la potasse dégage l'ammoniaque, qui précipite à son tour le mercure en oxide blanc. Ce précipité jaunit lorsqu'il est exposé à la chaleur & même à la lumière.

Le muriate mercuriel corrosif est altéré par le gaz hydrogène. Le soufre ne le change point, mais le sulfure alcalin le décompose, comme les autres dissolutions de mercure; il y produit sur le champ un précipité noir qui résulte de la combinaison du soufre avec le mercure. La plupart des métaux que nous avons examinés, sont capables de décomposer ce sel; & chacune de ces décompositions présentant des phénomènes particuliers, mérite d'être examinée avec soin.

Si on distille à une chaleur douce deux parties de muriate mercuriel corrosif avec une partie d'arsenic, il passe dans le récipient une matière de la consistance de l'huile, transparente, dont une partie se condense bientôt en une espèce de gelée blanche, qu'on appelle improprement *huile corrosive* ou *beurre d'arsenic*. Si l'on continue de chauffer, lorsque ce produit a passé, on obtient du mercure coulant, & l'on peut parvenir par ce procédé à la connoissance exacte des principes du muriate mercuriel corrosif. Le muriate d'arsenic ne paroît pas susceptible de cristalliser, il se fond à une chaleur douce, il a une saveur si caustique qu'il détruit sur le champ nos organes. Il se dissout dans l'eau, qui le décompose en partie; on ne connoît pas ses autres propriétés. On ne peut point l'obtenir avec l'oxide d'arsenic, parce que ce métal déjà chargé d'oxigène n'en peut pas enlever à l'oxide de mercure, & conséquemment le déranger de sa combinaison muriatique.

On n'a point examiné les effets du cobalt, du nickel & du manganèse sur le muriate mercuriel corrosif; quant au bismuth, à l'antimoine & au zinc, ces trois métaux décomposent très-bien ce sel. En distillant deux parties de muriate mercuriel corrosif & une partie de bismuth, on obtient une substance fluide épaisse, qui se congèle en une masse comme graisseuse, qui se fond au feu, qui se précipite par le grand lavage; en un mot du muriate de bismuth solide. Poli, qui a indiqué cette expérience dans l'Histoire de l'Académie pour l'année 1713, annonce qu'en sublimant plusieurs fois ce *beurre de bismuth*, il reste dans le vaisseau une poudre de la couleur des perles orientales, très-douce au toucher & comme gluante; il propose même cette poudre pour la peinture.

Si l'on mêle exactement douze onces d'antimoine & deux livres de muriate mercuriel corrosif, il s'excite de la chaleur; ce qui prouve une action rapide entre ces deux corps. Si l'on distille ce mélange à un feu doux, on obtient une liqueur épaisse qui se fige dans le récipient, souvent même dans le bec de la cornue, en une masse blanche, & qu'on appelle *beurre d'antimoine*. Ce muriate d'antimoine sublimé est ordinairement à la dose de seize onces & quelques gros. Le résidu est composé de mercure & d'une poudre grise d'antimoine qui surnage ce fluide métallique. Si l'on continue la distillation, après que le muriate d'antimoine a passé, en adaptant un ballon nouveau, on obtient du mercure coulant, mais il est sali par un peu de muriate d'antimoine, qu'il est impossible d'ôter entièrement du col de la cornue. M. Baumé, qui a bien décrit cette opération, dit qu'on peut retirer par ce procédé vingt-deux onces de mercure coulant, une once d'antimoine en poudre mêlée avec le mercure, & six gros vingt-quatre grains d'antimoine fondu dans la cornue. Ce dernier est en partie oxidé; il offre de l'oxide rouge & blanc en partie sublimé. Dans cette expérience, l'antimoine se charge de l'oxigène qui se sépare de l'oxide de mercure, & il s'unit à l'acide muriatique avec lequel il forme le muriate d'antimoine. Cette décomposition a également lieu avec le sulfure d'antimoine. En distillant une partie de ce minéral réduit en poudre avec deux parties de muriate mercuriel corrosif, on obtient du muriate d'antimoine sublimé; mais le résidu, au lieu de contenir du mercure coulant, présente une combinaison de soufre avec ce métal. Cette combinaison peut se sublimer par un feu très-violent en aiguilles rouges, que l'on nomme improprement *cinabre d'antimoine*.

Le muriate d'antimoine sublimé ou la combinaison de l'acide muriatique avec l'antimoine n'a lieu qu'autant que ce métal enlève l'oxigène au mercure, comme nous l'avons déjà dit de l'arsenic; ce composé est sous forme solide. Il cristallise en parallélipipèdes très-gros; il est d'une causticité assez forte pour détruire sur le champ nos organes, & pour brûler les matières végétales; il est très-altérable par le contact de la lumière; il se fond à la moindre chaleur, & il se fige par le refroidissement: telle est la raison du nom de *beurre* d'antimoine qu'on lui a donné. Il perd fort aisément sa blancheur, & il se colore facilement. On peut le rectifier par la distillation. Il attire l'humidité de l'air, & il se résout en un fluide épais, comme oléagineux; il ne se dissout qu'en partie dans l'eau, & la plus grande portion est décomposée par ce fluide. Lorsqu'on jette du muriate d'antimoine sublimé dans de l'eau distillée, il se fait sur-le-champ un précipité très-abondant, que l'on nomme *poudre émétique* ou *poudre d'Algaroth*, du nom d'un médecin italien, qui l'employoit comme médicament. On l'a aussi appelée improprement *mercure de vie*. Ce précipité est un oxide d'antimoine qui est violemment purgatif & émétique, & même à une dose très petite, comme celle de trois ou quatre grains. Pour l'avoir bien pur, il faut le laver à plusieurs reprises dans l'eau distillée. Il diffère par ces propriétés des autres oxides de ce métal, qui n'ont pas une action aussi énergique sur l'économie animale. Une portion de cet oxide reste en dissolution dans l'eau du lavage du muriate d'antimoine, à l'aide de l'acide que ce fluide entraîne. On s'assure de ce fait en versant un peu d'alcali dans cette liqueur; il y occasionne un précipité blanc assez abondant; ce n'est donc que l'excès de cet oxide, dont est chargé le beurre d'antimoine, qui lui donne la propriété d'être décomposé par l'eau, ainsi que celle de se prendre en une masse solide. Le muriate d'antimoine sublimé se dissout avec chaleur & effervescence dans l'acide nitrique. Il se dégage de cette dissolution une grande quantité de gaz nitreux, qui excite un mouvement considérable dans le mélange. Le muriate d'antimoine disparoît, & la liqueur est d'un jaune rougeâtre. C'est une dissolution d'oxide d'antimoine dans l'acide nitro-muriatique. Elle laisse bientôt déposer l'oxide d'antimoine sous la forme d'une poudre, & même d'un magma blanc. Si l'on fait évaporer à siccité la dissolution de muriate d'antimoine par l'acide nitrique, aussi-tôt qu'elle est faite, on obtient un oxide très-blanc; on le délaie avec son poids de même acide, que l'on fait évaporer de nouveau; on mêle une troisième fois cette poudre avec la même quantité d'acide nitrique, que l'on évapore à siccité; on le chauffe dans un creuset que l'on tient rouge pendant environ une demi-heure, & qu'on laisse ensuite refroidir. L'oxide qu'on en retire est blanc en dessus & rose en dessous ; on mêle ces deux portions, qui constituent une préparation appelée *bézoard minéral.* Macquer regarde ce médicament comme un oxide parfait d'antimoine, & il le croit absolument semblable à l'*antimoine diaphorétique.* Cependant Lemery, qui a décrit cette préparation avec soin, recommande de la calciner jusqu'à ce qu'elle n'ait plus qu'une très-légère acidité ; il veut donc qu'elle retienne une certaine quantité d'acide, qui doit nécessairement changer les propriétés de l'oxide d'antimoine.

Le muriate mercuriel corrosif est décomposé par le zinc, comme Pott l'a annoncé, & comme je l'ai vérifié plusieurs fois. Si l'on distille dans une cornue de verre un mélange de deux parties de ce sel, avec une partie de zinc en limaille ou en poudre grossière, il se sublime un sel très-blanc & très-solide, qui se cristallise en petites aiguilles réunies, semblables aux faisceaux dont sont composées les stalactites ; le mercure reste pur, & il se volatilise après le sel. Ce muriate de zinc fume légèrement lorsqu'on le retire du récipient ; il se fond à une chaleur douce, il se colore par les vapeurs inflammables, & enfin il se décompose en partie dans l'eau, comme le muriate d'antimoine sublimé.

La plus singulière propriété que présente le muriate mercuriel corrosif, relativement à son altération par les substances métalliques, & la plus importante en même temps, c'est sa combinaison avec le mercure coulant. Il perd lorsqu'on le sature de ce fluide métallique, la plupart de ses propriétés, & sur-tout sa saveur & sa dissolubilité. Pour faire cette combinaison, on trituroit autrefois dans un mortier de verre du muriate mercuriel corrosif avec du mercure coulant, qu'on ajoutoit peu-à-peu jusqu'à ce que ce dernier refusât de s'éteindre. La quantité de mercure dont ce sel peut se charger par ce procédé, va jusqu'aux trois quarts de son poids, comme Lemery & M. Baumé l'ont observé. On mettoit ce mélange dans des fioles à médecine, dont on laissoit les deux tiers vides, &, on le sublimoit trois fois de suite; on avoit soin de séparer à chaque fois une poudre blanche qui se trouve au-dessus de la matière sublimée, & qui est très corrosive. Ce produit est appelé *sublimé doux*, *mercure doux*, ou *aquila alba*; il doit porter le nom de muriate mercuriel doux; il diffère du corrosif par son insolubilité presque parfaite, par son insipidité & par sa forme cristalline. Les cristaux obtenus par une ſublimation lente, ſont des priſmes tétraëdres, terminés par des pyramides à quatre faces. Souvent deux pyramides tétraëdres très-alongées ſont réunies par leurs baſes, & forment des octaëdres fort aigus.

Le procédé que nous venons de décrire pour préparer le mercure doux, a pluſieurs inconvéniens. La trituration du muriate mercuriel corroſif avec le mercure coulant, juſqu'à ce que ce dernier ſoit éteint, eſt très-longue & très-difficile; il s'en élève une pouſſière âcre, très-tenue, & contre les impreſſions de laquelle on eſt obligé de ſe prémunir en s'enveloppant la bouche & le nez avec une ſerviette. Le mercure n'eſt jamais exactement éteint dans le mortier; les ſublimations ſont très-lentes. M. Baumé a conſeillé de verſer un peu d'eau ſur les matières que l'on triture. Ce fluide accélère la trituration & empêche la pouſſière ſaline de s'élever. Il a auſſi employé la porphyriſation qui facilite beaucoup l'extinction du mercure. Enfin, pour être sûr d'avoir un muriate mercuriel doux, entièrement exempt de corroſif, Zwelfer, Cartheuſer & M. Baumé ont propoſé de verſer ſur le muriate mercuriel doux ſublimé une fois, de l'eau chaude pour diſſoudre le muriate corroſif, & de faire ſécher ce ſel qui ſe trouve alors très-adouci. M. Cornette, pour éviter la volatilisation du muriate mercuriel corrosif trituré avec le mercure, propose de se servir du précipité du nitrate de mercure par l'ammoniaque, qui s'unit beaucoup mieux au muriate mercuriel corrosif que le mercure coulant; mais cet oxide n'étant pas aussi pur que le mercure, l'on ne peut pas autant compter sur la préparation dans laquelle on le fait entrer. M. Bailleau, apothicaire de Paris, a donné à la société royale de médecine un procédé pour faire le muriate mercuriel doux, sans avoir à craindre tous les accidens qui rendent sa préparation ordinaire susceptible de dangers. Ce procédé consiste à former une pâte avec le muriate mercuriel corrosif & l'eau, & à la triturer avec le mercure coulant. Une demi heure de trituration suffit pour éteindre le mercure, parce que l'eau favorise sa division. On achève la combinaison en faisant digérer le mélange sur un bain de sable à une chaleur douce; la matière, de grise qu'elle étoit d'abord, devient blanche, & forme un muriate mercuriel très-doux, qui n'a besoin que d'une seule sublimation pour être parfaitement pur.

M. Baumé a fait plusieurs expériences sur le muriate mercuriel doux. Il a prouvé que ce composé ne peut se charger d'une plus grande quantité de mercure que celle qu'il contient;

qu'il ne peut pas non plus être dans un état moyen entre celui du muriate mercuriel corrosif & du muriate mercuriel doux, & qu'en mêlant au premier une moindre quantité de mercure que celle qui est nécessaire pour le faire passer à l'état de muriate mercuriel doux, il ne se forme jamais de ce dernier qu'en proportion de la dose de mercure ajouté; que le reste du muriate mercuriel corrosif se volatilise avec toutes ses propriétés & sans être adouci. On sépare, par le moyen de l'eau chaude, ces deux composés.

Les recherches du même chimiste nous ont encore appris qu'il est possible de changer du muriate mercuriel doux en corrosif, en le sublimant avec du sel marin décrépité & du sulfate de fer calciné en blancheur. Dans cette opération l'acide muriatique dégagé & oxigéné par l'acide sulfurique, se porte sur l'oxide mercuriel du mercure doux, & le convertit en muriate corrosif. M. Baumé s'est assuré que le muriate mercuriel doux diffère beaucoup du corrosif, en ce qu'il ne peut point contracter d'union avec le muriate ammoniacal, comme le muriate mercuriel corrosif le fait dans la préparation de sel *alembroth*, ou muriate ammoniaco-mercuriel. C'est même, d'après cette propriété, qu'il a conseillé de laver le muriate mercuriel doux avec une eau chargée d'un peu de muriate ammoniacal, pour enlever tout le muriate mercuriel corrosif que ce sel rend très-dissoluble. Enfin, il a découvert qu'à chaque sublimation, le muriate mercuriel doux perd une portion de mercure, & qu'il donne en conséquence une certaine quantité de muriate mercuriel corrosif; que par des sublimations répétées on peut entièrement changer le doux en corrosif. Il suit naturellement de cette dernière expérience, que le médicament connu sous le nom de *panacée mercurielle*, & qui se prépare en sublimant neuf fois le muriate mercuriel doux, loin d'être plus adouci par ces opérations, comme l'ont pensé la plupart des chimistes & des médecins, ne diffère point du tout de ce qu'il étoit d'abord. Cette dernière assertion est d'autant plus vraie, qu'à chaque sublimation il est nécessaire de séparer une poudre blanche qui s'élève la première, & qui n'est que du muriate mercuriel corrosif. Il faut observer que dans la préparation du muriate mercuriel doux, il reste dans les fioles une poudre rougeâtre; c'est un oxide de fer provenant du sulfate de fer, qu'on employe dans le commerce pour faire le muriate mercuriel corrosif; une portion de cet oxide s'éleve avec ce sel dans la sublimation; on y trouve même souvent des morceaux de verre qui ont été enlevés par le ſel mercuriel en vapeur.

Les expériences nouvelles ſur l'acide muriatique oxigéné, rendent la théorie de la formation du muriate mercuriel doux, beaucoup plus claire & plus facile à concevoir qu'elle ne l'étoit autrefois. Il eſt prouvé aujourd'hui que le muriate mercuriel corroſif eſt un composé d'acide muriatique oxigéné & d'oxide de mercure, & que le muriate mercuriel doux eſt formé par l'acide muriatique ordinaire avec le même oxide métallique; ou ce qui eſt la même choſe, c'eſt que cet oxide eſt bien plus calciné ou *oxidé*, dans le muriate corroſif que dans le doux. Ainſi, lorſqu'on triture du mercure coulant avec du muriate mercuriel corroſif, ce mercure s'empare de l'oxigène excédent de l'acide muriatique, ou de celui du premier oxide mercuriel, & la doſe plus conſidérable du nouvel oxide moins calciné, qui s'unit à l'acide muriatique, fait varier la nature du ſel, qui devient moins ſalin, moins ſapide, moins diſſoluble, en un mot, dans lequel les propriétés communiquées au mercure par l'oxigène, s'affoibliſſent, à meſure que la quantité de ce principe diminue.

L'acide boracique ne diſſout point immédiatement le mercure, mais il agit d'une manière marquée ſur ce métal, lorſqu'il eſt dans l'état d'oxide. On parvient à combiner ces deux ſubſtances par la voie des doubles affinités. En verſant une diſſolution de borax ordinaire dans une diſſolution nitrique de mercure, il ſe fait un précipité jaune très-abondant, que M. Monnet a le premier fait connoître. Dans cette opération, la ſoude du borax s'unit à l'acide nitrique & forme du nitrate de ſoude, tandis que l'acide boracique combiné avec l'oxide de mercure dans l'état d'un ſel neutre peu ſoluble, ſe précipite. La liqueur filtrée donne par l'évaporation, des pellicules fines & brillantes de borate mercuriel. Il faut obſerver cependant que ce ſel contient une portion d'oxide de mercure non combiné avec l'acide boracique, en raiſon de la ſoude qui eſt en excès dans le borax du commerce. Si l'on vouloit avoir du borate de mercure pur par ce procédé, il faudroit employer du borate de ſoude bien neutre, c'eſt-à-dire, du borax du commerce ſaturé de ce qu'il peut prendre d'acide boracique. Ce ſel expoſé à l'air, y verdit ſenſiblement; le muriate ammoniacal le rend très-ſoluble, & forme avec lui un compoſé analogue au muriate ammoniaco-mercuriel. L'eau de chaux le précipite en jaune qui devient rouge foncé, & la potaſſe en blanc. Suivant MM. les académiciens de Dijon

Dijon, le muriate mercuriel corrosif est également décomposé par le borax, qui produit dans sa dissolution un précipité couleur de brique; l'eau qu'on fait bouillir sur ce précipité, devient laiteuse par l'addition de l'alcali fixe, ce qui prouve qu'elle contient du borate mercuriel.

On ne connoît point l'action de l'acide fluorique sur le mercure. Celle de l'acide carbonique est également très-peu connue. On sait seulement que l'eau chargée de cet acide n'attaque point ce métal, quoique les dissolutions de mercure décomposées par les carbonates alcalins, donnent des précipités très-différens de ceux produits par les mêmes sels purs & caustiques, & quoique les oxides de mercure absorbent avec assez d'énergie l'acide carbonique contenu dans l'atmosphère.

Les sels neutres n'ont que peu d'action sur le mercure. Quoique cette assertion soit sur-tout applicable aux différens sels sulfuriques, j'ai remarqué que le vif argent s'éteint fort promptement dans le sulfate de potasse.

Le mercure ne paroît pas susceptible d'altérer le muriate ammoniacal par la distillation. Bucquet qui a fait cette expérience, a observé que deux parties de mercure ne s'éteignoient pas bien dans une partie de ce sel, & que ce mélange ne donnoit point d'ammoniaque par la distillation. Le comte de la Garaye avoit cependant préparé avec ces deux substances, un médicament auquel il avoit donné le nom de *teinture de mercure*. Macquer, qui a examiné son procédé, l'a trouvé entièrement conforme à ce qu'il avoit avancé. Ce procédé consiste à triturer dans un mortier de marbre une once de mercure coulant avec quatre onces de muriate ammoniacal, en humectant le mélange avec un peu d'eau jusqu'à ce que le mercure soit bien éteint ; à laisser cette matière exposée à l'air pendant cinq à six semaines, en l'agitant de tems en tems. Alors on la triture de nouveau, on l'expose dans un matras, sur un bain de sable, avec de bon alcohol qui doit surnager la poudre d'environ deux doigts ; on fait légèrement bouillir ce mélange. L'alcohol se colore en jaune, & il contient du mercure, puisqu'il blanchit une lame de cuivre. Il paroît que dans cette expérience, l'ammoniaque est dégagée peu à peu par le mercure, qu'il se forme du muriate ammoniaco-mercuriel, dont une partie est dissoute par l'alcohol, & que la quantité différente de mercure, l'action lente produite pendant la macération, sont les causes qui font différer cette expérience de celle de Bucquet.

On ne connoît point l'action du gaz hydrogène sur le mercure.

Le mercure se combine très-bien avec le soufre. Lorsqu'on triture une partie de ce fluide métallique avec trois parties de soufre, le mercure s'éteint peu à peu, & il en résulte une poudre noire, le sulfure de mercure noir, ou *éthiops minéral*, dont la couleur se fonce par le simple repos. Cette combinaison se fait avec plus de rapidité, lorsqu'on mêle le mercure avec le soufre fondu; en agitant ce mélange, il devient noir & s'enflamme fort aisément. Pour le conserver noir, on doit le retirer du feu, éteindre la flamme dès qu'elle se manifeste, & remuer la matière jusqu'à ce qu'elle soit solide & en grumaux. Alors on la met en poudre & on la passe au tamis de soie. Le sulfure de mercure noir n'est pas la combinaison la plus intime que le soufre & le mercure sont susceptibles de former. Lorsqu'on expose ce composé à un grand degré de chaleur, il s'enflamme, la plus grande partie du soufre se brûle, & il reste après cette combustion une matière qui prend une couleur violette lorsqu'on la pulvérise. On met cette poudre dans des matras qu'on chauffe jusqu'à ce que le fond soit rouge; on les tient dans cet état pendant plusieurs heures, jusqu'à ce qu'on apperçoive que la matière est sublimée. On trouve dans le haut du matras du cinabre artificiel, ou sulfure rouge de mercure cristallisé en aiguilles d'un rouge brun. Il est d'une couleur moins foncée & plus vive, lorsqu'on le sublime dans des cornues. Les Hollandois préparent en grand le cinabre que l'on emploie dans les arts. Ce composé n'est que peu volatil, & il exige un feu très-fort pour se sublimer. Lorsqu'il est très-divisé sur le porphyre, il prend une couleur rouge brillante : on le nomme alors *vermillon*. Si on le chauffe dans des vaisseaux ouverts, le soufre qui ne fait pas le quart de la totalité de ce composé, se brûle peu à peu, & le mercure se volatilise. Beaucoup de substances sont capables de décomposer le sulfure rouge de mercure, en raison de l'affinité qu'elles ont avec le soufre. La chaux & les alcalis ont cette propriété. Lorsqu'on les chauffe dans une cornue avec cette substance à la dose de deux parties contre une de ces sels, on obtient du mercure coulant, & le résidu est du sulfure alcalin ou terreux. M. Baumé a même reconnu que cette décomposition avoit lieu par la voie humide, en faisant bouillir du sulfure rouge de mercure avec un alcali fixe en liqueur. Il faut remarquer qu'il n'a employé que l'alcali effervescent. Plusieurs métaux fragiles, tels que le cobalt, le biſmuth, l'antimoine, ont auſſi la propriété d'enlever le ſoufre au mercure. On verra que preſque tous les métaux ductiles, le plomb, l'étain, le fer, le cuivre & l'argent, ont auſſi plus d'affinité avec le ſoufre que n'en a le mercure, & décompoſent le *cinabre* : on peut donc les employer indiſtinctement pour ſéparer le mercure de ce compoſé. Ce fluide métallique obtenu par ce procédé, eſt parfaitement pur; on le diſtingue ſous le nom de *mercure révivifié du cinabre*.

Le mercure décompoſe ſur-le-champ les ſulfures alcalins, mais il produit des phénomènes différens, ſuivant la nature de ces compoſés. Il forme avec les ſulfures alcalins du ſulfure noir de mercure, qui devient rouge au bout de pluſieurs années. Avec le ſulfure ammoniacal il ſe convertit très-promptement en ſulfure noir de mercure, qui prend en quelques heures ou tout au plus quelques jours, une couleur rouge éclatante. Les oxides jaune & rouge de mercure faits par le feu ou par les acides, préſentent plus ou moins promptement le même phénomène avec le ſulfure ammoniacal. On le fait naître encore en verſant cette liqueur dans les diſſolutions de mercure, & en expoſant le précipité noir, qui réſulte de ces mélanges à une nouvelle quantité de ſulfure ammoniacal.

J'ai découvert que le mercure coulant agité dans l'eau chargée de gaz hydrogène sulfuré, soit par la nature, soit par l'art, la décompose très-promptement & se change en sulfure noir.

On ne connoît point l'action du mercure sur l'arsenic. Le cobalt ne s'y unit point. Le mercure dissout très-aisément le bismuth qui s'y combine en toutes proportions. Il résulte de cette combinaison une matière brillante, friable, & plus ou moins solide suivant la quantité de bismuth. Cette amalgame est susceptible de cristalliser en pyramides à quatre pans, qui quelquefois se réunissent en octaëdres. Le plus souvent on la trouve cristallisée en lames minces, qui n'ont point de forme régulière. On obtient cette cristallisation en faisant fondre cette combinaison, & en la laissant refroidir lentement. Lorsqu'on la chauffe dans une cornue, elle ne donne que très-difficilement le mercure qui lui sert de dissolvant.

Le mercure ne s'unit point au nickel ni à l'antimoine. Il se combine au zinc par la fusion. L'amalgame qu'il forme avec ce métal est solide; elle devient fluide par la trituration. Lorsqu'on la fond & qu'on la laisse refroidir lentement, elle cristallise en lames qui paroissent quarrées & arrondies sur les bords.

Le mercure est d'un usage très-étendu dans

les arts, tels que la dorure, l'étamage des glaces, la construction des instrumens météorologiques, la métallurgie, &c. On se sert en médecine de ce métal sous toutes sortes de formes.

1°. Le mercure crud étoit employé autrefois dans le volvulus. On le fait encore bouillir dans l'eau, à laquelle on croit qu'il communique la propriété vermifuge. On le donne trituré avec la graisse & sous la forme d'oxide noir de mercure, comme anti-vénérien.

2°. Le *turbith minéral*, ou oxide de mercure jaune par l'acide sulfurique, a été aussi recommandé dans les mêmes maladies, à la dose de quelques grains. Ce médicament est un émétique & un purgatif souvent trop énergique.

3°. L'eau mercurielle ou sa dissolution nitrique sert aux chirurgiens, comme un escarrotique puissant. Le précipité rouge ou oxide rouge par l'acide nitrique, remplit la même indication. On prépare avec la graisse de porc & la dissolution mercurielle nitrique, l'onguent citrin qui guérit très-bien la gale.

4°. Le muriate mercuriel corrosif a été recommandé par Sanchès & Van-Swieten dans les maladies vénériennes. On en dissout quelques grains dans de l'eau-de-vie, & on prend cette dissolution par cuillerées étendue dans une grande quantité de boissons adoucissantes. On doit avoir égard à l'état de la poitrine, lorsqu'on administre ce remède, qui demande beaucoup de prudence. Le muriate mercuriel doux se donne à la dose de douze ou quinze grains, comme purgatif, & à celle de trois ou quatre grains, comme altérant. L'eau phagédénique est d'usage en chirurgie, pour ronger & détruire les chairs baveuses, &c.

5°. Le borate mercuriel a été employé avec succès dans les maladies vénériennes, par M. Chaussier le jeune, de l'académie de Dijon.

6°. Le *cinabre* a été faussement regardé comme anti-spasmodique & calmant ; il fait partie de la poudre tempérante de Stahl, qui se prépare suivant la pharmacopée de Paris, en mêlant exactement trois gros de sulfate de potasse & de nitre avec deux scrupules de *cinabre* artificiel. On se sert encore de ce composé, en exposant les malades à sa vapeur ; & il constitue alors une méthode de traiter les maladies vénériennes par fumigation.

Toutes les préparations de mercure qu'on donne à l'intérieur, conviennent dans beaucoup d'autres cas que les maladies vénériennes ; tels que presque toutes les maladies de la peau, le vice scrophuleux, les engorgemens lymphatiques, &c. Cependant nous ne pouvons nous empêcher de faire obſerver que ces médicamens, & ſur-tout les préparations mercurielles ſalines, doivent être employées par des médecins ſages & retenus, & qu'il eſt dangereux pour la ſanté & même pour la vie des hommes, que les remèdes mercuriaux ſoient entre les mains d'un auſſi grand nombre de perſonnes, qui manquent la plupart des connoiſſances néceſſaires pour les adminiſtrer, non-ſeulement avec ſuccès, mais même ſans crainte. Nous avons été plus d'une fois témoins des malheureux effets de ces préparations, cauſés par l'impéritie de ceux qui les avoient employées avec la hardieſſe qui accompagne ordinairement l'ignorance. Nous penſons même que cet objet eſt d'une aſſez grande importance pour mériter l'attention d'un bon gouvernement.

CHAPITRE XVI.

DE L'ÉTAIN.

L'ÉTAIN ou *Jupiter* des alchimiſtes, eſt un métal imparfait, d'une couleur blanche plus brillante que celle du plomb, mais un peu moins que celle de l'argent. Il ſe plie facilement, & fait entendre en ſe pliant un petit bruit qu'on appelle *cri de l'étain*; phénomène que nous avons déjà obfervé, quoique moins marqué dans le zinc, & qui a engagé Malouin à rapprocher ce dernier métal de l'étain.

Ce bruit paroît dépendre de la féparation ou de l'écartement fubit des parties de ce métal, & il femble indiquer une caffure, quoique l'étain réfifte très-peu à l'effort qui tend à le courber, comme nous l'avons déjà dit.

L'étain eft le plus léger des métaux. Il eft affez mou pour qu'on puiffe le rayer avec l'ongle. Il perd dans l'eau environ un feptième de fon poids. Il a une odeur très-marquée; lorfqu'on le frotte ou qu'on le chauffe, cette propriété devient plus fenfible. Il a auffi une faveur défagréable qui lui eft propre; elle eft même affez forte pour que quelques médecins aient attribué à ce métal une action notable fur l'économie animale, & qu'ils l'aient recommandé dans plufieurs maladies. Sa molleffe exceffive le rend très-peu fonore. L'étain eft le fecond des métaux dans l'ordre de leur ductilité; on le réduit fous le marteau en lames plus minces que les feuilles de papier, & qui font d'un grand ufage dans plufieurs arts. Sa ténacité eft telle qu'un fil d'étain d'un dixième de pouce de diamètre, peut fupporter un poids de quarante-neuf livres & demie fans fe rompre. M. l'abbé Mongèz n'avoit pas pu parvenir à faire criſtalliſer l'étain ; mais M. de la Chenaye, l'un de mes élèves, a réuſſi en faiſant fondre de l'étain à pluſieurs repriſes. Il a obtenu par ce moyen un aſſemblage rhomboïdal de priſmes ou d'aiguilles réunies longitudinalement les unes aux autres.

La plupart des minéralogiſtes doutent encore de l'exiſtence de l'étain natif. Cependant quelques auteurs aſſurent qu'on en a trouvé en Saxe, en Bohême & à Malaca. Il paroît même très-avéré qu'il en exiſte dans les mines de Cornouailles, & M. Sage a décrit un échantillon de cet étain, qui lui a été donné par M. Woulfe, chimiſte de Londres. Ce morceau eſt gris & brillant dans ſa fracture ; en le battant ſur l'enclume, il forme des lames d'étain brillantes & flexibles. Il eſt plus ordinaire de rencontrer l'étain en oxide blanc, peſant, opaque, criſtalliſé en octaëdres ou en pyramides à quatre faces. Cette mine a le tiſſu lamelleux & ſpathique. Bucquet la regardoit comme un vrai carbonate d'étain. M. Sage penſe que ces criſtaux ſont minéraliſés par l'acide muriatique. Rappelons ici que la plupart des criſtaux d'étain blanc des cabinets, ſont du tunſtate de chaux natif, & qu'il ne faut point confondre ce ſel avec l'oxide d'étain qui ne jaunit pas par le contact des acides.

On donne ſpécialement le nom de mines d'étain à des matières d'une couleur très-foncée, rouge, violette ou noire, & d'une peſanteur plus conſidérable que celle de toutes les autres ſubſtances minérales. Ces mines ſont quelquefois criſtalliſées en cubes irréguliers, & préſentent des grouppes diſperſés dans une gangue de quartz ou de ſpath fuſible. Souvent elles ne forment que des maſſes ſans aucune criſtalliſation. Preſque tous les naturaliſtes s'accordent à regarder les mines d'étain colorées, comme des combinaiſons de ce métal avec l'arſenic, & ils attribuent leur peſanteur énorme à l'abſence du ſoufre. Cependant MM. Sage & Kirwan croient qu'elles ne contiennent point du tout d'arſenic, & le premier aſſure qu'elles n'ont pas beſoin d'être grillées, à moins qu'elles ne ſoient mêlées avec des pyrites arſenicales; ce qui eſt fort commun. M. Kirwan dit que la mine d'étain noire contient $\frac{80}{100}$ d'étain & du fer.

Bergman a reconnu l'exiſtence de l'étain ſulfureux dans la nature, parmi les minéraux de Sibérie; cette mine ſulfureuſe étoit dorée à l'extérieur comme de l'or muſſif, & elle offroit à l'intérieur une maſſe en criſtaux rayonnés, blanche, brillante, fragile & prenant à l'air des couleurs changeantes. Il y a trouvé un peu de cuivre.

On ne connoît point de mines d'étain en France ; cependant M. Baumé soupçonne qu'on pourroit en trouver dans les environs d'Alençon & dans quelques cantons de la Bretagne, parce qu'on y rencontre des cristaux de roche qui paroissent colorés par ce métal. Les pays où elles sont abondantes & où on les exploite, sont les provinces de Cornouailles & de Devonshire en Angleterre, l'Allemagne, la Bohême, la Saxe, l'isle de Banca & la presqu'isle de Malaca dans les Indes orientales. Plusieurs naturalistes ont regardé les grenats comme des espèces de mines d'étain, sans doute à cause de leur couleur. Ils en diffèrent cependant par leur transparence & par leur pesanteur beaucoup moindre ; d'ailleurs MM. Bucquet & Sage n'y ont pas trouvé d'étain.

Les différens états de l'étain dans la nature sont donc peu nombreux, & on peut les réduire aux variétés suivantes.

Variétés.

1. Etain natif en feuilles ou en lames.
2. Mine d'étain blanche, spathique, en cristaux octaëdres.
3. Mine d'étain d'un blanc jaunâtre, souvent colorée & demi-transparente comme des topazes.

Variétés.

4. Mine d'étain brune, rougeâtre, en prismes à 4 pans rectangles terminés par des pyramides quadrangulaires dont les faces sont des triangles isocèles. Ces cristaux s'engagent les uns dans les autres, ou se maclent par l'une de leurs pyramides, de manière qu'il ne paroît plus à l'extérieur que deux petites portions triangulaires de deux des faces de cette pyramide qui forment des angles rentrans avec les portions correspondantes de la pyramide du second cristal. Cette réunion est en parfaite analogie avec sa forme primitive qui paroît être un dodécaëdre à plans rhombes, mais qui n'a point encore été trouvée isolée.

5. Pierre d'étain, *tinberg* des Suédois. C'est de la pierre ou du sable qui contient un mêlange d'oxide d'étain ; il y en a de grise, de bleue, de brune & de noire.

6. Mine d'étain sulfureuse, de couleur brillante semblable à celle du zinc, ou dorée comme l'*or mussif*.

Pour faire l'essai d'une mine d'étain, il faut après l'avoir partagée en différens lots, la piler grossièrement, la laver, & la griller dans une capsule de terre couverte, afin qu'il se dissipe le moins d'étain possible, en ayant soin de la découvrir de tems en tems; car si on la grille à feu ouvert, il se perd beaucoup de ce métal, suivant la remarque de Cramer. Il faut aussi la griller promptement, pour que l'étain ne soit pas trop oxidé. M. Baumé, pour obvier à ces deux inconvéniens, propose de mêler de la poix-résine, qui réduit une portion de l'oxide formé dans cette opération. La mine étant une fois grillée, on la fond promptement dans un creuset, avec trois parties de flux noir, & un peu de sel marin décrépité. Par les poids comparés de la mine lavée, grillée, & du culot métallique que l'on obtient, on juge combien elle contenoit de substance étrangère, & combien elle doit rendre d'étain au quintal. Cramer propose de faire cet essai d'une manière plus expéditive, & peut être avec moins de déchet, en se servant de deux gros charbons de tilleul ou de coudrier. L'un d'eux doit avoir une cavité qui sert de creuset & dans laquelle on met de la mine d'étain avec de la poix-résine; on perce l'autre d'un petit trou, pour donner issue aux vapeurs; on l'applique sur le premier pour le recouvrir, & on les lie ensemble avec du fil de fer, après avoir lutté les jointures. On les allume devant la tuyère d'une forge, contre laquelle on les fait tenir à l'aide de charbons placés à l'entour d'eux. Dès qu'on a donné un bon coup de feu, & que l'étain peut avoir été fondu, on éteint avec de l'eau les charbons qui servent à l'essai, & on trouve l'étain en culot.

Bergman a proposé d'essayer les mines d'étain par la dissolution dans l'acide sulfurique, que l'on mêle ensuite avec l'acide muriatique, & de précipiter par l'alcali fix. Si l'étain est pur, 131 grains de ce précipité équivalent à 106 grains d'étain; s'il est mêlé de cuivre & de fer, on enlève ces métaux étrangers par les acides nitrique & muriatique.

Le travail en grand des mines d'étain, est semblable au précédent. Souvent on est obligé de faire des feux de bois dans la mine, pour calciner & attendrir la gangue, qui est très-dure; ces feux dégagent des vapeurs très-dangereuses. On emploie ce procédé dans les montagnes de Geyer. D'autres fois ces mines se trouvent dans du sable à peu de profondeur, comme à Eibenstock. On lave la mine bocardée dans des caisses garnies de petites cloisons de drap, destinées à retenir les parties métalliques. On la grille dans des fourneaux de réverbère, auxquels est jointe une cheminée horisontale pour recueillir le soufre & l'arsenic. On la fond ensuite dans le fourneau à manche, & on la coule dans des lingotières pour la réduire en saumons. En

Allemagne

Allemagne & en Angleterre, on travaille à-peu-près de même les mines d'étain. Dans ce dernier pays, on allie ce métal avec du plomb & du cuivre, ſuivant Geoffroy, & on n'en exporte point de pur. Il vient auſſi d'Angleterre un étain en eſpèce de ſtalactites, qu'on appelle étain en larmes, & que l'on croyoit très-pur; mais MM. Bayen & Charlard aſſurent que quelquefois elles contiennent du cuivre. Le plus pur de tous eſt celui qui vient de Malaca & de Banca. Le premier a été coulé dans des moules qui lui donnent la forme d'une pyramide quadrangulaire tronquée avec un rebord mince à ſa baſe; on l'appelle étain en chapeaux ou en écritoires. Chaque lingot pèſe environ une livre. Le ſecond eſt en lingots oblongs de quarante-cinq à cinquante livres. Ces deux eſpèces d'étain ſont recouvertes d'une rouille griſe, ou d'une craſſe plus ou moins épaiſſe.

L'étain qui vient d'Angleterre & qui eſt beaucoup plus employé que l'étain pur des Indes, à cauſe de ſa moindre valeur, eſt en gros ſaumons d'environ trois cents livres. Il eſt allié de cuivre, ou artificiellement, ſuivant Geoffroy, ou naturellement, ſuivant M. Dietrich. Pour en faciliter le débit, les potiers d'étain le coulent en petits lingots ou baguettes de neuf à dix lignes de circonférence, & d'environ un pied & demi de long.

L'étain exposé au feu dans des vaisseaux fermés, s'y fond très-vîte. C'est le plus fusible des métaux. Il reste fixe tant qu'on n'augmente pas le feu ; mais il paroît que cette fixité n'est que relative, puisque si on lui fait éprouver une chaleur considérable, il se volatilise, comme nous allons le dire tout-à-l'heure. Si on le chauffe avec le contact de l'air, sa surface se couvre, dès qu'il est fondu, d'une pellicule grise terne, & qui forme des rides. En l'enlevant, on observe que l'étain est au-dessous avec tout son brillant, & qu'il ne lui adhère point ; mais il perd bientôt son état, & il se forme une nouvelle pellicule. Tout l'étain peut ainsi se réduire en pellicules, qui ne sont autre chose qu'un oxide métallique ou une combinaison de ce métal avec l'oxigène de l'atmosphère. L'étain a acquis dans son oxidation un dixiéme de son poids. Si on chauffe ce métal jusqu'à le faire rougir, Geoffroy a observé que son oxide est soulevé peu-à-peu par une flamme blanchâtre très-vive, qu'il compare à celle du zinc. C'est une vraie inflammation ou combustion rapide de ce métal ; en même-temps il s'élève une fumée légère d'étain volatilisé, qui se condense sur les corps froids en un oxide blanchâtre &

aiguillé. L'oxide gris d'étain devient blanc si on l'expose de nouveau à l'action du feu ; il s'unit à une nouvelle quantité d'oxigène, & s'oxide davantage ; on le nomme dans cet état *potée d'étain*. Si on lui fait éprouver une chaleur très forte, comme celle d'un four de porcelaine, il est susceptible de se fondre en verre. MM. Macquer & Baumé ont observé, en traitant ainsi de l'étain dans un creuset, qu'une partie se changeoit en un oxide blanc & aiguillé ; qu'une autre placée au-dessous de la première étoit dure, rougeâtre & à moitié fondue ; qu'une troisième partie formoit un verre de la couleur de rubis ou de l'hyacinthe ; & qu'enfin il restoit au fond du creuset une partie de l'étain dans son état métallique. Malgré cette expérience, l'oxide d'étain est regardé comme infusible ; c'est au moins le plus réfractaire. On peut décomposer cet oxide à l'aide des matières combustibles animales ou végétales, qui s'emparent de l'oxigène, & font reparoître ce métal avec ses propriétés. Il paroît cependant que la *potée d'étain* bien oxidée retient très-fortement la base de l'air qui lui est unie, puisqu'on ne peut la réduire que très-difficilement & en employant une grande quantité de matières combustibles. C'est d'après cela que M. Baumé & plusieurs autres chimistes croient que quand on a trop grillé les mines d'étain, il y en a une portion qui ne peut plus se réduire en métal.

L'étain ne s'altère pas beaucoup à l'air; il ne se ternit même que difficilement lorsqu'il est bien pur. Celui du commerce se couvre à la longue d'une poussière grise, mais qui, suivant Macquer, n'appartient jamais qu'à la surface la plus légère, & ne pénètre pas à l'intérieur, comme cela a lieu pour le fer.

L'eau ne dissout point & n'oxide point l'étain; cependant elle en ternit & paroît en oxider à la longue la surface.

Les matières terreuses ne contractent aucune union avec ce métal. Son oxide qui est très-infusible, ne forme point de verre transparent ni coloré, avec les substances capables de se vitrifier. Mais comme il est très-blanc, il peut s'interposer entre les molécules du verre, & le rendre d'un blanc mat & très opaque. Cette sorte de fritte vitreuse porte le nom d'*émail*. La potée d'étain, à cause de son infusibilité, ôte la transparence à tous les verres possibles, & en fait des émaux colorés.

On ne connoît point l'action de la chaux, de la magnésie & des alcalis sur l'étain; cependant l'on ne peut douter que ces derniers sels aidés de l'action de l'eau, ne soient capables d'altérer ce métal, puisqu'ils lui font prendre en très-peu de tems les couleurs de l'iris.

L'acide sulfurique concentré dissout, suivant Kunckel, la moitié de son poids d'étain; cette dissolution se fait bien à l'aide de la chaleur. Il s'en dégage, sans mouvement ni effervescence bien sensibles, du gaz sulfureux très-piquant. L'étain s'empare, dans cette expérience, de l'oxigène de l'acide sulfurique; il est promptement oxidé, & l'acide en contient assez pour pouvoir précipiter par l'eau. L'acide sulfurique étendu d'un peu d'eau, agit de même sur l'étain; mais cette dissolution est plus permanente & précipite moins par l'eau que la première. Lorsque cet acide est très-foible, il ne le dissout pas. Dans cette combinaison l'étain enlève tant d'oxigène à l'acide sulfurique, qu'il se forme très-vîte du soufre. C'est ce dernier qui donne à la dissolution une couleur brune tant qu'elle est chaude, & qui se précipite quand elle refroidit. MM. Macquer & Baumé se sont assurés de la présence du soufre dans cette combinaison. En chauffant davantage cette dissolution, l'étain se précipite en oxide blanc. Le même phénomène a lieu à la longue & sans le secours de la chaleur. La dissolution sulfurique d'étain est très-caustique. M. Monnet en a obtenu par le refroidissement des cristaux semblables au sulfate calcaire, ou en aiguilles fines & entrelacées les unes dans les autres. L'oxide d'étain précipité de cette dissolution par le repos & par la chaleur, est soluble dans l'acide sulfurique. Si on évapore à siccité la dissolution sulfurique d'étain, l'oxide qu'on obtient alors est gris, très-difficile à réduire, & ne peut plus se dissoudre dans cet acide. Les alcalis précipitent l'étain dissous dans l'acide sulfurique, en un oxide de la plus grande blancheur.

L'acide nitrique est décomposé avec une rapidité singulière par l'étain, & même à froid. C'est une des dissolutions des plus rapides & les plus frappantes que la chimie présente. Il paroît que l'étain a une tendance très-forte pour s'unir à l'oxigène de l'acide nitrique; & comme l'azote n'est pas à beaucoup près aussi adhérent à l'oxigène dans cet acide, que l'est le soufre dans l'acide sulfurique, il n'est pas étonnant que la décomposition de l'acide nitrique par l'étain soit beaucoup plus prompte & beaucoup plus vive que celle de l'acide sulfurique par le même métal. M. de Morveau a observé que dans une dissolution d'étain par l'acide nitrique, il ne s'étoit dégagé aucun gaz, mais qu'il s'étoit formé de l'ammoniaque. On voit donc que l'étain avoit décomposé non-seulement l'acide nitrique, mais encore l'eau, puisque ce ne peut être que l'hydrogène de l'eau uni à l'azote de l'acide du nitre, qui a formé l'ammoniaque produite dans cette opération.

L'étain est réduit en un oxide blanc, que Macquer a essayé en vain de réduire ; il paroît qu'alors ce métal est surchargé d'oxigène. L'acide nitrique n'en retient que très-peu en dissolution, & lorsqu'on l'évapore pour en obtenir des cristaux de nitrate d'étain, ce qui étoit dissous se précipite bientôt, & l'acide reste presque pur. Bucquet assure cependant que l'on peut retirer de cette dissolution un nitrate d'étain très-déliquescent, dont il n'a pas déterminé la forme. Il assure aussi qu'en lavant la chaux d'étain produite par la décomposition de l'acide nitrique, l'eau dissout un peu de nitrate d'étain, qu'on obtient par évaporation. L'acide nitrique retient un peu plus d'étain en dissolution, lorsqu'on l'emploie très-étendu d'eau ; mais il laisse précipiter cet oxide, soit par le repos, soit par la chaleur. MM. Bayen & Charlard ont dit, dans leurs belles recherches sur l'étain, que lorsqu'on charge l'acide nitrique de tout l'étain qu'il peut occider, jusqu'à ce que cet acide soit épais & incapable d'agir sur de nouveau métal, on obtient en lavant cette masse avec beaucoup d'eau distillée, & en évaporant cette lessive à siccité, un sel *stanno-nitreux* qui détonne seul dans un têt bien échauffé, & qui brûle avec une flamme blanche & épaisse, comme celle du phosphore. Ce sel n'est point du nitrate d'étain, mais une espèce de sel triple, ou du nitrate d'ammoniaque & d'étain. Distillé dans une cornue, il se boursouffle, bouillonne & remplit tout-à-coup le récipient d'une vapeur blanche & épaisse, dont l'odeur est nitreuse.

L'acide muriatique fumant agit bien sur l'étain; il le dissout à l'aide d'une douce chaleur, & même à froid; il perd sur-le-champ sa couleur & sa propriété de fumer. L'effervescence très-légère qui a lieu dans cette combinaison, dégage du mélange un gaz fétide inflammable, mais qui ne ressemble point à l'odeur arsenicale, comme quelques chimistes l'ont annoncé. L'eau est donc décomposée par l'étain, à l'aide de l'acide muriatique. Cet acide peut dissoudre par ce procédé plus de moitié de son poids d'étain. La dissolution est jaunâtre; elle a une odeur très-fétide; il ne s'y forme point de précipité d'oxide d'étain, comme avec les deux acides précédens. Cette dissolution évaporée fournit des aiguilles brillantes & très-régulières, qui attirent un peu l'humidité de l'air. M. Monnet dit que ces aiguilles, après être tombées en déliquescence, se cristallisent & restent séches à l'air. M. Baumé qui a préparé le muriate d'étain en grand, comme à la dose de cent cinquante livres d'acide sur vingt-cinq livres d'étain, pour les manufactures de toiles peintes, en a détaillé avec soin quelques propriétés. Sur douze livres d'étain, dissous dans quarante-huit livres d'acide muriatique, il lui est resté deux onces six gros d'une poudre grise, qui n'a pas pu se dissoudre dans une livre de cet acide, avec lequel il l'a mise en digestion pendant plusieurs jours. Margraf croit que c'est de l'arsenic. M. Baumé ne l'a point examinée. Il compare l'odeur de cette dissolution concentrée à celle des terres noires qu'on retire des vieilles latrines, & il fait remarquer que lorsqu'il en tombe sur les doigts, rien ne peut enlever l'odeur métallique particulière à l'étain, qu'elle leur communique, & qu'elle ne se dissipe qu'au bout de vingt-quatre heures. Il observe que, suivant l'état de l'acide, les cristaux de muriate d'étain sont différens. Tantôt ils forment de petites aiguilles blanches; la même dissolution lui en a donné de blanches & de couleur de rose. Ce dernier, purifié par la dissolution & l'évaporation, a fourni par le refroidissement de gros cristaux à peu-près semblables à ceux du sulfate de soude. D'autres fois, en employant de l'acide muriatique ordinaire, il n'a eu ce sel qu'en petites écailles d'un blanc de perle, semblables à celles de l'acide boracique. Il n'a point parlé de l'action du feu sur ce sel. M. Monnet, qui a distillé la dissolution muriatique d'étain, assure en avoir obtenu une matière onctueuse très-fusible ; enfin, un vrai *beurre d'étain* & une liqueur fumante semblable à celle de Libavius, dont nous parlerons plus bas. Ce fait s'accorde avec ce qu'a observé Macquer sur une dissolution d'étain dans l'acide muriatique, qui s'est prise presque toute en cristaux pendant l'hiver, & qui est redevenue fluide l'été ; propriété qui se rencontre dans le muriate d'étain sublimé. Cet illustre chimiste a observé qu'il s'étoit formé au bout de quelques années un dépôt blanc dans cette dissolution. La combinaison de l'acide muriatique & de l'oxide d'étain donne un précipité beaucoup plus abondant que les autres dissolutions, à l'aide des alcalis & de la chaux ; les alcalis redissolvent une partie de l'oxide précipité, & prennent une couleur d'un jaune brun. C'est en dissolvant l'étain d'Angleterre en gros saumons, & tous les étains impurs en général dans cet acide, que MM. Bayen & Charlard sont parvenus à decouvrir quelques atomes d'arsenic dans l'étain d'Angleterre. Lorsqu'en effet il en contient, à mesure que l'acide agit sur l'étain, ce métal prend une couleur noire, & lorsqu'il est entièrement dissous, il reste une poudre noirâtre qui est de l'arsenic pur ou uni à un peu de cuivre. On peut donc employer cet acide pour s'assurer de la présence & de la quantité d'arsenic contenu dans l'étain.

L'acide muriatique oxigéné dissout l'étain très-promptement & sans effervescence sensible, parce que ce métal absorbe promptement l'oxigène surabondant de cet acide, & n'op re point de décomposition d'eau pour s'oxider. Cette dissolution a ensuite tous les caractères de la précédente.

L'acide mixte nitro-muriatique fait avec deux parties d'acide nitrique & une d'acide muriatique, se combine avec effervescence à l'étain. Il s'excite une chaleur vive qu'il est important de diminuer en plongeant le mélange dans de l'eau froide. Pour faire une dissolution d'étain permanente dans cet acide mixte, il faut avoir la précaution de ne mettre le métal que peu à peu, d'attendre pour en ajouter une seconde portion que la première ait été entièrement dissoute ; si on le mettoit tout-à-coup, une grande partie de ce métal seroit oxidée. L'*eau régale* peut se charger ainsi de la moitié de son poids d'étain. Cette dissolution est d'un brun rougeâtre, elle n'a que peu de couleur ; elle forme ſouvent en quelques inſtans une gelée tremblante, viſqueuſe comme une réſine. Cette ſubſtance devient plus ſolide au bout de quelques jours, & elle peut ſe couper comme une gelée animale bien priſe. Quelques portions préſentent la demi-tranſparence & la blancheur de l'opale ; elle exhale une odeur piquante d'acide muriatique, mais qui n'a point la fétidité de celle de la diſſolution muriatique. J'en ai conſervé pluſieurs années dans un bocal aſſez mal bouché ; elle n'a rien perdu de ſa ſolidité & de ſa tranſparence. Pour que la diſſolution d'étain par l'*eau régale* forme une gelée, il faut qu'elle ſoit chargée de beaucoup d'oxide métallique. Quelquefois en y ajoutant moitié de ſon poids d'eau, elle devient concrète, quoiqu'elle ne le fût nullement avant cette addition ; mais alors cette gelée, faite à l'aide de l'eau, eſt couleur d'opale ; parce que, ſuivant la remarque de Macquer, cette diſſolution étant ſuſceptible d'être décompoſée par l'eau, une portion de l'oxide d'étain précipité détruit la tranſparence de la gelée. Ce ſavant chimiſte a encore obſervé que ſi l'on chauffe une diſſolution nitro-muriatique d'étain, il s'y excite une effervescence due à ce que l'acide mixte réagit ſur le métal ſur lequel il n'a pas épuiſé ſon action. Cette diſſolution perd alors toute sa couleur & se fige en se refroidissant. La gelée qu'elle forme en ce cas, est de la plus belle transparence. Il se dépose souvent par le repos de cette dissolution liquide d'étain, des cristaux en petites aiguilles. On ne les a pas encore examinés, non plus que le gaz dégagé pendant l'action de l'acide nitro-muriatique sur l'étain. MM. Bayen & Charlard ont trouvé que ce dissolvant pouvoit aussi faire connoître la présence de l'arsenic dans l'étain, mais que comme il a une action assez sensible sur l'arsenic, il n'indiquoit pas sa quantité avec autant de précision que peut le faire l'acide muriatique seul.

On ne connoît point l'action des autres acides sur l'étain.

Tous les sels neutres sulfuriques, & sur-tout les sulfates de potasse & de soude, sont décomposés par l'étain. En chauffant dans un creuset partie égale de sulfate de potasse & de ce métal, j'ai obtenu une masse fondue verdâtre, qui ne contenoit plus rien de métallique, & qui étoit un véritable sulfure stannique. L'étain enlève l'oxigène à l'acide sulfurique; le soufre mis à nud par cette décomposition, se combine avec la potasse, & ce sulfure dissout une portion de l'oxide d'étain. C'est la troisième substance métallique dans laquelle nous reconnoissons cette propriété de décomposer les sulfates alcalins. On verra tout-à-l'heure que Glauber l'avoit remarqué relativement au sulfate ammoniacal.

Ce métal fait détonner le nitre avec rapidité. Pour cela on le fait fondre & rougir obscurément dans un creuset; on projette dessus du nitre bien sec en poudre. Il se produit une flamme blanche & brillante. Lorsqu'en ajoutant du nitre il ne se fait plus de détonation, l'étain est entièrement oxide. La poudre blanche qui reste contient de l'alcali rendu caustique par l'oxide d'étain, & qui est même uni à une certaine quantité de cet oxide. En le lessivant, on peut en précipiter l'étain par un acide. Si l'oxide gris d'étain fuse avec le nitre, ainsi que l'a observé Geoffroy, c'est qu'il contient encore de l'étain qui n'est que divisé; car en prenant un oxide parfait de ce métal, celui par exemple qui a été chauffé long-tems, & qui est très-blanc, ou bien celui que forment les acides, ils ne présentent point le même phénomène.

L'étain décompose très-bien le muriate ammoniacal; il en dégage de l'ammoniaque très-caustique, & dans l'état de gaz. Bucquet, qui a fait des recherches suivies sur la décomposition du sel ammoniacal par les matières métalliques & par leurs oxides, observe qu'il se dégage beaucoup de gaz inflammable par la réaction de l'étain ſur le muriate ammoniacal. Suivant les expériences de ce ſavant chimiſte, les métaux décompoſent ce ſel en raiſon de l'action que l'acide muriatique a ſur eux. Comme nous avons vu que l'acide muriatique avoit beaucoup d'affinité avec l'étain, nous pouvons en conclure que la théorie donnée par Bucquet, eſt très-ſatisfaiſante & parfaitement d'accord avec les faits. Glauber avoit annoncé que ſon ſel ammoniacal ſecret, ou le ſulfate ammoniacal, étoit décompoſé par l'étain; mais cette décompoſition n'eſt pas complette, ſuivant Pott, qui a répété l'expérience de Glauber, ſans doute, parce que l'acide ſulfurique a moins de tendance avec l'étain que n'en a l'acide muriatique. Bucquet obſerve encore que l'étain étant très-fuſible, ſe raſſemble en culot au fond de la cornue, & qu'en conſéquence le muriate ammoniacal n'eſt pas auſſi complettement décompoſé qu'il pourroit l'être par ce métal. Voilà pourquoi l'étain ne décompoſe pas ce ſel auſſi parfaitement que les métaux peu fuſibles. Le réſidu de cette décompoſition eſt un muriate d'étain ſolide, décompoſable par l'eau, & ſemblable à celui que l'on forme avec le muriate corroſif de mercure & ce métal, dont nous parlerons plus bas.

On combine aiſément l'étain avec le ſoufre,

en jettant une ou deux parties de cette matière combustible en poudre, sur cinq à six parties d'étain fondu dans une cuiller de fer; le mêlange agité avec une spatule de fer, se noircit & s'enflamme. Si on le fond dans un creuset, on en obtient une masse cassante, disposée en aiguilles plattes réunies en faisceaux. Cette combinaison est beaucoup plus difficile à fondre que l'étain, comme toutes celles des métaux mous & fusibles avec le soufre. Mais ce qu'il est important de noter, c'est que quoique l'étain s'allie facilement au soufre par la fusion, la nature ne l'offre que très-rarement dans cet état. C'est absolument l'inverse du zinc qui se trouve fréquemment combiné avec le soufre dans ses mines, & qui ne s'y unit que très-difficilement dans nos laboratoires. La nature est souvent très-différente de l'art dans ses opérations; mais si elle fait quelquefois des combinaisons que l'art ne peut pas imiter, il arrive aussi que ce dernier opère des compositions dont elle ne lui fournit point de modèles.

L'arsenic ne s'unit que peu à l'étain par la fusion, parce qu'il se dissipe en grande partie. L'arséniate de potasse s'y combine mieux, & M. Baumé a observé qu'il résulte de cette combinaison, dans laquelle l'acide arsenique quitte en partie l'alcali pour s'unir à l'étain, auquel il

cède

cède une portion d'oxigène, un culot aigre, très-brillant, disposé à facettes comme l'antimoine. Les expériences que Margraf a faites sur l'union de l'étain avec l'oxide d'arsenic par la distillation, nous ont appris qu'une partie de cet oxide se réduit en arsenic, tandis qu'une portion de l'étain s'oxide; que l'étain uni à l'arsenic ne peut plus en être séparé par l'action du feu le plus violent, & qu'il est vraisemblable que ce métal en retient toujours quelque partie qui rend son usage dangereux dans la cuisine. En distillant de l'oxide d'étain chargé d'arsenic, Margraf a obtenu un peu de liqueur qui avoit l'odeur du phosphore. Depuis le chimiste de Berlin, MM. Bayen & Charlard ont examiné la combinaison de l'arsenic & de l'étain. Ils ont observé que l'oxide d'arsenic, appelé simplement *arsenic blanc*, ne peut se combiner avec l'étain qu'autant qu'il repasse à l'état métallique, & que cette combinaison se fait beaucoup mieux en unissant directement l'arsenic en *régule* avec l'étain. Si l'on met dans une cornue trois onces six gros d'étain, avec deux gros de *régule* d'arsenic en poudre grossière; & si après avoir adapté un récipient, on chauffe la cornue jusqu'à la faire rougir, il s'élève à peine deux grains d'arsenic dans le col de ce vaisseau, & l'on trouve dans le fond un culot métallique pesant quatre onces. Cet alliage qui contient un seizième d'arsenic, est cristallisé en grandes facettes, comme le bismuth; il est plus fragile que le zinc, & plus difficile à fondre que l'étain; il se ramollit d'abord, & si on le touche dans cet état avec une baguette de fer, on entend un cri produit par le frottement de ses lames les unes contre les autres. Sa fonte est pâteuse, & il fume en perdant peu à peu l'arsenic qui lui est uni.

Le colbat s'unit par la fusion à l'étain, & forme un alliage à petits grains serrés & d'une couleur légèrement violette.

L'étain & le bismuth donnent, suivant Geller, un alliage cassant & à facettes cubiques. Les potiers allient quelquefois ce dernier métal à l'étain pour lui donner de la blancheur & de la dureté. Comme il lui communique beaucoup de roideur, & qu'il est plus cher que le zinc, qui produit les mêmes effets sur l'étain, les ouvriers ne peuvent pas l'employer à plus d'une livre ou d'une livre & demie par quintal, & l'on n'a rien à craindre de ses effets sur l'économie animale, effets qu'une analogie marquée avec le plomb dans toutes les propriétés du bismuth, pourroit faire soupçonner semblables à ceux de ce métal dangereux. On peut départir le bismuth de l'étain à l'aide de l'acide muriatique qui dissout le dernier, & laisse le premier sous la forme d'une poudre noire, pourvu qu'on l'emploie foible. L'acide nitro-muriatique produit le même effet lorsqu'il est étendu d'eau.

L'antimoine uni à ce métal donne, d'après Geller, un métal blanc très aigre, & dont la pesanteur spécifique est moindre que celle de ces deux substances métalliques prises séparément.

Le zinc s'allie bien à l'étain, & il en résulte un métal dur à petits grains serrés, d'autant plus ductile que la proportion de l'étain est plus grande.

Cronstedt assure que le nickel uni à l'étain, forme une masse blanche & brillante, qui étant calcinée sous une mouffle, s'élève en forme de végétation.

Le mercure dissout l'étain avec beaucoup de facilité, & en toutes proportions. Pour faire cette combinaison, on verse le mercure chauffé dans de l'étain fondu. L'amalgame qui en résulte diffère pour la solidité, suivant les doses relatives de ces deux substances métalliques. On faisoit autrefois avec quatre parties d'étain & une de mercure, une amalgame que l'on couloit en boules, qui prenoit de la solidité en se refroidissant. On suspendoit ces boules dans l'eau pour la purifier. Comme on la faisoit en même-tems bouillir, c'étoit à l'ébullition ſeule qu'étoit due la précipitation des matières étrangères qui altéroient l'eau. L'amalgame d'étain eſt ſuſceptible de criſtalliſer. Elle forme des petits criſtaux carrés, comme M. Daubenton l'a obſervé ſur l'amalgame d'étain qu'il employoit pour boucher les bocaux du jardin du roi. M. Sage dit que ces criſtaux ſont gris, brillans, en lames feuilletées, amincies vers leurs bords, & qu'ils laiſſent entr'eux des cavités polygones.

Comme l'étain a plus d'affinité avec l'oxigène que n'en a le mercure, il décompoſe le muriate mercuriel corroſif. Pour opérer cette décompoſition, on diviſe l'étain, à l'aide d'une petite portion de mercure; on triture parties égales de cette amalgame & de muriate mercuriel corroſif & on diſtille ce mélange dans une cornue de verre à une très douce chaleur. Il paſſe d'abord une liqueur ſans couleur, & il s'élance enſuite avec une eſpèce d'exploſion, une vapeur blanche épaiſſe, qui tapiſſe les parois du récipient d'une couche très-mince. Cette vapeur ſe condenſe en une liqueur tranſparente, qui exhale une fumée épaiſſe, blanche & très-abondante, & à laquelle on a donné le nom de *liqueur fumante de Libavius*. C'eſt une combinaiſon d'acide muriatique & d'étain, dans laquelle l'acide paroît être ſurchargé d'oxigène.

Cette liqueur, renfermée dans un flacon, ne répand point de vapeurs visibles. Il s'en dégage cependant une certaine quantité, qui dépose de l'oxide d'étain en cristaux aiguillés à la partie supérieure du flacon, de sorte que l'extrémité du goulot se trouve exactement bouchée au bout de quelques mois. Il se précipite aussi un peu de cet oxide au fond de la liqueur, sous la forme de feuillets irréguliers. Elle a une odeur très-pénétrante, & qui excite la toux. Les vapeurs qu'elle répand ne sont visibles que lorsqu'elles ont le contact de l'air. Il semble qu'elles soient formées par un gaz d'une nature particulière, qui est décomposable par l'air, & qui, par son contact, laisse précipiter l'oxide d'étain, comme le gaz acide fluorique laisse précipiter la terre silicée par le contact de l'eau, & comme le gaz hydrogène sulfuré dépose du soufre par le contact de l'air. Seroit-ce une combinaison de gaz acide muriatique oxigéné & d'oxide d'étain ?

L'eau ne précipite pas sensiblement la *liqueur fumante de Libavius*, mais elle paroît y opérer une décomposition qui n'a point encore été convenablement examinée. Lorsqu'on verse cette liqueur nouvellement préparée dans de l'eau distillée, elle y occasionne un petit bruit comme celui que produit l'acide sulfurique bien concentré, en s'unissant à l'eau. Elle paroît se séparer en un grand nombre de petites molécules transparentes, irrégulières, qui semblent n'avoir pas d'adhérence avec l'eau. En observant de près ce qui se passe dans ce mêlange, on voit s'échapper de ces molécules une bulle qui vient créver à la surface de l'eau, & s'y diviser en une vapeur qui blanchit par le contact de l'air. En agitant l'eau, ces molécules s'y dissolvent très-vîte, & cette dissolution ne répand plus de vapeurs. Macquer assure qu'en étendant la liqueur fumante dans une grande quantité d'eau, elle précipite un oxide en petits flocons blancs & légers.

Le gaz de la liqueur fumante n'est que peu élastique. Il ne fait jamais sauter le bouchon du flacon où elle est renfermée, comme cela arrive aux acides nitrique & muriatique, à l'ammoniaque, à l'éther, &c.

M. Adet, qui a lu à l'académie un mémoire sur la *liqueur fumante de Libavius*, a vu, 1°. que l'effervescence qui a lieu toutes les fois qu'on l'unit à l'eau, dépend du dégagement d'un fluide élastique, qui a toutes les propriétés du gaz azote; 2°. que la liqueur fumante combinée avec l'eau dans le rapport de 7 à 22, forme un corps solide qui se fond par l'action de la chaleur, se congèle par celle du froid,

& se comporte comme le muriate oxigéné d'étain ou *beurre d'étain*; 3°. que la liqueur fumante étendue d'eau, dissout de l'étain sans dégagement de gaz hydrogène, & donne un sel semblable à celui qu'on obtient de la combinaison directe de l'acide muriatique & de l'étain. Il conclut, d'après ses diverses expériences, que la liqueur fumante n'est autre chose qu'un composé d'acide muriatique à l'état aériforme, & d'oxide d'étain, dans lequel l'oxigène est en excès; & que ce sel est au muriate d'étain ordinaire, ce qu'est le muriate oxigéné de mercure au muriate de mercure, ou *mercure doux*.

Le résidu de la distillation de la *liqueur fumante de Libavius* présente autant de phénomènes intéressans que la liqueur elle-même. La voûte & le col de la cornue sont enduits d'une légère couche blanche & grise, qui contient, d'après les expériences de Rouelle le cadet, un peu de *liqueur fumante*, du muriate d'étain concret ou étain corné, du muriate mercuriel doux, & du mercure coulant. Le fond de ce vaisseau offre une amalgame de mercure & d'étain, au-dessus de laquelle se trouve un *étain corné* d'un gris blanc, solide & compacte, qui peut être volatilisé par une chaleur plus forte. Si on met dans une cornue cette substance, elle se fond & se sépare en deux couches; l'une noire, placée au-dessous de l'autre, qui est blanche & semblable au premier *étain corné.* Rouelle paroît soupçonner que ces deux substances, qui diffèrent l'une de l'autre, & qui ne se mêlent pas, sont dues à l'alliage contenu dans l'étain. Plus ce métal est allié, moins il donne de *liqueur fumante*, suivant cet habile chimiste. Le muriate d'étain solide attire l'humidité de l'air, & se dissout très-bien dans l'eau. M. Baumé a donné sur la combinaison de l'étain avec l'acide muriatique une théorie qui est à peu près semblable à celle de Schéele & Bergman sur ce qu'ils ont appelé l'*acide marin déphlogistiqué.* Il pense que cet acide perd son *phlogistique* dans cette opération, comme ces chimistes croyoient qu'il le perd en le distillant sur l'oxide de manganèse. Il soupçonne qu'on obtiendroit cet acide parfaitement pur, en distillant la *liqueur fumante de Libavius*; ce qui fait voir qu'il regarde l'acide muriatique ordinaire comme surchargé de *phlogistique*. M. Baumé a donc, d'après cette observation, l'antériorité sur Schéele, pour la découverte des deux états de l'acide muriatique, mais il n'a point décrit les propriétés singulières de cet acide oxigéné, comme l'a fait le célèbre chimiste suédois.

Les usages de l'étain sont très-multipliés. On

s'en sert dans un grand nombre d'arts. On en fait des doublures de beaucoup de vaisseaux, des tuyaux d'orgue, &c. On en garnit les décorations, &c. Son amalgame est employée pour étamer les glaces ou leur donner le tain. Les chaudronniers le coulent allié avec le plomb sur le cuivre pour l'étamer : on l'allie avec le cuivre pour faire le métal des cloches & des statues. Les potiers d'étain l'unissent au bismuth, à l'antimoine, au plomb & au cuivre, pour faire des ustensiles de toutes espèces, qui sont très-altérables à l'air. La potée d'étain sert à polir beaucoup de corps durs. On la fond avec de l'oxide de plomb & du sable pour faire l'émail, ainsi que la couverte de la faïence, &c. Le muriate d'étain cristallisé est utile dans le travail des toiles peintes : sa dissolution dans *l'eau régale* ou acide nitro-muriatique, exalte la teinture de cochenille, de gomme lacque, &c. de sorte qu'elle la fait passer à la couleur du feu le plus vif. Les teinturiers se servent de cette dissolution, qu'ils nomment *composition* pour faire l'écarlate. Lorsqu'on la mêle au bain de ces teintures, elle y forme un précipité qui entraîne la partie colorante, & la dépose sur l'étoffe que l'on teint. Cette observation est due à Macquer, dont les travaux ont rendu de grands services à cet art.

L'usage de l'étain dans la cuisine a été regardé comme très-dangereux par quelques chimistes. Nivier rapporte dans son ouvrage sur les contre-poisons, &c. que des ragoûts dans lesquels on avoit laissé des cuillers d'étain, ainsi que du sucre contenu dans un vaisseau de ce métal, ont empoisonné plusieurs personnes : on a attribué presque généralement ces funestes effets à l'arsenic que Geoffroy avoit annoncé en 1738 dans l'étain, & que Margraf avoit cru trouver dans les étains les plus purs, & même à une dose considérable.

Mais les craintes élevées sur cet objet ont été dissipées par les travaux de MM. Bayen & Charlard que nous avons déjà eu l'occasion de citer dans l'histoire de ce métal. Ces chimistes ont prouvé par les expériences les plus décisives, 1°. que la quantité d'arsenic retiré par Margraf, de l'étain de Morlaix, & qui va à près de trente six grains par demi-once, seroit beaucoup plus que suffisante pour ôter à ce métal la mollesse & la flexibilité qu'on lui connoît, & pour le rendre aussi fragile que le zinc ; 2°. que les étains de Banca & de Malaca ne contiennent pas un atôme de ce dangereux métal ; 3°. que l'étain d'Angleterre en gros saumons, donne par l'action de l'acide muriatique une petite quantité de poudre noirâtre, souvent mêlée de cuivre & d'arſenic, dans laquelle ce dernier ne va jamais au-delà de trois quarts de grains par once d'étain, & ſe trouve ſouvent au-deſſous; 4°. que le mélange fait par les potiers d'étain du gros ſaumon anglois avec les étains purs de Malaca ou de Banca, diminue encore cette doſe; 5°. que l'arſenic uni à l'étain, perd une partie de ſes propriétés & de ſon action corroſive; 6°. enfin, que la petite quantité d'étain allié qui peut entrer dans les alimens par l'uſage journalier de la vaiſſelle faite avec ce métal, ne peut influer ſur l'économie animale; puiſque d'après ce calcul fait ſur ce qu'un plat d'étain avoit perdu pendant deux ans, on n'en prendroit tout au plus que trois grains par mois, & conſéquemment la cinq mille ſept cent ſoixantième partie d'un grain d'arſenic par jour, en ſuppoſant encore que l'étain ouvragé de Paris contînt autant de ce métal vénéneux, que l'aſſiette de Londres miſe en expérience par M. Bayen, en contenoit.

Obſervons que ſi les chimiſtes de Paris ne ſont pas du tout d'accord avec Margraf, cela vient peut-être de la différence qu'il y a entre l'étain de Saxe, ſur lequel ce dernier a fait ſes expériences, & l'étain que l'on emploie en France, & qui vient des Indes & de l'Angleterre.

Au reste, plusieurs médecins qui se sont occupés des substances métalliques, considérées comme médicamens, avoient déja reconnu l'innocuité de ce métal, & l'avoient même conseillé en limaille dans les maladies de foie, de la matrice, & dans les affections vermineuses. Schulz, dans sa Dissertation sur l'usage des vaisseaux de métal dans la préparation des alimens & des médicamens, a regardé l'étain bien pur comme très-saluble. La Poterie a fait entrer l'oxide d'étain dans un médicament qu'il a désigné sous le nom d'*anti-hectique*, & qui n'est qu'une lessive des oxides d'antimoine & d'étain, formés par la détonnation du nitre. L'alcali que l'eau dissout, retient toujours une portion d'oxide métallique.

On a recommandé l'usage de l'étain comme vermifuge. On l'a employé en grandes doses & sans succès à Edimbourg. Quelques gens de la campagne sont dans l'usage de laisser infuser à froid pendant vingt-quatre heures du vin sucré dans un vaisseau d'étain, & de donner un verre de cette liqueur à leurs enfans qui ont des vers. Navier a vu une fille de quinze à seize ans rendre ainsi, par les selles, trente vers strongles, avec des déjections abondantes, quelques heures après avoir pris un pareil breuvage. Ce médicament agit donc comme purgatif violent.

CHAPITRE XVII.

DU PLOMB.

LE plomb est un métal imparfait, d'un blanc sombre qui tire un peu sur le bleu. Les alchimistes lui ont donné le nom de *Saturne*, parce qu'il absorbe & dévore, pour ainsi dire tous les métaux imparfaits dans sa scorification, comme on le verra par la suite. Il est le moins ductile, le moins élastique & le moins sonore de tous les métaux. On peut le réduire en lames minces sous le marteau; il ne s'écrouit que peu. Aucune matière métallique n'a moins de ténacité que lui, un fil de plomb d'un dixième de pouce de diamètre, ne soutient qu'un poids de vingt-neuf livres un quart sans se rompre. Il est la troisième des substances métalliques dans l'ordre de la pesanteur. Un pied cube de plomb pèse 828 livres; il perd dans l'eau entre un onzième & un douzième de son poids; il est très-mou, & on le coupe très-facilement avec le couteau; il a une odeur particulière très-marquée & qui devient bien plus sensible par le frottement, sa saveur est peu énergique sur le palais, mais elle se manifeste dans l'estomac

& les inteſtins, en irritant leurs nerfs & en produiſant d'abord des douleurs, des convulſions, enſuite la ſtupeur & la paralyſie. Il eſt ſuſceptible de prendre une forme régulière. M. l'abbé Mongèz l'a obtenu en pyramides quadrangulaires couchées ſur le côté, de façon que des quatre faces il y en a toujours une très-étendue & dont la baſe va en s'élargiſſant. Chaque pyramide eſt compoſée, pour ainſi dire, de couches ou zones d'autres petites pyramides, ou plutôt de petits octaëdres.

Le plomb ſe trouve rarement natif. Wallérius & Linneus l'admettent dans cet état. Son exiſtence eſt niée par MM. Cronſtedt, Juſti, Monnet, &c. Le plus ordinairement il eſt dans l'état d'oxide, de ſel neutre, ou dans celui de mine unie au ſoufre & formant la *galêne*. Les minières de plomb ſont communément à d'aſſez grandes profondeurs dans la terre; elles ſont ſituées dans les montagnes ou dans les plaines. Les naturaliſtes ont diſtingué un grand nombre d'eſpèces de mines de plomb. Les plus eſſentielles à connoître ſont les ſuivantes.

1°. L'oxide de plomb natif. Il ne faut pas confondre avec cette mine les *plombs ſpathiques*, qui contiennent de l'acide carbonique. L'oxide ne fait pas efferveſcence avec l'acide nitrique. Il eſt ordinairement ou en maſſes blanches, grises, pesantes, solides, ou mêlé avec de l'argile, du sable & de la craie; la couleur de l'argile plus ou moins ferrugineuse constitue le *massicot* & le *minium* natifs, ou les oxides jaune & rouge. On rencontre souvent la céruse du plomb native à la surface des galènes.

2°. Le carbonate de plomb, ou la combinaison d'oxide de plomb & d'acide carbonique. Cette mine varie beaucoup pour la couleur; elle est blanche, noire, brune, jaune ou verte, suivant l'état du fer qui l'altère. On la nomme en général *plomb spathique*, parce qu'elle a le tissu & la cristallisation de certains spaths. Elle fait effervescence avec l'acide nitrique, qui en dégage l'acide carbonique. On distingue les variétés suivantes dans cette sorte.

Variétés.

A. Le plomb spathique blanc. C'est du carbonate de plomb déposé lentement par les eaux & cristallisé. Ce plomb a quelquefois une demi-transparence, comme le spath. Ses cristaux sont ordinairement en prismes hexaëdres tronqués, ou en colonnes cylindriques striées & qui paroissent composées d'un grand nombre de filets, ou en petites aiguilles très-fines. On en trouve qui est d'un blanc brillant comme le *gyps soyeux*. D'autres échan-

Variétés.

tillons ſont d'un blanc jaunâtre. Quelques-uns de ſes priſmes ſont ſouvent fiſtuleux. Le plomb blanc ſpathique eſt très-abondant en Baſſe-Bretagne dans les mines d'Huelgoet & de Poullaouen. M. Sage avoit annoncé que le plomb blanc étoit minéraliſé par l'acide muriatique. M. Laborie a aſſuré que ce n'étoit qu'un pur oxide de plomb uni à *l'air fixe* ou acide carbonique, & criſtalliſé par l'eau. L'académie des ſciences de Paris ayant fait répéter les expériences de ces deux chimiſtes, a adopté l'opinion de M. Laborie, & Macquer l'a conſignée dans ſon Dictionnaire, à l'article Mines de plomb. Le plomb ſpathique ſe trouve toujours dans les mêmes endroits que la galêne, & il paroît que ce n'eſt qu'une décompoſition de cette mine, qui a perdu ſon ſoufre & dont le plomb a été oxidé; car il n'eſt pas rare de trouver des galênes qui commencent à paſſer à l'état de plomb blanc, comme M. Romé de Liſle l'a très-bien obſervé.

B. Quelques naturaliſtes ont admis une mine de plomb noire; c'eſt du plomb blanc altéré par une vapeur ſulfureuſe, & qui repaſſe à l'état métallique; il peut être regardé comme une

Variétés.

une espèce moyenne entre le plomb blanc & la galène. Il est cristallisé en prismes droits hexaëdres réguliers.

C. Le plomb spathique vert. Ce minéral est d'un vert plus ou moins transparent, le plus souvent jaunâtre, toujours mélé d'ochre & de fer limoneux. Il est quelquefois sans aucune forme régulière, & représente une espèce de mousse. Tels sont la plupart des échantillons des mines d'Hoffsgrund, près de Fribourg en Brisgaw. Le plomb vert est ordinairement cristallisé en prismes droits hexaëdres réguliers assez souvent terminés par des pyramides hexaëdres entières ou naissantes. On en trouve beaucoup à Sainte-Marie-aux-Mines, à Tschoppau en Saxe. Il est démontré que c'est au mélange du fer que ce plomb doit sa couleur verte, puisqu'il se rencontre toujours dans des mines de ce métal.

D. Plomb spathique rougeâtre, de la couleur de la fleur de pécher. M. Mongès a trouvé cette variété cristallisée comme le plomb spathique blanc dans les mines d'Huelgoet.

E. Plomb spathique jaune. Cette variété, cristallisée en lames hexaëdres transparentes, n'eſt connue que depuis quelques années; les lames ont depuis une demi-ligne juſqu'à quatre à cinq lignes de diamètre; elles reſſemblent à du verre de plomb.

3°. M. Monnet a découvert dans les mines du plomb combiné avec l'acide ſulfurique. Il eſt ordinairement en maſſe blanche, ſoluble dans dix-huit parties d'eau; quelquefois il eſt noirâtre, criſtalliſé en ſtries fort alongées, ou en ſtalactites friables; cette dernière variété s'effleurit à l'air & ſe change en un véritable ſulfate de plomb. C'eſt en raiſon de cette efflorescence que M. Monnet l'appelle *mine de plomb pyriteuſe*. M. Withering dit qu'il exiſte dans l'iſle d'Angleſey une grande quantité de plomb & de fer minéraliſés enſemble par l'acide ſulfurique.

4°. Le plomb paroît être combiné avec l'acide arſenique dans la mine de plomb rouge de Sibérie, dont M. Lehman a le premier donné la deſcription en 1766; cette mine eſt d'un très-beau rouge, & ſa pouſſière reſſemble au carmin. Elle eſt ſouvent criſtalliſée en priſmes obliques rhomboïdaux. M. Mongez, qui penſe que l'arſenic eſt à l'état d'acide dans toutes les mines rouges, a découvert une autre mine d'un jaune verdâtre, venant de Sibérie &

contenant de l'arſenic comme la précédente.

5°. M. Gahn a reconnu l'exiſtence de l'acide phoſphorique dans une mine de plomb verdâtre; il y en a auſſi de jaune & de rougeâtre, & en la diſſolvant dans l'acide nitrique, & précipitant l'oxide de plomb par l'acide ſulfurique, on obtient l'acide phoſphorique par l'évaporation de la liqueur ſurnageante. MM. la-Méthe-rie & Thenant ont confirmé à Paris l'analyſe de Gahn. M. de Laumont a donné un Mémoire ſur le phoſphate de plomb natif, qui eſt très-abondant en Bretagne.

6°. Le plomb ſe trouve le plus ſouvent combiné avec le ſoufre, cette mine porte le nom de *galène ;* on l'appelle auſſi *alquifoux* dans le commerce; ce ſulfure de plomb eſt compoſé en général de lames qui ont à peu près la couleur & l'aſpect du plomb, mais il eſt plus brillant & très-fragile. On a diſtingué un grand nombre de variétés dans la galène : ſavoir ;

Variétés.

A. La galène cubique. Ses cubes plus ou moins gros, ſe trouvent iſolés ou grouppés. On en trouve auſſi en octaëdres réguliers. Il y en a une variété, nommée *cube octaëdre* par M. l'abbé Haüy ; ſa ſurface eſt compoſée de 6 quarrés & de 8 triangles équilatéraux. Quel-

Variétés.

ques minéralogiſtes l'ont définie un cube tronqué dans ſes angles.

B. La galêne maſſive. C'eſt celle qui eſt en maſſe ſans aucune configuration régulière ; cette eſpèce eſt très fréquente à Sainte-Marie.

C. La galêne à grandes facettes. Elle ne paroît pas former des criſtaux réguliers, mais elle eſt toute composée de grandes lames.

D. La galêne à petites facettes. Cette galêne paroît formée, comme le mica, de petites écailles blanches & fort brillantes. On la nomme mine d'argent blanche, parce qu'elle tient une aſſez grande quantité de ce métal. Telle eſt celle des mines de Pompéan en Bretagne.

E. La galêne à petits grains, ainſi nommée parce qu'elle ne préſente qu'un grain très-ſerré ; elle eſt auſſi fort riche en argent, & ſe trouve avec la précédente. En général, toutes les galênes tiennent de l'argent. On ne connoît guère que celle de Carinthie qui n'en contienne pas. Mais on a obſervé que la galêne dont les facettes ou les grains étoient les plus petits, en donnoient davantage. Il paroît que l'argent étant en quelque ſorte un corps étranger à la combinaiſon de la galêne,

Variétés.

dérange la cristallisation régulière de cette mine.

F. La galêne cristallisée comme le plomb spathique, en prismes hexagones ou en colonnes cylindriques. On la trouve, comme la précédente, dans les mines d'Huelgoet en Basse-Bretagne. Elle est peu riche en argent, & paroît n'être que du plomb spathique qui s'est minéralisé sans avoir rien perdu de sa forme. En effet, on observe quelquefois sur le même morceau des cristaux de plomb spathique pur, entièrement recouverts d'une galêne très-fine; d'autres qui sont absolument changés en galêne jusque dans l'intérieur de leurs prismes. M. Romé de Lisle en possédoit plusieurs de cette espèce. J'ai dans mon cabinet un échantillon de mine de plomb blanche, dont la base des prismes est absolument à l'état de galêne, & qui montre le changement dont je parle.

La galêne se trouve souvent placée entre deux lisières de quartz noirâtre ochracé, qui contient beaucoup d'argent, quoique ce métal n'y soit point apparent. M. le commandeur de Dolomieu, à qui est due cette observation, présume que le plomb étoit d'abord mêlé avec cet argent, mais que l'eau ayant entraîné ce métal imparfait, a laissé le métal fin dans la gangue. M. Monnet a découvert que plusieurs galênes s'effleurissent comme la pyrite; il dit avoir retiré du lavage d'une de ces mines dont la surface s'étoit blanchie & comme effleurie, un vrai sulfate de plomb.

7°. Le plomb est quelquefois uni dans la nature avec le soufre, l'antimoine & l'argent. Cette mine, qu'on appelle *galêne antimoniée*, est d'une structure aiguillée & striée comme l'antimoine; on y reconnoît l'antimoine par le sublimé blanc qui s'en élève pendant la calcination. On en trouve à Salberg & à Sainte-Marie-aux-Mines.

8°. Il y a une autre sorte de galêne dans laquelle le plomb est uni au soufre, à l'argent & au fer. Cette galêne martiale est plus dure & plus solide que les précédentes; elle donne du plomb jaune dans sa scorification.

9°. Enfin, on rencontre souvent le plomb en oxide, & la galêne mêlés dans des terres & pierres sablonneuses ou calcaires.

Comme presque toutes les mines de plomb & sur tout les galênes, contiennent une assez grande quantité d'argent, il est important d'en faire l'essai avec soin. A cet effet, après avoir pilé & lavé une certaine quantité de mine lotie, on la grille avec ſoin dans un têt couvert, de peur qu'elle ne ſautille. La galêne perd peu par le grillage. On la pèſe après qu'elle a ſubi cette opération, & on la fond avec trois fois ſon poids de flux noir & un peu de ſel marin décrépité. L'alcali fixe du flux noir abſorbe le ſoufre uni au plomb; le charbon du tartre qui fait partie du même flux, ſert à réduire la portion du métal qui eſt à l'état d'oxide, & le ſel marin s'oppoſe à l'évaporation d'une partie de la matière contenue dans le creuſet. Après la fonte, on trouve un culot de plomb qu'on pèſe avec ſoin. Enſuite on fait oxider & vitrifier ce plomb ſur une coupelle, pour ſéparer l'argent qu'il contient. Cet eſſai a l'inconvénient de n'être pas très-fidèle, parce que l'alcali qu'on emploie comme fondant, forme avec le ſoufre de la galêne, un ſulfure ou *foie de ſoufre* qui diſſout une portion du plomb. D'ailleurs, on ne peut pas ſe ſervir dans les travaux en grand d'une matière fondante & réductive auſſi chère que le flux noir. Il convient donc de chercher à fondre la mine à travers les charbons dans un fourneau de réverbère, ou seule, ou en y ajoutant, pour abſorber le ſoufre, quelques matières à vil prix, comme un peu de fer & de fiel de verre.

Bergman propoſe de faire l'eſſai des mines

de plomb par l'acide nitrique. Cet acide dissout le plomb & oxide le fer, il ne touche point au soufre. On précipite la dissolution par le carbonate de soude, & 132 grains de précipité représentent 100 grains de plomb dans son état métallique. Si ces mines contiennent de l'argent, on sépare l'oxide de ce métal par l'ammoniaque qui le dissout.

A Pompéan, pour exploiter la mine de plomb tenant argent, on la pile au bocard, on la lave avec beaucoup de soin sur des tables, & on la porte au fourneau à manche, où on la grille d'abord à l'aide d'une douce chaleur; on la fond ensuite en augmentant le feu. Le plomb fondu est retiré du fourneau par un trou qui répond à un des côtés de son aire, & qu'on a eu soin de boucher avec de la terre glaise. Le plomb est moulé en saumons, & se nomme plomb d'œuvre. Il contient de l'argent. Pour en séparer ce métal, on porte le plomb d'œuvre dans un autre fourneau à manche, dont l'aire est couverte de cendres bien lessivées, tamisées & battues. A un des côtés de l'aire de ce fourneau, sont placés deux gros soufflets, vis-à-vis desquels sont deux rigoles qu'on nomme *voies de la litharge*. Lorsque le fourneau s'échauffe, le plomb s'oxide; une partie s'évapore & se sublime dans de petites cheminées qui sont au-dessus des voies de la litharge; une autre portion de ce métal est absorbée par le plancher du fourneau; une troisiéme portion & c'est la plus considérable, s'oxide & même se vitrifie en partie; on lui donne le nom de *litharge*. Elle est chassée hors du fourneau, à l'aide des soufflets, qui facilitent aussi l'oxidation & la vitrification du plomb par la quantité d'air qu'ils versent sur ce métal en fusion. Lorsque la litharge a été calcinée par un feu modéré, elle est en poudre rouge écailleuse; on la nomme *litharge marchande*, parce qu'on la vend en cet état, ou *litharge d'or*, à cause de sa couleur. Si la litharge a éprouvé plus de chaleur, elle est plus avancée vers la vitrification, & d'une couleur pâle; on la nomme alors *litharge d'argent*. Enfin, quand le fourneau chauffe fortement, la litharge fond plus complettement, & coule sous la forme de stalactites irrégulières; c'est ce qu'on nomme *litharge fraîche*. Lorsque l'opération est achevée, il reste dans le fourneau l'argent qui étoit contenu dans le plomb. Cet argent a besoin d'être raffiné, mais en plus petites masses, pour qu'il puisse se dépouiller du plomb qu'il retient entre ses parties.

Le plomb qui a été oxidé par l'affinage, est ensuite fondu à travers les charbons, & il ne contient plus que quelques atomes d'argent.

On le coule en ſaumons, & on l'envoie dans le commerce. Le plomb *ſpathique* ſe fond entre les charbons, de même que les oxides de plomb.

Le plomb expoſé au feu ſe fond bien avant d'être rouge. Il ne lui faut même pour être tenu en fuſion, qu'une chaleur ſi légère, qu'on peut y plonger la main lorſqu'il vient de ſe fondre, ſans éprouver de douleur; dans cet état, il ne peut pas brûler les ſubſtances végétales. Il n'eſt que très-peu volatil; cependant il l'eſt à un dégré de feu très-fort, & il fume & ſe réduit en vapeur, comme les métaux les plus fixes. Si lorſqu'il a été fondu, on le laiſſe refroidir très-lentement, & ſi l'on décante la portion fondue de celle qui eſt devenue ſolide, on le trouve criſtalliſé en pyramides quadrangulaires, que nous avons déjà décrites.

Le plomb fondu avec le contact de l'air, ſe couvre d'une pellicule griſe et terne. On enlève cette pellicule avec ſoin, & on la réduit par l'agitation en un oxide d'un gris verdâtre, tirant un peu ſur le jaune. Cet oxide ſéparé par le tamis des grenailles de plomb qui ſe trouvent mêlées avec lui, & expoſé enſuite à un feu plus violent, & capable de le faire rougir, devient d'un jaune foncé; dans cet état, on le nomme *maſſicot*. Ce dernier, chauffé lentement à un feu doux, prend une belle couleur rouge, & porte le nom de *minium*. Si on chauffe le massicot trop fortement, il se fond en verre sans donner de minium.

Le plomb dans son oxidation augmente de poids à peu près de dix livres par quintal. C'est cette augmentation de poids du plomb oxidé, aussi-bien que la nécessité de l'air pour cette opération, qui a fait soupçonner à Jean Rey, médecin du Périgord, que l'air se fixoit dans ce métal pendant la *calcination*. M. Priestley a confirmé l'opinion de Jean Rey, en retirant de l'air vital du *minium*. L'oxide de plomb, quoique très-coloré, est susceptible de perdre entièrement cette couleur; si l'on chauffe un peu trop le minium, il pâlit; si on le pousse seul au feu, il se fond en un verre transparent, si fusible qu'il pénètre tous les creusets, & s'échappe sans qu'on puisse le retenir. Mais en ajoutant une partie de sable à trois parties d'oxide de plomb, le sable se fond à l'aide de cet oxide en un beau verre de la couleur du succin. La teinte de ce verre est moins forte, & imite la couleur de la topaze, lorsqu'on fond ensemble deux parties d'oxide de plomb, & une partie de sable ou de caillou pulvérisé. Une plus petite quantité d'oxide de plomb ajoutée au verre commun, n'altère point sa transparence, mais il lui donne plus de pesanteur, & sur-tout une sorte d'onctuosité qui le rend susceptible d'être taillé & poli plus aisément sans se briser. Ce verre est très-propre à faire des lunettes achromatiques; mais il est fort sujet à avoir des stries & un aspect gélatineux. Les anglois le nomment *flint-glass*. Nos marchands ont beaucoup de peine à en trouver des morceaux un peu considérables exempts de ces stries dans celui qu'ils font venir d'Angleterre. Il paroît que cet inconvénient qui est très-grand, dépend, comme le croit Macquer, de ce que les principes de ce verre ne sont pas combinés uniformément. Il faudroit pour cela qu'il fût tenu long-tems en fusion; mais comme alors le plomb se dissipe, le flint-glass perd une partie de sa densité & de cette onctuosité qui en font le mérite.

Quoique tous les phénomènes de l'oxidation & de la vitrification du plomb annoncent que ce métal s'unit avec beaucoup de facilité & de promptitude à la base de l'air pur ou à l'oxigène, il est cependant une des matières métalliques qui a le moins d'adhérence avec ce principe, puisqu'il s'en sépare par la seule action du feu, comme l'a démontré M. Priestley. Si l'on chauffe fortement du *minium* dans une cornue, on en tire de l'air vital, & on observe qu'une portion se réduit en plomb. Tous les oxides & mêmes les verres de plomb, sont très-décomposables par les matières combustibles; il suffit de les mêler avec du charbon, du suif, de la graisse, de l'huile, de la résine, ou enfin une substance inflammable végétale ou animale quelconque, & de les chauffer quelque tems pour obtenir un culot de plomb. Ce métal a donc avec l'oxigène moins d'affinité que beaucoup d'autres substances métalliques; & quoiqu'il ait quelques propriétés semblables à celles de l'étain, il se comporte d'une manière absolument inverse dans son oxidation & dans sa réduction. Ces phénomènes prouvent de plus en plus ce que nous avons avancé comme une des loix de l'affinité de composition; savoir, qu'il ne faut pas juger du degré d'affinité que deux corps ont ensemble, par la facilité avec laquelle ils se combinent, mais bien plutôt par la difficulté qu'on éprouve à les désunir.

Tous les oxides de plomb & sur-tout le minium, ont la propriété de se charger d'une certaine quantité d'acide carbonique, lorsqu'on les laisse exposés à l'air. Si donc on veut avoir un oxide de plomb pur, il faut le défendre du contact de l'air, ou le chauffer légèrement avant de l'employer, pour en séparer l'acide carbonique qu'il peut avoir absorbé.

Le plomb exposé à l'air se ternit d'autant plus facilement que l'air est plus humide. Il contracte une rouille blanche que l'eau emporte peu à peu; cette poussière blanche dont il se couvre, n'est pas un oxide de plomb pur, mais il est combiné avec l'acide carbonique contenu dans l'atmosphère. L'argent qu'on retire des vieux plombs qui ont resté exposés à l'air pendant un tems très-long, vient de ce que le plomb qui n'a pas été affiné dans le tems où on l'a employé, s'est en partie oxidé par l'action de l'air atmosphérique; de sorte que l'argent qui n'en a point été séparé, est resté sans altération, & a augmenté peu à peu en raison de la quantité du métal imparfait qui a été détruit par le tems.

Le plomb n'est point altéré par l'eau pure dont les principes ne sont point séparés par ce métal. Cependant les parois des canaux de plomb destinés à porter les eaux, sont couvertes d'une croûte blanchâtre, ou d'une espèce de *céruse* qui n'est due sans doute qu'à l'action des différentes matières contenues dans l'eau sur cette substance métallique. M. Luzuriaga a observé qu'en agitant du plomb en grenailles dans un peu d'eau avec le contact de l'air, le métal est promptement oxidé.

Le plomb ne s'unit aux matières terreuses

que dans ſon état d'oxide; il en accélère la vitrification.

On ne connoît pas l'action des ſubſtances ſalino-terreuſes, & des alcalis cauſtiques ſur le plomb ni ſur ſes oxides.

Ce métal eſt diſſoluble dans tous les acides. L'acide ſulfurique concentré ne l'attaque qu'autant qu'il eſt bouillant, & que le plomb eſt en lames minces. Il paſſe du gaz acide ſulfureux. Lorſque l'acide eſt en grande partie décompoſé, le mélange eſt blanc & ſec; en le lavant avec de l'eau diſtillée, on le ſépare en deux portions. La plus conſidérable eſt indiſſoluble dans l'eau; c'eſt un oxide de plomb contenant un peu d'acide ſulfurique, formé par l'oxigène, que ce métal a enlevé à l'acide, dont il a dégagé du gaz ſulfureux; cet oxide peut ſe fondre ou ſe réduire comme celui qui a été fait par l'action combinée du feu & de l'air. La portion que l'eau a diſſoute, eſt une combinaiſon d'acide ſulfurique & d'oxide de plomb; en évaporant cette diſſolution, elle donne de petites aiguilles de ſulfate de plomb. M. Baumé & Bucquet n'ont déſigné ce ſel que ſous cette forme. M. Monnet l'a quelquefois obtenu en colonnes priſmatiques & courtes. M. Sage ſe rapproche de ce chimiſte, puiſqu'il dit que le ſulfate de plomb fournit des cristaux en prismes tétraëdres. Ce sel est très-caustique, il faut au moins 18 parties d'eau pour le dissoudre; il est décomposé par le feu, la chaux & les alcalis.

L'acide nitrique paroît agir très-fortement sur le plomb. Lorsque cet acide est bien concentré & peu abondant, le plomb est promptement réduit en un oxide blanc à l'aide de l'oxigène qui se sépare de l'acide nitrique, en même-tems que le gaz nitreux s'en dégage. Mais si l'acide est plus foible & plus abondant, il s'en décompose moins, & il en reste assez pour dissoudre l'oxide de plomb. Il se précipite pendant cette dissolution une poudre grise, que Grosse avoit regardée comme du mercure. Mais M. Baumé assure que cette matière n'est qu'une portion d'oxide de plomb; & j'ai plusieurs fois essayé en vain d'en obtenir du mercure par la sublimation, & en poussant cette poudre à un feu capable de réduire le mercure, s'il y avoit été dans l'état d'oxide. Cette dissolution ne précipite point par l'eau; elle donne par le refroidissement, des cristaux d'un blanc mat, en forme de triangles applatis, dont tous les angles sont tronqués. La même dissolution soumise à une évaporation lente de plusieurs mois, m'a fourni des cristaux, dont les plus gros ont plus d'un d'un pouce de largeur, & qui sont des pyramides hexaëdres, dont trois faces sont alternativement grandes & petites, & dont la pointe est tronquée de sorte que chaque cristal est un solide à huit faces. Rouelle a très bien décrit ce sel. Le nitrate de plomb décrépite au feu, & fuse avec une flamme jaunâtre, lorsqu'on le met sur un charbon ardent; l'oxide de plomb, qui est d'abord jaune, se réduit très-vîte en globules de plomb. Ce sel est décomposable par la chaux & les alcalis. L'acide sulfurique, quoiqu'il n'ait qu'une foible action sur le plomb, a cependant avec l'oxide de ce métal plus d'affinité que l'acide nitrique. Si on verse de l'acide sulfurique pur, & dans l'état d'un sel neutre terreux ou alcalin, dans une dissolution nitrique de plomb, il se fait au bout de quelques instans un précipité blanc. Cette précipitation a lieu, parce que l'acide sulfurique enlevant l'oxide de plomb à l'acide nitrique, forme du sulfate de plomb, peu soluble, & semblable à celui que l'on prépare en combinant immédiatement l'acide sulfurique avec ce métal.

L'acide muriatique pur, aidé de la chaleur, oxide assez bien le plomb, & dissout une partie de cet oxide; mais il est difficile de le saturer complettement. Cette dissolution est toujours avec excès d'acide; elle peut cependant fournir par une forte évaporation, des criſtaux en aiguilles fines & brillantes, comme l'a obſervé M. Monnet. Le muriate de plomb n'eſt que peu déliqueſcent. La chaux & les alcalis le décompoſent comme les ſels précédens. On combine plus promptement & plus intimément ce métal avec l'acide muriatique, en verſant cet acide libre ou uni à une baſe alcaline ou terreuſe dans une diſſolution de nitrate de plomb; il s'y forme ſur-le champ un précipité blanc, beaucoup plus abondant que celui qui eſt produit par l'acide ſulfurique, & ſemblable à un coagulum. C'eſt la combinaiſon de l'oxide de plomb avec l'acide muriatique, qui a ſéparé l'oxide de ce métal de l'acide nitrique. Ce ſel ſe dépoſe parce qu'il eſt beaucoup moins diſſoluble dans l'eau que le nitrate de plomb. Si on l'expoſe au feu, il s'en dégage des vapeurs dont la ſaveur eſt ſucrée, & il ſe fond en une maſſe brune nommée *plomb corné*, parce qu'il a quelque reſſemblance avec l'argent qui porte le même nom. On le diſſout bien dans trente fois ſon poids d'eau bouillante. La diſſolution de ce ſel évaporée, ſe criſtalliſe en petites aiguilles fines & brillantes, qui forment des faiſceaux, ou qui s'uniſſent par une de leurs extrémités ſous un angle obtus. M. Sage dit que cette diſſolution fournit par l'évaporation inſenſible, des criſtaux en priſmes hexaëdres ſtriés. La diſſolution de plomb corné eſt décompoſable par l'acide ſulfurique, qui occaſionne un précipité blanc, comme dans la diſſolution nitrique. Cette découverte due à Groſſe a été confirmée par M. Baumé, & par tous les chimiſtes qui ont répété l'expérience. Elle rend fauſſe la huitième colonne de la table des affinités de Geoffroy, qui préſente le plomb comme ayant plus d'affinité avec l'acide muriatique, qu'avec les autres acides minéraux.

Toutes les diſſolutions de plomb ſont précipitées en noir ou en brun par les ſulfures terreux ou alcalins, & il ſe forme alors une ſorte de galène par le tranſport du ſoufre ſur l'oxide de plomb ; ce qui ſemble indiquer que le plomb eſt en état d'oxide dans cette mine. Dans ces expériences, il y a double décompoſition ſans attraction élective double, parce que la baſe alcaline du ſulfure décompoſeroit ſeule le ſulfate, le nitrate & le muriate de plomb.

Tous les oxides de plomb ſe diſſolvent dans les acides auſſi facilement que le plomb même, & ſouvent plus facilement que ce métal. Le minium perd ſa couleur dans ces diſſolutions. Le plomb n'agit point ſur les ſels neutres ſulfuriques, & ne décompoſe point par la chaleur le sulfate de potasse, comme le font l'étain, le zinc & l'antimoine.

Le plomb ne produit pas de détonation sensible avec le nitre. En projettant ce sel neutre en poudre sur ce métal fondu & un peu rouge, il ne s'excite que très peu de mouvement & point de flamme apparente. Cependant le plomb est oxidé & vitrifié par l'alcali du nitre, & on le retrouve en petits feuillets jaunâtres, semblables à la *litharge*.

Le plomb décompose très-bien le muriate ammoniacal à l'aide de la chaleur. Cette propriété lui est commune avec beaucoup de métaux. Les oxides de plomb triturés avec ce sel, en dégagent le gaz ammoniac à froid. Mais si on chauffe ce mélange dans une cornue, la décomposition est très-rapide. On en retire une ammoniaque très-caustique & très-pénétrante. Quelques chimistes ont avancé que l'alcali volatil extrait par le *minium*, faisoit effervescence avec les acides, & ils ont conclu de-là que cet oxide de plomb contient de l'acide carbonique. Bucquet observoit que cette effervescence n'étoit due souvent qu'à une portion de gaz ammoniac volatilisé par la chaleur qui résulte de la combinaison de l'alcali & de l'acide, & qu'elle n'avoit lieu alors qu'avec des acides concentrés. Il a fait sur cet objet une expérience ingénieuse

& fort décisive. Après avoir introduit dans une cloche au-dessus du mercure, de l'ammoniaque obtenue par le *minium*, il y a fait passer de l'acide sulfurique un peu fort & en quantité suffisante pour la saturation de l'alcali; il s'est excité dans l'instant du mélange un bouillonnement & un dégagement de gaz qui a été promptement absorbé, & qui n'étoit que du gaz ammoniac. Cependant, depuis qu'il est reconnu que les oxides de plomb, & sur-tout le rouge ou *minium*, contiennent de l'alcide carbonique qu'ils absorbent de l'atmosphère, on conçoit que l'ammoniaque dégagée par ces oxides, doit en prendre une partie. La masse qui reste dans la cornue, après la décomposition du sel ammoniac par le *minium*, est du muriate de plomb qui se fond à une chaleur médiocre en plomb corné, & qui peut se dissoudre en totalité dans l'eau. C'est cette masse fondue que Margraf emploie pour l'opération du phosphore d'urine.

Le gaz hydrogène altère le plomb d'une manière bien sensible; il en colore la surface, lui donne les nuances changeantes de l'iris, & il révivifie les oxides de plomb. Le *minium* mis en contact avec ce gaz, devient noir & plombé. M. Priestley a observé qu'un tube de verre contenant du gaz hydrogène, & fermé hermétiquement, exposé pendant plusieurs jours à la chaleur d'un bain de sable, a été noirci intérieurement comme par de la suie, & qu'il s'étoit formé du vide & des goutelettes d'eau dans le tube. Il paroît que cette belle expérience est due à ce que l'hydrogène a plus d'affinité avec l'oxigène, que n'en a le plomb, ce qui est encore prouvé par l'action nulle de ce métal sur l'eau. Le verre anglois contient beaucoup d'oxide de plomb; le gaz hydrogène a réagi sur cet oxide; il s'est peu à peu emparé de l'oxigène qu'il contenoit, avec lequel il a formé les goutelettes d'eau, & le plomb a repris sa couleur métallique.

Le soufre s'unit facilement à ce métal. En fondant ces deux substances, il en résulte une sorte de minéral cassant, à facettes, d'un gris foncé & brillant. Ce sulfure de plomb très-ressemblant à la *galène*, est beaucoup plus difficile à fondre que le plomb; c'est un phénomène qui est particulier aux combinaisons des métaux avec le soufre. Ceux qui sont très-fusibles deviennent difficiles à fondre par cette union, tandis que ceux qui fondent difficilement acquièrent dans cette combinaison une grande fusibilité.

On ne connoît pas l'alliage du plomb avec l'arsenic. Le nickel et le manganèse, le cobalt & le zinc ne s'unissent pas par la fusion avec ce métal. L'antimoine forme avec lui un alliage cassant, à petites facettes brillantes qui imitent le tissu & la couleur du fer ou de l'acier, suivant les proportions du mélange, & qui est d'une pesanteur spécifique plus considérable que les deux substances métalliques qui le composent, prises séparément.

Le plomb s'allie avec le bismuth, & donne un métal mixte d'un grain fin & serré, qui est aigre & cassant. Le mercure dissout le plomb avec la plus grande facilité. On fait cette amalgame en versant du mercure chaud dans du plomb fondu; elle est blanche & brillante, elle acquiert de la solidité au bout d'un certain tems; triturée avec celle de bismuth, elle devient aussi fluide que du mercure coulant. Il est bon d'observer que ce singulier phénomène a lieu dans l'union de trois matières métalliques très-fusibles, très-pesantes & plus ou moins volatiles.

Le plomb s'allie très bien à l'étain par la fusion. Deux parties de plomb & une d'étain forment un alliage plus fusible que ces deux métaux séparés, & constituent la soudure des plombiers. Huit parties de bismuth, cinq de plomb & trois d'étain donnent un alliage si fusible, que la chaleur de l'eau bouillante suffit pour le fondre, comme l'a découvert M. d'Arcet.

L'alliage du plomb avec l'étain étant employé fréquemment dans les usages économiques, & le premier de ces métaux étant susceptible de rendre très-dangereux les ustensiles faits avec le second, dont on se sert pour la cuisine, la pharmacie, &c. il est important de connoître des moyens de s'assurer de la proportion du plomb, qui va souvent beaucoup au delà de celle qui est prescrite par les ordonnances. MM. Bayen & Charlard ont donné un très-bon procédé pour déterminer la quantité de ce dangereux métal contenu dans l'étain. Il consiste à dissoudre deux onces d'un étain soupçonné dans cinq onces de bon acide nitrique bien pur, à laver l'oxide d'étain qui en provient avec quatre livres d'eau distillée, & à évaporer cette eau au bain-marie. On obtient par cette évaporation du nitrate de plomb, qu'on calcine, & on compte le résidu pesé pour la quantité de ce métal contenu dans l'étain, en défalquant quelques grains pour l'augmentation de poids qu'il doit éprouver par l'oxidation, ainsi que pour les autres substances métalliques, tels que du zinc & du cuivre que l'étain examiné peut contenir. Ces chimistes se sont assurés par ce moyen que l'étain fin ouvragé contient environ dix livres de plomb par quintal, & que l'étain vendu sous le nom de commun, en contient ſouvent vingt-cinq livres ſur la même quantité. Cette doſe eſt énorme, & elle expoſe aux plus grands dangers ceux qui ſe ſervent des uſtenſiles d'étain commun. Elle ſe rencontre preſque conſtamment dans les vaiſſeaux dont on fait un uſage habituel très-étendu ; tels que les meſures pour diſtribuer les fluides, & ſur-tout le vin. On conçoit comment une liqueur qui s'aigrit facilement peut s'unir au plomb, & porter dans les viſcères des malheureux condamnés à la boire par la néceſſité, le germe de maladies d'autant plus graves que leur cauſe eſt ſouvent ignorée. Les potiers d'étain ont pluſieurs moyens de reconnoître le titre de l'étain & la quantité de plomb qu'il contient. La ſimple inſpection leur réuſſit ſouvent, la peſanteur & le cri complètent leurs connoiſſances ſur cet objet. Ils ont deux eſpèces d'eſſai ; l'un appelé *eſſai à la pierre*, ſe fait en coulant l'étain fondu dans une cavité hémiſphérique, creuſée ſur une pierre de Tonnerre, & terminée par une rigole. Les phénomènes que l'étain préſente en ſe refroidiſſant, la couleur, la rondeur, la dépreſſion de ſa partie moyenne, le cri que fait entendre la queue de l'eſſai pliée à diverſes repriſes, ſont autant de ſignes que ſaiſit l'ouvrier intelligent, & qui par l'habitude d'une longue obſervation, lui ſont connoître aſſez exactement le titre du métal qu'il examine. Quoiqu'il en soit, cet essai employé par les maîtres de Paris, ne paroît pas être aussi exact que celui qui est pratiqué par les maîtres de Province, & rejetté avec dédain par les premiers. Ce second essai est appelé *à la balle* ou *à la médaille*, parce qu'il consiste à couler l'étain à essayer, dans un moule qui lui donne la forme d'une balle ou d'une masse applatie & semblable à une médaille. On compare ensuite la pesanteur de cet échantillon moulé à un pareil volume d'étain fin coulé dans le même moule. Plus l'étain qu'on examine a de poids au-dessus de celui de l'étalon, plus il est allié de plomb. MM. Bayen & Charlard donnent avec raison la préférence à ce dernier essai, dont les principes sont plus sûrs & beaucoup moins sujets à erreur, que ne le sont les circonstances qui établissent le jugement de l'ouvrier dans l'essai à la pierre.

Le plomb a un très-grand nombre d'usages. Il entre dans beaucoup d'alliages ; on en fait des tuyaux pour transporter l'eau. Ses oxides sont employés dans la verrerie, & pour la préparation des émaux. On s'en sert pour imiter la couleur des pierres précieuses jaunes, & pour donner de la fusibilité aux couvertes des poteries. On fait avec ce métal des ustensiles & des vaisseaux propres aux usages économiques ;

mais il n'eſt pas ſans danger pour la ſanté. On croit que les fontaines de plomb dans leſquelles on laiſſe ſéjourner l'eau, lui communiquent ſouvent une qualité nuiſible. Sa vapeur eſt dangereuſe pour les ouvriers qui le fondent, & ſa pouſſière a encore plus de danger pour ceux qui le liment ou qui le grattent. Ce métal, cantonné dans quelques coins de l'eſtomac & des inteſtins, produit des coliques vives, ſouvent accompagnées de vomiſſement d'une bile très-verte, & caractériſées par l'applatiſſement du ventre & l'enfoncement du nombril. On a obſervé qu'alors les émétiques & les purgatifs antimoniaux ont beaucoup de ſuccès. Navier conſeille les différens ſulfures alcalins pour les empoiſonnemens occaſionnés par les préparations de plomb, comme pour ceux qui ſont produits par l'arſenic & le muriate mercuriel corroſif. C'eſt ſur-tout dans la paralyſie & les tremblemens qui reſtent ordinairement aux malades après la colique des peintres, que ce médecin vante les bons effets du ſulfure alcalin & des eaux-ſulfureuſes. On doit donc, d'après ces faits, renoncer à employer des préparations de plomb à l'intérieur, & ne s'en ſervir que comme d'un médicament externe; encore faut-il ne l'adminiſtrer à l'extérieur qu'avec toutes les précautions convenables dans l'emploi d'un répercuſſif violent.

CHAPITRE XVIII.

Du Fer.

LE fer, appelé *mars* par les alchimistes, est un métal imparfait d'une couleur blanche, livide & tirant sur le gris, disposé en petites facettes. Il est susceptible de prendre un très-beau poli, & de devenir très-brillant. Sa dureté & son élasticité sont telles, qu'il est capable de détruire l'aggrégation de tous les autres métaux.

Le fer a de l'odeur, sur-tout lorsqu'on le frotte ou qu'on le chauffe. Il a aussi une saveur stiptique très marquée, qui agit fortement sur l'économie animale.

Le fer est, apres l'étain, la plus légère des substances métalliques; un pied cube de ce métal forgé pèse cinq cent quatre-vingts livres. Il s'étend sous le marteau; mais comme il est fort dur & comme il s'écrouit beaucoup, on ne peut pas en faire des feuilles laminées; sa ductilité à la filière est beaucoup plus marquée; on le tire en fils très-fins, dont on fait des cordes de clavecins. Cette propriété paroît dépendre ſa tenacité; le fer eſt en effet le plus tenace de tous les métaux après l'or; un fil de fer d'un dixième de pouce de diamètre, ſoutient un poids de quatre cent cinquante livres ſans ſe rompre.

Le fer pur a une forme criſtalline qui lui eſt particulière. On a trouvé dans des fourneaux où ce métal s'étoit refroidi lentement, des pyramides quadrangulaires, articulées & branchues, formées d'octaëdres implantés les uns ſur les autres. C'eſt à M. Grignon, maître de forges à Bayard en Champagne, qu'on doit cette obſervation. Enfin, outre toutes les proprietés que le fer partage avec les autres ſubſtances métalliques, ce métal en préſente encore trois qui lui ſont tout-à-fait particulières : l'une eſt le magnétiſme ou la propriété d'être attirable à l'aimant, & de pouvoir devenir lui-même un très-bon aimant, ſoit lorſqu'il reſte long-tems dans une poſition élevée, ou dans une direction du ſud au nord, ſoit lorſqu'il a ſervi de conducteur au feu électrique du tonnerre, comme pluſieurs faits l'atteſtent, ſoit lorſqu'on frotte fortement deux morceaux de fer l'un contre l'autre. La ſeconde propriété, c'eſt de s'enflammer & de ſe fondre ſubitement par le choc des cailloux, phénomène auquel les poëtes attribuent de concert la découverte du feu par les premiers hommes. La troisième propriété qui le distingue, c'est de se trouver avec le manganèse dans les plantes & dans les animaux, dont il colore une partie des humeurs. Il est même vraisemblable que ces êtres organiques forment eux-mêmes ce métal; car les plantes élevées dans l'eau pure contiennent du fer, qu'on peut retirer de leurs cendres.

Le fer est un métal très-abondant dans la nature, puisqu'indépendamment de celui que contiennent les plantes & les animaux, il se trouve dans presque toutes les pierres colorées, dans les bitumes & dans la plupart des mines métalliques. Mais il ne sera question ici que des matières minérales qui contiennent beaucoup de ce métal, & qu'on peut exploiter pour en tirer le fer. Dans ces mines, qui sont en très-grand nombre, le fer est, ou à l'état métallique, ou à l'état d'oxide, ou minéralisé par différentes substances.

1°. Le fer natif se reconnoît à sa couleur & à sa malléabilité. Il est fort rare, & ne se trouve qu'accidentellement dans les mines de fer. Margraf en a trouvé en filons à Eibenstock en Saxe; le docteur Pallas en a découvert en Sibérie une masse de 1600 livres, & M. Adanson assure qu'il est commun au Sénégal. Plusieurs minéralogistes pensent que ces fers natifs sont les produits de l'art, & qu'ils ont été enfouis dans la terre par quelques circonstances.

2°. Les mines de fer noir considérées en général paroissent appartenir toutes à un oxide de fer noir plus ou moins pur.

Le fer noir est reconnoissable par sa couleur, par la propriété qu'il a d'être plus ou moins attirable à l'aimant, & de n'être aucunement dissoluble dans les acides. Ce fer est quelquefois cristallisé en forme de polyëdres ou en lames arrondies, & présente différentes nuances de couleurs irrisées très brillantes, tel est celui de l'isle d'Elbe. Ce fer forme une montagne considérable, qu'on exploite à ciel ouvert. La mine de Suède est aussi du fer noir, mais il n'est pas cristallisé; il est en masses plus ou moins solides, mêlé à du quartz, du spath, de l'asbeste, &c. Il est souvent assez dur pour prendre le poli, & sa surface paroît comme miroitée. Aussi lui a-t-on donné, ainsi qu'au précédent, le nom de *fer spéculaire*; on le trouve réuni en carrières considérables. Ce fer varie pour le ton de sa couleur; il y en a de parfaitement noir qui est très-attirable à l'aimant, de bleuâtre qui l'est moins, & de gris qui l'est fort peu. Le fer de Norwège est aussi du fer noir; mais il est ordinairement en petites écailles comme le mica, souvent mêlé de grenat & de schorl. Le fer noir prend quelquefois la forme de grains. Il est aussi cristallisé en cubes; ce qui l'a fait nommer par quelques naturalistes *galène de fer* ou *eisen-glants*. Lorsque la mine de fer micacée est de couleur noire, on l'appelle *eisen-mann*, sur-tout si les écailles sont fort grandes; quand ces écailles sont rouges, & quand la poussière qui la recouvre a la même couleur, elle porte le nom d'*eisen-ram*. La mine de fer en cristaux octaëdres noirs, très-réguliers & dispersés dans une espèce de schiste ou de stéatite dure, qui nous vient de Suède, de Corse, &c. paroît appartenir à cette classe de mines de fer. Elle est attirable à l'aimant & très-cassante. Le fer lamelleux & brillant de Framont, appartient encore à cette espèce.

Quoique les diverses sortes de mines de fer noires que j'ai réunies dans cet article, semblent avoir une analogie marquée entr'elles, plusieurs minéralogistes les ont regardées comme fort différentes les unes des autres, & les ont rangées diversement. Cette variété d'opinions vient de ce qu'on n'a point encore de connoissances exactes sur leur nature. Il paroît que, parmi ces mines, il en est qui sont plus ou moins voisines de l'état métallique, comme le fer octaëdre de Corse, de Suède, que M. Mongès compare à de l'éthiops martial. Celui-là est fort

fort attirable ; d'autres au contraire ſe rapprochent plus de l'état d'oxide, comme le fer de l'iſle d'Elbe, & ſur-tout l'*eiſen-mann* & l'*eiſen-ram*, qui n'obéiſſent point à l'aimant. Les mines de l'iſle d'Elbe ſemblent n'être que des oxides de fer noirs provenant du carbonate de fer réduit par le feu. M. Vauquelin les a très-bien imitées par ce procédé. A ces détails ſur les fers noirs je joindrai ici quelques faits obſervés par M. l'abbé Haüy de l'académie des ſciences. Il diſtingue deux formes primitives dans ces fers, qui, ſuivant lui, annoncent deux ſubſtances ferrugineuſes de nature différente.

L'une eſt l'octaëdre régulier qui appartient au fer de Corſe. Les criſtaux de ce dernier ſont fortement attirables par le barreau aimanté. La mine de fer ſpéculaire du mont d'or en ſegmens d'octaëdre eſt une variété de cette ſorte.

L'autre forme eſt celle du cube, c'eſt à celle-ci que ſe rapporte particulièrement la mine de fer de l'iſle d'Elbe dont il y a deux variétés principales, ſavoir : 1°. le fer en rhomboïdes très-obtus ; 2°. le fer à 6 pentagones & à 18 triangles. Ces variétés n'attirent que foiblement le barreau aimanté ; en les limant, M. Haüy en a obtenu une pouſſière rougeâtre onctueuſe, ſemblable à celle du fer micacé rouge, ou de l'*eiſen-ram* des Allemands.

3°. Le fer eſt très-ſouvent dans l'état de rouille, plus ou moins oxidée. Il forme alors les mines de fer ochracées. Toutes les terres colorées en brun, en rouge, ſont de cette eſpèce.

4°. Il ne faut pas confondre avec les ochres les mines de fer que l'on appelle *limoneuſes* ; ces mines contiennent à la vérité le fer oxidé, mais cet oxide y eſt combiné avec l'acide carbonique & avec l'acide phoſphorique, qui paroît provenir de la décompoſition des végétaux. On diſtingue les fers limoneux en fer riche & en fer pauvre, fer fuſible & fer ſec. Le fer riche n'eſt qu'un fer peu rouillé & qui ne contient qu'une fort petite quantité de terre. Le fer fuſible eſt celui qui ſe fond aiſément & donne une fonte de bonne qualité ; le métal n'y eſt uni qu'à pluſieurs pierres faciles à fondre. Le fer ſec eſt plus oxidé & mêlé avec des ſubſtances très-réfractaires. Tout le fer limoneux eſt ordinairement diſpoſé par couches, à la manière des pierres, & il a été manifeſtement dépoſé par les eaux. Il eſt ſouvent formé en eſpèce de galets ou de corps ſphériques, applatis & irréguliers. Il n'eſt pas rare d'y trouver des matières organiques, telles que du bois, des feuilles, des écorces, des coquilles, à l'état des mines de fer limoneuſes. Cette eſpèce de converſion ou de paſſage ſemble annoncer une sorte d'analogie entre ce métal & les corps organiques. Une portion du phosphate de fer contenu dans ces mines les plus abondantes de toutes, donne à ce métal la propriété d'être cassant à froid. Bergman qui connoissoit cet état du fer sans en avoir déterminé la nature, avoit appelé *sidérite*, ce phosphate de fer ; quelques chimistes allemands l'avoient nommé depuis *fer d'eau*. Nous exposerons plus bas les moyens de séparer ce sel du fer cassant à froid.

5°. La pierre d'aigle ou *ætite* est une variété du fer limoneux. Ce sont des corps de différentes formes, communément ovoïdes ou poligones, formés de couches concentriques, déposés autour d'un noyau, qui souvent est mobile au centre de la pierre. Le desséchement & la retraite de ces couches y a formé une cavité moyenne, dans laquelle flottent librement quelques fragmens plus ou moins considérables. Cette pierre a reçu le nom qu'elle porte, parce qu'on a cru que les aigles en déposent dans leurs nids, & qu'elle a la propriété de faciliter leur ponte. On en a conclu que cette pierre agissoit fortement sur le fétus renfermé dans le sein de sa mère; quelques auteurs ont même assuré qu'il étoit possible d'accélérer le travail d'une femme en couche, en attachant une pierre d'aigle à sa jambe, ou de le retarder en l'attachant au bras.

6°. L'*hématite* est une sorte de fer limoneux qui paroît formé à la manière des stalactites. Son nom lui vient de sa couleur, qui est ordinairement rouge ou de couleur de sang, quoique cependant cette couleur varie. L'hématite est ordinairement composée de couches qui se recouvrent les unes les autres, & qui sont elles-mêmes formées d'aiguilles convergentes. L'extérieur de cette mine offre beaucoup de tubercules, ou de mammelons. On distingue les hématites, non-seulement par la couleur, mais encore par la forme. Telles sont l'hématite en aiguilles, qui se trouve en Lorraine; l'hématite mammelonnée, celle qui est en grappes de raisins ou hématite botrite, &c. Ces mines se rencontrent assez souvent avec le fer limoneux, & elles sont déposées sur beaucoup de corps différens.

7°. L'*aimant* n'est qu'une mine de fer ochracée, très-dure, très-réfractaire, que quelques personnes regardent cependant comme assez voisine de l'état métallique. On le reconnoît à sa propriété d'attirer la limaille d'acier. Il se trouve en Auvergne, en Espagne, dans la Biscaye, &c. On en distingue les variétés par la couleur.

8°. L'*éméril*, *ſmyris*, eſt une mine de fer griſe ou rougeâtre, que pluſieurs minéralogiſtes regardent comme une ſorte d'hématite. Il eſt très-dur & très-réfractaire; il ſe trouve a ondamment dans les iſles de Gerſey & Guerneſey. On le réduit en poudre dans des moulins, & on ſe ſert de cette poudre pour polir le verre & les métaux.

9°. Le *fer ſpathique* eſt un oxide de fer combiné avec de l'acide carbonique, & charié par l'eau. Il eſt ordinairement d'une couleur blanche; il y en a cependant de toutes ſortes de teintes, de gris, de jaune & de rouge. Il eſt toujours diſpoſé par lames plus ou moins grandes, demi-tranſparentes comme le ſpath; il eſt aſſez peſant & ſouvent criſtalliſé régulièrement; il ſe trouve en carrières conſidérables, ſouvent mêlé à de la pyrite, comme celui d'Allevard en Dauphiné, quelquefois avec la mine d'argent griſe, comme le fer de Baigorry, ou avec le manganèſe, comme celui de Styrie. Quelques minéralogiſtes penſent que c'eſt un ſpath dans lequel l'oxide métallique a été dépoſé. Le fer ſpatique ſe décompoſe tout ſeul dans les vaiſſeaux fermés, & donne de l'acide carbonique. Il reſte du fer noir brillant très-attirable à l'aimant, & qui ſe fond aiſément par l'action d'un grand feu. Le manganèſe que le fer ſpatique contient ſouvent, le rend altérable à l'air, & lui fait prendre une couleur brune à meſure qu'il perd ſa forme & ſa conſiſtance.

10°. La nature offre auſſi le fer dans l'état ſalin, uni à l'acide ſulfurique, & formant le ſulfate de fer ou couperoſe verte. Ce ſel ſe rencontre dans les galeries des mines de fer, ſurtout de celles qui contiennent des *pyrites*. Quelquefois on le trouve en criſtaux verts ou ſous la forme de belles ſtalactites; d'autres fois il n'eſt pas auſſi pur & a éprouvé quelqu'altération. S'il n'a fait que perdre l'eau de ſa criſtalliſation, il eſt d'une couleur blanche ou griſâtre; on le nomme *ſori*. Lorſqu'il a eſſuyé une calcination un peu plus forte, il eſt jaune & ſe nomme *miſſy*. Si la calcination a été au point d'emporter une portion conſidérable de l'acide, le ſulfate du fer ſera rouge & portera le nom de *colcothar* ou *chalcite* naturel; mêlé à quelques matières inflammables, ce ſel s'appelle *melanteri*, à cauſe de ſa couleur noire. Toutes ces différentes matières ont reçu le nom de pierres *atramentaires*, parce qu'elles ſont propres à faire de l'encre, comme le ſulfate de fer.

11°. On trouve ſouvent le fer uni au ſoufre; il forme alors la *pyrite martiale*. Cette ſorte de mine a reçu le nom de pyrite, parce qu'elle eſt aſſez dure pour donner beaucoup d'étincelles, lorſqu'on la frappe avec l'acier. Nous nommons cette combinaiſon ſulfure de ſer natif. Les *pyrites martiales* ſont communément en petites maſſes roulées, quelquefois régulières. Le plus ſouvent elles ſont ſphériques, cubiques ou dodécaëdres. Leur forme varie beaucoup, comme on peut s'en convaincre en liſant la Pyritologie de Henckel.

M. l'abbé Haüy qui a étudié avec ſoin la ſtructure des pyrites ferrugineuſes, a reconnu les principales variétés ſuivantes dans leur forme.

1°. Le cube liſſe ; c'eſt la forme primitive de ce minéral.

2°. La pyrite en octaëdre régulier.

3°. La pyrite cubo-octaëdre; c'eſt le cube dont les angles ſont tronqués.

4°. La pyrite dodécaëdre à plans pentagones.

5°. La pyrite cubique ſtriée dans les trois ſens. Il a fait voir (acad. 1785, pag. 218) que le cube dont les ſtries avoient ſi fort embarraſſé Sténon & Mairan, par la diverſité de leurs directions, n'étoit autre choſe qu'une modification produite par la criſtalliſation précipitée du dodécaëdre à plans pentagones.

6°. La pyrite à 20 faces triangulaires dont 8 équilatérales & 12 iſocèles.

7°. La pyrite à 36 faces triangulaires isocèles, dont 12 plus grandes & plus allongées que les 24 autres.

8°. La pyrite globuleuse hérissée de pointes d'octaëdres ; celle-ci semble être d'une autre nature que les précédentes.

Quelques pyrites sont brunes à l'extérieur & de couleur de fer ; la plupart sont jaunâtres & ressemblent assez à des mines de cuivre, même à leur surface. Toutes sont jaunes & comme cuivreuses à l'intérieur. Ordinairement les pyrites sont dispersées dans le voisinage des mines de fer, & répandues dans les glaises & dans les carrières de charbon de terre. La couche supérieure de ces dernières est presque toujours pyriteuse. Toutes les pyrites se décomposoient facilement. Un degré de chaleur assez foible suffit pour leur enlever leur soufre. Presque toutes s'altèrent d'elles-mêmes, lorsqu'elles sont exposées à l'air, & sur-tout dans un endroit humide ; elles se renflent, se brisent, perdent leur éclat & se couvrent d'une efflorescence d'un blanc verdâtre, qui n'est que du sulfate de fer. Il paroît que cette altération, que l'on a nommée *vitriolisation des pyrites*, dépend de l'action réunie de l'air & de l'eau sur le soufre. Il se forme de l'acide sulfurique qui dissout le fer & s'élève au dehors de la pyrite, comme une espèce de végétation, en écartant peu-à-peu les petites pyramides qui composent ce minéral. Toutes les pyrites ne s'effleurissent pas aussi facilement les unes que les autres. Les pyrites globuleuses, dont la couleur est très-pale & le tissu peu serré, s'effleurissent très-vîte. Celles qui sont d'un jaune brillant, de couleur de cuivre, & qui sont formées de petites lames appliquées très exactement les unes sur les autres, ne s'effleurissent que très-difficilement, & doivent être soigneusement distinguées des premières, puisqu'elles en diffèrent par leur couleur, leur forme, leur tissu & leurs propriétés.

120. Le fer se rencontre aussi combiné avec l'arsenic, & tous les deux dans l'état métallique. Cette mine, qui est le vrai *mispickel*, est blanche, brillante, grenue, ou à facettes, & ne contient pas de soufre comme la pyrite arsenicale proprement dite. On regardoit autrefois le wolfram comme une mine de fer arsenical, mais on sait aujourd'hui que c'est une mine de tungstène.

130. Le fer se trouve quelquefois sous la forme d'une poussière bleue, plus ou moins claire ou foncée, on l'appelle dans cet état *bleue de Prusse* ou *prussiate de fer natif.* Il est mêlé aux terres végétales, & sur-tout aux tourbes.

140. Enfin le fer étant le plus abondant de tous les métaux, on le trouve souvent mêlé avec le sable, avec l'argile, avec la craie, & il colore un grand nombre de terres & de pierres différentes.

Les mines de fer s'essaient de la manière suivante, par la voie sèche : après les avoir réduites en poudre, on les mêle avec le double de leur poids de verre pilé, une partie de borax calciné & un peu de charbon en poudre ; on triture exactement le mélange ; on le met dans un creuset brasqué, on y ajoute un peu de sel marin, on couvre le creuset & on pousse à la fonte. Lorsque le tout est refroidi très-lentement, on trouve ordinairement le fer plus ou moins malléable en un petit culot sphérique souvent cristallisé à sa surface.

Bergman a proposé de faire l'essai des mines de fer par la voie humide ; il se servoit d'acide muriatique pour dissoudre le fer, & il le précipitoit par un prussiate alcalin ; s'il y avoit d'autres métaux mêlés avec le fer, il les calcinoit & il les séparoit par les acides nitriques & acéteux, ensuite il dissolvoit le fer par l'acide muriatique.

Le traitement des mines de fer varie suivant l'état où se trouve ce métal. Il y a des mines qui n'ont besoin d'aucune préparation avant d'être fondues ; d'autres doivent être pilées & lavées, quelquefois même grillées, pour devenir plus tendres & plus fusibles.

Le fer limoneux & le fer spatique s'exploitent de la même manière, en les fondant à travers les charbons. Les fournaux dans lesquels on fond le fer, varient par la hauteur, qui est de douze à dix-huit pieds. Leur cavité représente deux pyramides quadrilatères, qui se joignent par leur base vers la moitié de la hauteur du fourneau; cet endroit porte le nom d'*étalage*. On pratique au bas du fourneau un trou, pour donner issue au métal fondu; ce trou, qui est bouché avec de la terre, répond à un canal triangulaire, creusé dans le sable & destiné à recevoir le fer fondu. On commence par mettre dans le fond du fourneau quelques tisons allumés, on jette ensuite du charbon, puis de la mine & quelques matières fondantes ; le plus ordinairement ces matières sont des pierres calcaires qu'on nomme *castine*, & quelques pierres argileuses nommées *arbue*, quelquefois du quartz ou des cailloux ; on jette alternativement dans le fourneau la mine, les pierres & le charbon, observant de recouvrir le tout d'une couche de ce dernier, qui doit monter jusqu'à l'ouverture supérieure du fourneau nommé *gueulard*. On pousse à la fonte à l'aide de deux forts soufflets. Le fer se fond en passant à travers le charbon qui le réduit. Les matières pierreuses qu'on ajoute à la mine, venant à se fondre & à se vitrifier, facilitent la fusion du fer, qui commence à la hauteur des étalages du fourneau. Ce métal fondu se rassemble au fond du fourneau, dans la partie nommée *le creuset*; on le fait couler par l'ouverture antérieure du fourneau dans le canal creusé sur le sable; il forme ce qu'on nomme la *fonte* ou la *gueuse*. Il passe après le fer une matière vitreuse, nommée *laitier*; elle est formée par la vitrification de la gangue de la mine avec les terres qu'on avoit ajoutées au fer pour en faciliter la fusion; elle est d'une couleur verte, blanchâtre, bleue ou jaune, que lui communique une portion d'oxide de fer fondu.

La fonte est cassante & n'a pas la ductilité du fer. Les métallurgistes ont eu beaucoup d'opinions sur la cause de cette propriété de la fonte; quelques-uns croyoient qu'elle étoit due à la présence d'une portion de laitier. D'autres l'attribuoient à ce que le fer n'étoit pas bien réduit, & contenoit une portion d'oxide. Brandt croyoit que c'étoit l'arsenic, & M. Sage pense que c'est du zinc qui rend la fonte cassante. Bucquet considéroit la fonte comme un fer mal réduit, & contenant encore une portion d'oxide métallique interposé entre ses parties. Bergman qui a beaucoup travaillé sur le fer, a cru que la fragilité de la fonte dépendoit d'une certaine quantité d'une matière étrangère qu'il croyoit être un métal particulier, & qu'il a appelé *sydérite*; on a découvert que cette matière est un composé de fer & d'acide phosphorique. La sydérite se trouve aussi dans certains fers, comme nous l'exposerons plus bas. La vraie cause de la fragilité, de la fusibilité, du tissu grenu, & de toutes les propriétés de la fonte, a été mise hors de doute par de belles recherches de MM. Vandermonde, Monge & Berthollet. Ils ont démontré que le fer de fonte contient de l'oxigène & du charbon; ce dernier a été absorbé pendant la fusion dans les hauts fourneaux. C'est à la quantité diverse de ces deux corps étrangers, que la fonte doit ses qualités différentes.

Les métallurgistes distinguent plusieurs espèces de fontes; la blanche, la grise, la noire, &c. Ils appellent fonte truitée, celle qui, sur un fond gris, a des taches noirâtres. La fonte blanche est la plus mauvaise; elle se rapproche du caractère des métaux cassans. La grise tient le milieu entte la première & la noire, qui est la meilleure, & qui fournit plus facilement du fer d'une bonne qualité. Ces divers caractères dépendent de la quantité d'oxigène & sur-tout de charbon contenus dans la fonte. Lorsque le charbon est très-abondant & bien uniformément mêlé, la fonte est noire; un peu moins de ce corps forme la grise; un mélange mal fait & trop tôt refroidi constitue la fonte truitée; la blanche contient le moins de charbon possible. Toutes ces qualités influent sur la nature & l'usage de la fonte, & sur-tout sur sa convertibilité en fer. Les physiciens cités ci-dessus, ont découvert que lorsqu'on refond de la fonte, il s'en sépare toujours une portion de charbon uni intimément à un peu de fer, ou de carbure de fer. Ce composé appellé jusqu'ici *plombagine*, enduit les cuillers avec lesquelles on puise & on coule la fonte.

Pour convertir la fonte en fer, il faut lui enlever le charbon & l'oxigène. Un grand feu qui pénètre bien toute la masse, est nécessaire pour obtenir cette réduction. On conçoit qu'à une haute température, le charbon doit brûler en enlevant l'oxigène, & se dégager sous forme de gaz acide carbonique, en excitant une effervescence. Pour cela la fonte est portée au fourneau d'affinage. C'est une forge un peu creuse, dans laquelle on met une masse de fonte, qu'on recouvre de beaucoup de charbon. On souffle le feu jusqu'à ce que la fonte soit fondue ; lorsqu'elle est en cet état, on la pétrit, on la retourne à plusieurs reprises. Cette agitation lui fait présenter plus de surface, en sorte que les portions de charbon enlèvent l'oxigène au fer, brûlent & se dégagent en gaz acide carbonique. Le métal paroît aussi se séparer d'une portion de *sydérite* ou phosphate de fer. On le porte ensuite sous le marteau pour le réduire en barres. Le martelage, en rapprochant les parties du fer, facilite la séparation de la sydérite & de la portion de carbure & d'oxide de fer que ce métal contenoit encore ; il achève en conséquence ce que la fusion n'avoit pu faire, faute d'être assez complète. On chauffe & on bat le fer à plusieurs reprises, jusqu'à ce qu'il soit au point de perfection qu'on veut lui donner.

Le fer forgé se distingue en fer doux & fer rouvrain. Le fer doux est très-ductile, & lorsqu'on le casse après l'avoir plié, il se tiraille & paroît composé de filets ou de fibres ; c'est ce qu'on nomme *fer nerveux*. Mais ce nerf n'est produit que par accident, car si on casse net & d'un seul coup le fer le plus doux, il ne paroît pas nerveux ; tandis qu'en cassant avec précaution le plus mauvais fer, on peut le faire paroître nerveux. Il convient plutôt de s'attacher au grain de ce métal, lorſqu'on veut prononcer ſur ſa qualité. Le fer rouvrain eſt plus aigre; ſon grain eſt gros & paroît formé de petites écailles; on le diſtingue en fer caſſant à chaud, & fer caſſant à froid; la cauſe de cette fragilité eſt reconnue aujourd'hui; on ſait que le fer caſſant à froid contient beaucoup plus de ſidérite ou phoſphure de fer, que tous les autres fers, & que la quantité de ce phoſphure va toujours en diminuant juſques dans le fer le plus doux qui n'en contient point. Pour ſéparer ce compoſé du fer, & pour en connoître la quantité, on diſſout ce métal dans l'acide ſulfurique étendue d'eau, on laiſſe repoſer la diſſolution dans laquelle il ſe forme peu-à-peu un précipité blanc que l'on ramaſſe & que l'on pèſe; c'eſt du phoſphate de fer.

L'art convertit le fer en acier. Pour cela on prend des barres de fer de peu de longueur; on les enferme dans une boîte de terre, pleine d'un cément ordinairement compoſé de matières très-combuſtibles, comme de la ſuie de cheminée, ou des charbons de matières animales; on y ajoute quelquefois des cendres, des os calcinés, du ſel marin ou du ſel ammoniac; mais ces matières nuiſent ſouvent plus qu'elles ne ſont utiles. La boîte étant bien fermée, on la chauſſe pendant dix ou douze heures, juſ-

qu'à

qu'à ce que les barres soient bien blanches & commencent à se ramollir. Dans cette opération le fer se purifie & se réduit complettement à l'aide des matières combustibles qui l'entourent de toutes parts. Les portions qui n'étoient pas parfaitement dans l'état métallique, reprennent cet état ; le phosphure de fer, s'il en reste encore, paroît être décomposé entièrement. Le fer ramolli et dilaté absorbe le charbon qui l'environne, & l'acier de cémentation n'est qu'une combinaison de fer pur & bien réduit avec du charbon. Il diffère du fer en ce qu'il contient du charbon, & de la fonte en ce que celle-ci contient, outre le charbon, une quantité plus ou moins grande d'oxigène. Si on enlève l'oxigène à la fonte sans en séparer le charbon, ou en lui en donnant de nouveau, on fera de l'acier, sans avoir affiné le fer. L'acier est beaucoup plus fusible que le fer : aussi les barres que l'on convertit en acier par la cémentation, se ramollissent-elles au point que l'acide carbonique qui s'en dégage en bulles pendant l'action de la chaleur, forme à leur surface des petites boursoufflures, ou des cavités bien sensibles. L'acier qui présente ces boullons, est nommé *acier poule*. Les différences de l'acier dépendent de la réduction plus ou moins complette du fer, de la quantité de charbon qui y est contenu, & du refroidissement plus ou moins prompt ou lent qu'on lui fait éprouver. La trempe en rapproche fortement les molécules, & le rend très-dur, très-sec & très-cassant.

Il est évident que toutes les préparations qu'on fait subir au fer, ne sont nécessaires que parce que ce métal étant plus difficile à fondre que les autres, adhère beaucoup à l'oxigène, & a une grande tendance pour s'y combiner.

Il est des mines de fer, & particulièrement le fer noir, comme celui de l'isle d'Elbe, dans lequel ce métal est si abondant & si peu altéré, qu'on n'a pas besoin de le convertir en fonte. On se contente de le ramollir sous les charbons dans le fourneau d'affinage, & on le passe au marteau. C'est ce qu'on nomme *la méthode catalane*; elle ne peut avoir lieu que pour des mines qui contiennent peu de matières étrangères, susceptibles de se convertir en laitier.

Les mines de fer spathiques donnent un fer si pur & peu réductible, qu'elles fondent très-promptement & absorbent facilement du charbon dans leur réduction. Aussi les nomme-t-on *mines d'acier*.

Les propriétés chimiques du fer sont très-étendues; & pour les bien connoître, il faut les considérer dans le fer le plus doux.

Le fer ne se fond qu'à une extrême chaleur. Si on le jette en limaille au milieu d'un brasier ardent, ou même à travers la flamme d'une bougie, il s'allume subitement & produit des étincelles très-vives; telles sont aussi celles qui ont lieu dans la percussion du briquet. Le fer ramassé sur un papier blanc, se trouve fondu & semblable à une espèce de scorie ou de mâche-fer. Exposé au foyer de la lentille de M. de Trudaine, ce métal jette subitement des étincelles enflammées & brúlantes. Macquer, qui a fondu de l'acier & du fer à cette lentille, avoit observé que l'acier étoit plus fusible; ce qui dépend de sa combinaison avec le charbon. Le fer fondu qui se refroidit lentement, prend une forme cristalline particulière, comme nous l'avons déjà observé. M. Mongèz la définit une pyramide à trois ou quatre côtés.

Le soufflet d'air vital porté sur du fer en limaille, le fait brûler aussi rapidement que le foyer de la lentille du jardin de l'infante. Si l'on plonge dans un bocal plein d'air vital, un fil de fer tourné en spirale & terminé par un petit morceau d'amadou allumé, ce métal s'enflamme subitement & brûle avec une rapidité & une déflagration très-remarquables. Comme dans toutes ces fusions le fer devient cassant,

& s'oxide en prenant une couleur noire, les ouvriers en fer & tous les hommes qui traitent ce métal, ne le regardent point comme fusible, & c'est un axiome chez eux, que le fer est absolument infusible. On conçoit cependant que cette opinion rigoureusement prise est une erreur; car à un très-grand feu & sans le contact de l'air, le fer fond sans presque s'altérer. Dans nos expériences exactes, on obtient de petits culots de fer doux & ductile.

Le fer, quoique très dure & très réfractaire, se calcine ou s'oxide très-aisément; dès qu'il commence à rougir, il se combine avec l'oxigène, & il brûle sans flamme apparente. Une barre de fer tenue rouge pendant long-tems, offre à sa surface des écailles qu'on peut enlever avec un marteau, & qu'on appelle *batitures de fer*; le métal n'y est qu'en partie oxidé, puisque ces écailles sont encore attirables à l'aimant. On peut faire un oxide de fer plus parfait en exposant sous une mouffle de la limaille d'acier, & plus promptement encore les écailles ou batitures de fer. Elles se convertissent en une poudre d'un brun rougeâtre non attirable à l'aimant qu'on nomme *safran de mars astringent*. Nous le nommons *oxide rouge de fer*, & les batitures *oxide noir*. Ce dernier contient de 20 à 25 pour 100 d'oxigène; l'oxide rouge en contient jusqu'à 2 ou 34. Les oxides de fer varient entre les deux degrés d'oxidation. Il y en a d'un brun jaune, d'autres sont couleur de marron; d'autres enfin du plus beau rouge & semblables au carmin. Tous les oxides mêlés aux matières terreuses & exposés à une très-forte chaleur, se fondent en un verre noirâtre & poreux. Ils se réduisent en partie en les chauffant lentement dans des vaisseaux fermés; pour peu qu'ils aient été exposés à l'air, ils donnent en se réduisant une certaine quantité d'acide carbonique; ce qui prouve qu'ils attirent cet acide de l'atmosphère. Cet acide provient aussi du charbon que les fers contiennent, & qui devient acide en absorbant l'oxigène dégagé pendant leur réduction.

Les oxides de fer rouges se réduisent très-facilement à l'aide des matières combustibles. En les mêlant avec un peu d'huile & les chauffant légèrement dans un creuset, ils deviennent noirs & très-attirables à l'aimant; mais ils ne perdent pas tout l'oxigène qu'ils contiennent dans cette opération, ils ne passent qu'à l'état d'oxide noir.

Le fer le plus pur exposé à l'air humide, y perd bientôt son brillant métallique; il se couvre d'une croûte pulvérulente & d'un jaune brun. On donne à cette matière le nom de *rouille*. Le fer ordinaire y est beaucoup plus sujet que l'acier. Plus ce métal est divisé, plus son altération à l'air est rapide. C'est de cette manière qu'on prépare le médicament connu en pharmacie sous le nom de *safran de mars apéritif*. On expose de la limaille de fer à l'air, & on l'arrose avec de l'eau; par ce moyen elle se rouille très-vîte. On en fait encore plus vîte avec le fer en état d'*éthiops* ou d'oxide noir, traité par le même procédé. Dans cette altération ce métal s'agglutine, & forme des masses que l'on porphyrise pour l'employer en médecine. On croyoit que la rouille de fer étoit formée par l'air, mais il est reconnu aujourd'hui que c'est l'eau qui a calciné ce métal. Des expériences qui me sont particulières, me portent à regarder le *safran de mars apéritif*, comme une combinaison de l'oxide de fer avec l'acide carbonique. J'ai distillé ce *safran de mars* à l'appareil pneumato-chimique, & j'en ai obtenu une grande quantité de cet acide; le fer étoit changé en poudre noire très-attirable à l'aimant. M. Josse, apothicaire de Paris, a communiqué à la Société Royale de Médecine un procédé pareil, pour obtenir promptement de l'*éthiops martial*. Il recommande de faire rougir le *safran de mars apéritif* dans une cornue, à laquelle on adapte un ballon percé d'un petit trou sans le lutter ; par ce moyen la chaleur dégage l'acide carbonique, que M. Josse laisse échapper par le trou du ballon, & le fer reste à l'état d'oxide noir en poudre, ou d'*éthiops martial*. J'ai plusieurs fois fait cristalliser par ce moyen la potasse & la soude caustiques, dont j'avois imprégné les parois du ballon adapté à la cornue ; il s'est formé par le transport de l'acide carbonique du fer sur l'un ou l'autre de cet alcali, l'espèce de sel neutre, qui a été nommé carbonate de potasse ou de soude. J'ai fait sur la rouille de fer beaucoup d'autres expériences, que j'ai exposées dans un Mémoire particulier ; (*Mém. & Observ. de Chimie*, *1784*) toutes m'ont convaincu que cette matière est un vrai sel neutre formé par l'oxide de fer & l'acide carbonique. Il faut donc nommer la rouille carbonate de fer, pour la distinguer des vrais oxides de ce métal. Ce sel est absolument le même que Bergman apelle *fer aéré*. Cette théorie a l'avantage d'avoir été adoptée par Macquer ; elle explique bien pourquoi le fer est rouillé très-promptement dans un air humide & impur ; pourquoi il s'altère si vîte & si profondément dans un endroit dont l'air est gâté par la respiration des animaux, par la combustion, par les vapeurs des matières animales, comme dans les écuries, les étables, les latrines, &c. Le fer est le plus altérable de tous les métaux par le contact de l'air, & cette altération ne se borne pas à sa surface ; souvent des barres de fer assez épaisses se trouvent rouillées jusque dans leur milieu.

L'eau a beaucoup d'action sur le fer à froid ; elle le divise & en dissout même une partie, suivant les expériences de M. Monnet. Elle s'en charge d'autant plus, que le fer est plus pur & qu'elle contient plus d'air. Lorsqu'on agite pendant quelque tems du fer dans l'eau, il paroît extrêmement divisé, & en décantant l'eau un peu trouble, elle laisse déposer une poudre très-noire & très tenue, à laquelle on a donné le nom d'*éthiops martial* de Lémery. On a soin de faire sécher cette poudre à une chaleur douce & dans un vaisseau fermé, comme dans un alambic, de peur que le contact de l'air ne la rouille. Cet éthiops martial est très-attirable à l'aimant, c'est un oxide de fer noir fait par l'eau. Comme cette opération est très-longue & très délicate, plusieurs chimistes ont cherché à la simplifier. Rouelle employoit pour cette préparation les moussoirs de la Garaye, & obtenoit par ce moyen un *éthiops* très beau, & en beaucoup moins de tems que le procédé de Lémery n'en exige. Je crois qu'on peut y substituer avec avantage celui de M. Josse, qui est beaucoup plus expéditif. On trouvera plus bas quelques autres procédés pour préparer l'*éthiops martial*. La préparation de Lémery est due à une véritable décomposition de l'eau ; il se dégage du gaz hydrogène, & le fer s'oxide en absorbant 25 pour 100 d'oxigène. Nous traiterons dans un instant de cette oxidation du fer par l'eau, avec plus de détail.

Nous avons déjà dit que l'acier en barres chauffé jusqu'à un certain degré, & plongé subitement dans l'eau froide, acquiert une dureté très-considérable & devient très-fragile. Ces qualités sont d'autant plus sensibles, que l'acier est plus chaud, & que la liqueur dans laquelle on l'a plongé est plus froide. Cette opération se nomme *la trempe*. On peut varier les degrés de dureté de l'acier à volonté ; on peut aussi le détremper facilement, en le chauffant au même degré où il étoit avant la trempe, & en le laissant refroir lentement. Il paroît que cet effet de l'eau dépend de ce que le refroidissement subit de l'acier change la disposition de ses parties & nuit à sa cristallisation. Tous les métaux sont susceptibles d'acquérir de la dureté par la trempe; mais cette qualité est d'autant plus sensible, que le métal est plus infusible ; c'est pour cela que le fer la possède dans un si haut degré.

On a découvert, il y a environ deux ans, une action beaucoup plus forte entre l'eau & le fer. M. Lavoisier ayant exposé du fer avec de l'eau, dans une cloche au-dessus du mercure, observa que le fer se rouilloit, & que l'eau diminuoit de volume à mesure qu'il se dégageoit un fluide élastique qui remplissoit la partie supérieure de l'appareil. Ce fluide étoit du gaz *inflammable*; le fer avoit augmenté de poids, & étoit oxidé. M. Lavoisier soupçonna que l'eau contenoit de l'oxigène, & que ce corps s'étant uni au fer, le gaz *inflammable*, autre principe de l'eau, s'étoit dégagé en même proportion. Il fit ensuite avec M. Meusnier une autre expérience plus décisive; en introduisant de l'eau en vapeurs dans un canon de fusil rouge, il obtint une grande quantité de gaz *inflammable*; l'intérieur du canon de fusil augmenta de volume, devint noir, cassant, lamelleux & semblable à la mine de fer de l'île d'Elbe. Ce métal se trouva augmenté de poids, & cette addition réunie au poids du gaz *inflammable* répondit parfaitement à la quantité d'eau détruite. La portion de fer oxidée par cette expérience, se trouva séparée de celle qui n'avoit point éprouvé cette altération; elle formoit un cylindre intérieur plus épais, & offrant un tissu, une couleur, une consistance, une forme très-différentes de celles du fer extérieur. Il eſt néceſſaire que le fer ſoit bien rouge à blanc pour que cette expérience réuſſiſſe, parce que ce degré de chaleur favoriſe ſingulièrement la ſéparation des principes de l'eau par le métal ; auſſi lorſque le canon du fuſil n'eſt pas bien rouge, & que l'eau ne le traverſe pas dans un état fort élaſtique, il ne ſe dégage point de gaz *inflammable*, & l'eau n'eſt pas décompoſée ; c'eſt ce qui eſt arrivé à pluſieurs phyſiciens qui, n'ayant point fait rougir aſſez le canon de fer, & y ayant introduit de l'eau liquide, n'ont point obtenu les réſultats précédens, & ſe ſont crus en droit de nier la décompoſition de l'eau, tandis que ſon analyſe faite exactement par cette expérience, eſt confirmée par la ſynthèſe, comme l'ont démontré MM. Mongez & Lavoiſier. Il y a beaucoup d'autres cas où l'eau ſe ſépare ainſi en ſes principes, & contribue à la production de pluſieurs phénomènes très-importans, comme on l'expoſera par la ſuite. Telle eſt l'expérience qui a fait connoître que l'eau étoit un compoſé de 0,14 d'hydrogène, & de 0,86 d'oxigène.

Le fer dans ſon état métallique ne s'unit point aux matières terreuſes & pierreuſes, mais les oxides de fer facilitent la vitrification de toutes les pierres & les colorent en vert ou en brun.

Les couleurs que les oxides de fer communiquent, sont très variées, suivant leur plus ou moins grande oxidation. Ces oxides ont aussi la propriété de prendre & de donner plus ou moins de consistance aux terres avec lesquelles la nature ou l'art les mêle & les détrempe à l'aide de l'eau.

La baryte, la magnésie & la chaux n'ont point une action marquée sur le fer.

Les alcalis fixes purs & l'ammoniaque dissous dans l'eau, agissent sensiblement sur ce métal. Au bout de quelques jours de digestion, les liqueurs deviennent louches, & laissent précipiter un peu d'*éthiops* ou oxide noir de fer; & comme l'ont observé MM. les chimistes de l'académie de Dijon, il se dégage une certaine quantité de gaz hydrogène pendant cette action; ce qui prouve que l'eau y contribue beaucoup, que c'est elle qui est décomposée, qui fournit le gaz, & que sa décomposition est favorisée par les alcalis.

Le fer est dissoluble dans tous les acides. M. Monnet a observé que l'acide sulfurique concentré n'agit que bouillant sur ce métal; en distillant ce mélange à siccité, on trouve dans la cornue des fleurs de soufre sublimées & une masse blanche de sulfate de fer dissoluble en partie dans l'eau, mais qui ne peut point fournir des criſtaux, parce que la chaleur l'a décomposé. Si l'on verſe ſur de la limaille de fer cet acide étendu avec deux parties d'eau, il diſſout très-bien ce métal à froid; la diſſolution eſt accompagnée du dégagement d'une grande quantité de gaz hydrogène. On peut le faire détoner avec un grand bruit, en approchant une bougie allumée de l'ouverture du matras, après l'avoir bouchée avec la main pendant quelque tems. Ce gaz brûle avec une flamme rougeâtre, & préſente ſouvent de très-petites étincelles ſemblables à celles de la limaille de fer. Macquer, Bergman, M. Kirwan penſent que dans cette combinaiſon l'acide ſulfurique dégage une grande quantité de phlogiſtique du fer, & que le gaz *inflammable* appartient entièrement à ce métal. Cette opinion paroiſſoit être fondée ſur ce que l'on avoit cru que le gaz *inflammable* pouvoit être extrait du fer ſeul & ſans intermède, par la ſeule action du feu; mais il eſt bien prouvé aujourd'hui que le fer ne donne de gaz hydrogène par la chaleur, qu'en raiſon de l'eau ou de l'humidité qu'il contient, & il eſt également démontré que l'eau ajoutée à l'acide ſulfurique, eſt la ſeule matière qui produit du gaz hydrogène par ſa décompoſition; 1°. parce que l'acide ſulfurique employé dans ſon état de concentration ne donne que du gaz sulfureux; 2°. parce que dans cet état il n'attaque le fer que difficilement & à l'aide de la chaleur; 3°. parce que dès qu'on ajoute de l'eau, l'action devient beaucoup plus rapide, & la production du gaz hydrogène a lieu; 4°. enfin parce que la quantité d'acide sulfurique concentré qu'on emploie, est en partie décomposée par le fer lorsqu'on n'ajoute point d'eau; tandis que cet acide reste entier & se combine à l'oxide de fer, sans avoir éprouvé de décomposition, lorsque l'on ajoute de l'eau à la dissolution. Ce fait est prouvé, parce qu'il faut pour saturer cet acide après son action sur le fer, autant d'alcali qu'il en auroit exigé auparavant. C'est donc l'eau qui oxide le fer dans cette opération, comme M. la Place l'avoit soupçonné il y a déjà long-tems, & comme l'ont démontré MM. Lavoisier & Meusnier.

A mesure que l'acide sulfurique étendu d'eau agit sur le fer, une portion de ce métal est précipitée en une poudre noire, prise pour du soufre par Stahl, & que M. Monnet a trouvée être de l'*éthiops martial*. Cet oxide de fer noir surabondant à la saturation est souvent mêlé de carbure de fer. Dès qu'une partie du fer est combinée avec une partie de l'acide, quoique ce dernier ne soit pas, à beaucoup près, saturé, la dissolution s'arrête, & il n'agit plus sur le métal. M. Monnet, qui a fait cette observation, remarque qu'en versant de l'eau sur le mélange, l'action de l'acide recommence; ce phénomène vient de ce que l'eau unie à l'acide sulfurique est absorbée par le sulfate de fer déjà formé, & que la portion d'acide qui n'est pas saturée, n'agit sur le fer que lorsqu'une nouvelle quantité d'eau commence l'oxidation de ce métal. L'acide sulfurique dissout plus de la moitié de son poids de fer; cette dissolution, filtrée & évaporée, fournit par le refroidissement un sel transparent d'une belle couleur verte, cristallisé en rhomboïdes un peu aigus; c'est le *vitriol martial*, ou la *couperose verte* du commerce. Nous le nommons sulfate de fer.

On ne se donne pas la peine de faire ce sel, parce que la nature le fournit abondamment, & que l'art l'extrait facilement des *pyrites martiales*. Il suffit de laisser ces sulfures exposés à l'air pendant quelque tems; l'humidité facilite leur décomposition; ils se couvrent d'une efflorescence blanche, qui n'a besoin que d'être dissoute dans l'eau & cristallisée pour fournir le sulfate de fer. Cette décomposition des pyrites dépend, suivant Stahl, des doubles affinités. Le soufre est, disoit-il, composé de *phlogistique* & d'acide *vitriolique*; ni l'eau, ni le fer seul ne peuvent le décompoſer ; mais en réuniſſant ces deux ſubſtances, le fer s'empare du phlogiſtique du ſoufre, ſon acide s'unit à l'eau & diſſout le métal ; les pyrites qui ſont moins ſuſceptibles de s'effleurir, comme celles qui ſont brillantes, étant grillées, pour leur faire perdre une portion du ſoufre qu'elles contiennent, & expoſées enſuite à l'air, s'effleuriſſent promptement : on en ſépare le *vitriol* par le lavage. La diſſolution de ce ſel dépoſe d'abord une certaine quantité de fer dans l'état d'ochre ; ce n'eſt que lorſque ce dépôt s'eſt précipité, qu'on fait évaporer & criſtalliſer la liqueur. Les modernes ont prouvé que dans l'efflореſcence des pyrites, le ſoufre qui y eſt diviſé comme dans ſes combinaiſons avec les ſubſtances alcalines, ſe combine avec une portion d'oxigène, & forme de l'acide ſulfurique, qui étendu par l'eau de l'atmoſphère, s'unit avec chaleur au fer & le diſſout. La néceſſité du contact de l'air pour l'efflореſcence des pyrites, eſt une des plus fortes preuves de cette aſſertion, & l'humidité qui favoriſe beaucoup la *vitrioliſation*, agit ici comme dans la diſſolution du fer ; telle eſt la cauſe du gaz hydrogène qui ſe dégage dans cette opération faite dans le vide.

Le ſulfate de fer a une couleur verte d'émeraude, & une ſaveur aſtringente très forte. Il rougit

rougit quelquefois le ſirop de violettes ; cet effet n'eſt pas conſtant. Ses criſtaux contiennent, d'après les recherches de Kunckel & de M. Monnet, plus de la moitié de leur poids d'eau. Si on le chauffe bruſquement, ce ſel ſe liquéfie comme tous les ſels plus diſſolubles à chaud qu'à froid ; en ſe ſéchant, il devient d'un gris blanchâtre. Si on le chauffe à un feu plus violent, il laiſſe échapper une portion de ſon acide ſous la forme de gaz ſulfureux, & il prend une couleur rouge ; dans cet état, on le nomme *colcothar*. Le ſulfate de fer calciné au rouge, attire très-ſenſiblement l'humidité de l'air, en raiſon d'une portion d'acide ſulfurique qu'il contient. Diſtillé dans une cornue au fourneau de reverbère, ce ſel donne d'abord de l'eau légèrement acide, nommée *roſée de vitriol*. On change de ballon pour obtenir ſéparément l'acide ſulfurique concentré, qui, lorſque le feu eſt violent, paſſe noir & exhale une odeur ſuffoquante d'acide ſulfureux volatil. Ces caractères dépendent de ce qu'il eſt privé d'une partie d'oxigène qui ſe fixe dans le fer, ſuivant la doctrine des gaz. Sur la fin de l'opération, l'acide qui diſtille prend une forme concrète & criſtalline ; on le nomme acide ſulfurique glacial. Cette expérience décrite par Hellot, n'a pas réuſſi à M. Baumé, mais elle paſſe pour constante parmi les chimistes. En distillant l'acide sulfurique glacial dans une petite cornue, il donne du gaz sulfureux, & passe blanc & fluide. Il doit son état concret à la présence de ce gaz. Il s'unit à l'eau avec bruit & chaleur, & en laissant dégager du gaz sulfureux. Telle est l'*huile de vitriol* fumante de Northaausen, & le sel concret qu'on en retire par une chaleur douce, dont j'ai donné l'analyse dans un Mémoire publié parmi ceux de l'académie, pour l'année 1785.

Le résidu du sulfate de fer distillé est rouge & semblable au colcothar ; en le lavant avec de l'eau, on en sépare un sel blanc peu connu, nommé *sel de colcothar* ou *sel fixe de vitriol* ; il reste une terre rouge, insipide, qui est un pur oxide de fer, & qu'on nomme *terre douce de vitriol*.

Le sulfate de fer exposé à l'air, jaunit un peu, & se couvre de rouille, en observant peu à peu l'oxigène. Le fer s'oxide de plus en plus par cette absorption, & ne peut plus rester uni à l'acide sulfurique. La dissolution de ce sel présente le même phénomène par le contact de l'atmosphère ; & l'un ou l'autre pourroit servir d'eudiomètre.

L'eau froide dissout moitié de son poids de ce sel ; l'eau chaude en dissout davantage ; mais lorſqu'elle en eſt chargée, elle paroît troublée par une quantité plus ou moins conſidérable d'*ochre*. On ſépare cet oxide de fer par la filtration ; & en laiſſant refroidir la diſſolution, on obtient des criſtaux rhomboïdaux, d'un vert pâle & tranſparent. La liqueur qui ſurnage étant ſoumiſe à l'évaporation, donne par le refroidiſſement une nouvelle quantité de criſtaux ; & lorſqu'on a retiré tout ce qu'elle peut fournir par la criſtalliſation, il reſte une eau mère d'un vert noirâtre ou d'un jaune brun qui ne peut plus criſtalliſer. En l'évaporant à une chaleur forte, & en la laiſſant refroidir, elle forme une maſſe molle, onctueuſe, qui attire fortement l'humidité de l'air. Cette maſſe entièrement deſſéchée donne une poudre d'un jaune verdâtre. Suivant M. Monnet, l'eau mère du ſulfate de fer contient ce métal dans l'état d'un oxide parfait. Ce chimiſte s'en eſt convaincu en faiſant immédiatement, & à l'aide de la chaleur, une diſſolution de vrai oxide de fer dans cet acide ; cette diſſolution eſt brune & ne peut point criſtalliſer.

L'oxide de fer peut être ſéparé de l'eau mère, non-ſeulement par la terre de l'alun, mais encore par le cuivre & par la limaille de fer, ce qui n'arrive pas au ſulfate de fer parfait. Une diſſolution bien chargée de ce ſel parfait exposée à l'air, se change au bout de quelque tems en eau mère semblable aux précédentes, en attirant l'oxigène de l'atmosphère.

Le sulfate de fer peut être décomposé par la chaux & les alcalis. L'eau de chaux versée dans une dissolution de ce sel, y forme un précipité en flocons d'un vert d'olive foncé; une portion de ce précipité se redissout dans l'eau de chaux, & lui communique une couleur rougeâtre. J'ai donné à l'académie en 1777 & 1778, deux Mémoires sur les précipités de fer, obtenus par les alcalis caustiques ou non caustiques, dans lesquels j'ai décrit avec soin les phénomènes de ces précipitations, & l'état du fer dans ces différentes circonstances. Je vais en présenter les principaux résultats relatifs au sulfate de fer. L'alcali fixe caustique précipite la dissolution sulfurique de fer en flocons d'un vert foncé, qui se redissolvent à mesure dans l'alcali, & forment une espèce de teinture martiale d'un très-beau rouge. Lorsqu'on met moins de cet alcali, on peut recueillir le précipité, & l'obtenir en *éthiops* noirâtre ou oxide de fer noir, si on le fait dessécher rapidement & dans les vaisseaux clos. Sans ces deux précautions, le fer s'oxide très-vîte, parce qu'il est divisé & humide. La potasse saturée d'acide carbonique, ou le carbonate de potasse, forme un précipité d'un blanc verdâtre qui ne se dissout pas dans l'alcali; cette différence est due à la présence de l'acide carbonique qui se reporte sur le fer à mesure que cet acide est séparé de l'alcali par l'acide sulfurique. L'ammoniaque pure ou caustique sépare du sulfate de fer dissous dans l'eau un précipité vert si foncé qu'il paroît noir, & qui ne se redissout point dans le sel précipitant: on peut, en le séchant subitement sans le contact de l'air, l'obtenir noir & attirable à l'aimant. Le précipité formé par l'ammoniaque concrète ou par le carbonate ammoniacal, est d'un gris verdâtre; il se redissout en partie dans ce sel, & il lui communique une couleur rouge; ce qui est semblable à ce qui se passe dans ces précipitations par l'alcali fixe, puisque ce dernier sel caustique ne dissout que peu le fer précipité, tandis que le carbonate de potasse bien saturé le dissout très-facilement.

Les matières astringentes végétales, comme la noix de galle, le sumac, l'écorce de grenade, le brou de noix, le quinquina, les noix de cyprès, le bois de campêche, le thé, &c. ont la propriété de précipiter le sulfate de fer en noir. Ce précipité que l'on ne peut méconnoître pour du fer, est si extrêmement divisé, qu'il reste suspendu dans la liqueur. Lorsqu'on ajoute de la gomme arabique à ce mélange, la suspension du fer précipité est permanente, & il en résulte une liqueur noire, qu'on connoît sous le nom d'*encre*. On ne sait point encore au juste ce qui se passe dans cette expérience. Macquer, M. Monnet, & la plupart des chimistes regardent le précipité de l'encre comme uni à un principe de la noix de galle, qui le dégage de l'acide. Ils paroissent portés à croire que ce principe est dans l'état huileux. M. Gioanetti, médecin de Turin, a fait plusieurs expériences sur le fer précipité de ses dissolutions par les astringens. Il résulte de ses recherches consignées dans son analyse des eaux de Saint-Vincent, que ce précipité n'est point attirable à l'aimant; qu'il le devient, lorsqu'on le chauffe dans un vaisseau bien clos; qu'il se dissout dans les acides, mais sans effervescence; que ces dissolutions ne noircissent plus par la noix de galle; ce qui indique que le fer est uni au principe astringent, & qu'il est dans l'état d'une sorte de sel neutre. On trouve dans le troisième volume des Elémens de Chimie de l'académie de Dijon, une suite d'expériences sur le principe astringent végétal, qui semblent assimiler cette substance aux acides. En effet, suivant ces chimistes, il rougit les couleurs bleues végétales; il s'unit aux alcalis; il décompose les sulfures alcalins ou terreux; il dissout & paroît neutraliser les métaux ; il décompose toutes les dissolutions métalliques avec des phénomènes particuliers ; il s'élève à la distillation sans perdre son action sur les métaux, & il présente un grand nombre d'autres propriétés, sur lesquelles l'ordre que nous suivons ne nous permet pas d'insister.

Cet apperçu des académiciens de Dijon a été confirmé par les recherches de Schéele. Ce célèbre chimiste a découvert qu'une simple infusion de la noix de galle dans l'eau, en sépare un acide particulier cristallisable, qui enlève le fer à beaucoup d'autres acides & le colore en noir, parce qu'il le rapproche de l'état métallique. Nous nommons ce sel *acide gallique* ; nous en ferons l'histoire dans le regne végétal.

Un phénomène encore plus difficile à connoître que l'action de la noix de galle sur le sulfate de fer, c'est la décomposition de ce sel par un alcali calciné avec du sang de bœuf. On obtient alors un précipité d'une belle couleur bleue, indissoluble dans les acides. Ce précipité se nomme *bleu de Prusse* ou de *Berlin*, parce qu'il a été découvert dans cette ville. Stahl rapporte qu'un chimiste, nommé Diesbach, ayant emprunté de Dippel de l'alcali fixe pour précipiter une dissolution de cochenille mélée avec un peu d'alun & de sulfate de fer, ce dernier lui donna un alcali sur lequel il avoit distillé son huile animale. Ce sel précipita en bleu la dissolution de Diesbach. Dippel chercha à quoi étoit dû ce précipité, & prépara par un procédé moins compliqué, le bleu de Prusse qui fut annoncé en 1710 dans les mélanges de l'académie de Berlin, mais sans aucun détail sur cette opération. Les chimistes travaillèrent à l'envi pour y réussir, & y parvinrent. Ce ne fut qu'en 1724, que Woodward publia dans les Transactions Philosophiques, un procédé pour préparer cette substance colorante.

Pour faire le bleu de Prusse, on mêle quatre onces de *nitre fixé par le tartre*, avec autant de sang de bœuf desseché; on calcine ce mêlange dans un creuset, jusqu'à ce qu'il soit en charbon, & ne produise plus de flamme; on le lave avec la quantité d'eau suffisante pour dissoudre toute la matière saline, qu'on nomme *alcali phlogistiqué* ou *lessive colorante*; on concentre cette lessive par l'évaporation. On fait dissoudre ensuite deux onces de sulfate de fer & quatre onces de sulfate d'alumine dans une pinte d'eau; on méle la dissolution de ces sels avec la lessive d'alcali; il se fait un dépôt verdâtre que l'on sépare par le filtre, & sur lequel on verse de l'acide muriatique. Le dépôt devient alors d'un bleu plus beau & plus foncé; on le fait sécher à une chaleur douce ou à l'air.

Depuis Woodward, beaucoup de chimiſtes ſe ſont occupés, & de la préparation & de la théorie du bleu de Pruſſe. Quant à ſa préparation, on ſait aujourd'hui qu'un grand nombre de ſubſtances ſont capables de communiquer à l'alcali la propriété de précipiter le fer en bleu.

Geoffroy, dans les mémoires de l'académie de 1725, dit avoir donné cette propriété à l'alcali avec tous les charbons de matières animales. M. Baumé aſſure qu'on peut auſſi préparer l'*alcali phlogiſtiqué* avec les charbons des ſubſtances végétales à l'aide d'une chaleur plus vive. Spielman en a fait avec des bitumes; Brandt avec de la ſuie. Les manufactures de bleu de Pruſſe ſe ſont multipliées, & chacune d'elles emploie, à ce qu'il paroît, des matières différentes pour cette préparation. M. Baunach nous a appris qu'en Allemagne on ſe ſert des ongles, des cornes & de la peau de bœuf. Toutes les matières animales ne paroiſſent cependant pas propres à faire la leſſive pruſſienne. J'ai eſſayé envain d'en préparer avec la bile de bœuf, par un procédé ſemblable à celui qu'on exécute avec le ſang. Je n'ai obtenu qu'un alcali qui précipitoit le vitriol en blanc verdâtre, & ce précipité s'eſt diſſous en entier dans l'acide muriatique.

Les chimiſtes ont beaucoup varié ſur la théorie du bleu de Pruſſe. Brown & Geoffroy le regardoient comme la partie *phlogiſtique* du fer, développée par la leſſive du ſang, & transportée ſur la terre de l'alun. L'abbé Menon penſoit que c'étoit le fer très-pur & débarraſſé de toute ſubſtance étrangère par l'alcali *phlogiſtiqué*. Macquer, dans un Mémoire qui a juſtement mérité le nom de chef-d'œuvre de la part de tous les chimiſtes, & qui eſt inféré dans le volume de l'académie pour l'année 1752, a refuté les opinions de ces auteurs. Il penſe que le bleu de Pruſſe n'eſt que du fer combiné avec un excès du principe inflammable, qui lui eſt fourni par l'alcali *phlogiſtiqué*, & que ce dernier a pris du ſang de bœuf. Il obſerve 1°. que le bleu de Pruſſe expoſé au feu, perd ſa couleur & redevient fer ſimple; 2°. que ce bleu n'eſt en aucune manière diſſoluble par les acides, même les plus forts; 3°. que les alcalis peuvent diſſoudre la matière colorante du bleu de Pruſſe, & s'en charger juſqu'au point de ſaturation. Il ſuffit pour cela de faire chauffer une leſſive alcaline ſur du bleu de Pruſſe, juſqu'à ce que l'alcali refuſe de le décolorer. Cet alcali ſaturé de la matière colorante du bleu de Pruſſe, a perdu la plupart de ſes propriétés. Il n'eſt plus cauſtique; il ne fait pas efferveſcence avec les acides; parmi les sels terreux il ne décompose que les barytiques; il précipite tous les sels métalliques, & il paroît que cette décomposition se fait en vertu d'une double affinité, celle de l'acide sur l'alcali, & celle de l'oxide métallique sur la partie colorante unie à ce sel. L'alcali peut décolorer ainsi le vingtième de son poids de bleu de Prusse; alors il est saturé de partie colorante. Les acides en dégagent une petite quantité de fécule bleue; & il précipite sur-le-champ le sulfate de fer en bleue de Prusse parfait.

A l'égard de l'alcali préparé par la voie ordinaire, Macquer observe qu'il n'est pas à beaucoup près, entièrement saturé de partie colorante, & que c'est pour cela qu'il précipite d'abord en vert la dissolution de sulfate de fer. En effet, la portion d'alcali qui est saturée précipite du bleu; mais la portion qui ne l'est pas précipite du fer à l'état d'ochre, qui verdit le précipité bleu par le mélange de cette dernière couleur avec le jaune. Suivant cette ingénieuse théorie, l'acide qu'on verse sur le précipité, sert à dissoudre la portion qui n'est pas dans l'état de bleu de Prusse, & à rendre la couleur de ce dernier plus vive. L'alun qu'on ajoute à la dissolution du sulfate de fer, sature l'alcali qui n'est point chargé de matière colorante,

& la terre de ce sel déposée avec le bleu de Prusse, en éclaircit la nuance. Comme il est nécessaire de verser l'acide sur le précipité du sulfate de fer, afin d'aviver le bleu de Prusse, on peut ajouter cet acide à l'alcali avant de s'en servir pour précipiter le fer; parce que l'acide, en saturant la portion d'alcali pur, ne s'unit point à celle qui est chargée de partie colorante, & qui peut sur-le-champ former de beau bleu de Prusse. On peut aussi saturer cet alcali *phlogistiqué* par le sang de bœuf, en le faisant digérer sur du bleu de Prusse, jusqu'à ce qu'il cesse de le décolorer. Macquer avoit donné cet alcali saturé d'acide, comme une bonne liqueur d'épreuve, pour connoître la présence du fer dans les eaux minérales; mais M. Baumé a observé que cette liqueur contenoit elle-même une certaine quantité de bleu de Prusse; ce qui pouvoit induire en erreur. Il propose en conséquence de la mettre quelque tems en digestion avec un peu de vinaigre à une chaleur douce, pour qu'elle dépose tout ce qu'elle contient de matière bleue. Telle étoit le beau travail de Macquer sur le bleu de Prusse; mais ce célèbre chimiste sentoit bien lui-même ce qui y manquoit, sur-tout relativement à la nature de la substance colorante. Il ne pouvoit pas être persuadé que cette dernière fût du phlogistique pur, puiſqu'on ne concevroit pas, dans cette hypothèſe, comment du fer, ſurchargé de ce principe, perdroit tout-à-la-fois la propriété d'être attirable à l'aimant, & celle d'être diſſoluble dans les acides, qui ſont dues, ſuivant Stahl, à la préſence du phlogiſtique dans ce métal. M. Morveau eſt le premier qui, dans ſon excellente Diſſertation ſur le phlogiſtique, a cherché à connoître la nature de la partie colorante du bleu de Pruſſe. Il a retiré de la diſtillation de deux gros de ce compoſé, vingt-deux grains d'une liqueur jaune empyreumatique, qui faiſoit efferveſcence avec les carbonates alcalins, rougiſſoit fortement le papier bleu, & dont Geoffroy & Macquer, qui ont ont auſſi diſtillé le bleu de Pruſſe, n'avoient fait aucune mention.

M. Sage a envoyé en 1772, à l'académie électorale de Mayence, un Mémoire ſur l'*alcali phlogiſtiqué*, qu'il appelle ſel animal. La leſſive de l'alcali fixe traité avec le ſang & ſaturé par ſa digeſtion ſur le bleu de Pruſſe, à la manière de Macquer, eſt, ſuivant M. Sage, un ſel neutre formé par l'acide animal & l'alcali fixe. Elle donne, par l'évaporation inſenſible, des criſtaux cubiques, octaèdres ou en priſmes à quatre faces, terminés par des pyramides auſſi à quatre faces. Ce ſel décrépite ſur les charbons; il se fond à un feu violent en une masse demi-transparente, soluble dans l'eau, & propre à faire du bleu de Prusse. M. Sage croit que l'acide qui neutralise l'alcali dans ce sel neutre, est l'acide phosphorique; parce qu'en chauffant fortement le mélange d'alcali & de sang de bœuf, il se fond, exhale une vapeur âcre, accompagnée d'étincelles blanches & brillantes, qui ne sont, suivant lui, que du phosphore qui brûle. Cette opinion sur l'acide de l'alcali prussien seroit démontrée, si d'un côté, en le distillant avec du charbon, on obtenoit du phosphore, ce qui auroit aussi lieu pour le bleu de Prusse; & si, d'une autre part, on formoit du bleu de Prusse, en combinant le phosphate de potasse ou de soude, avec une dissolution de fer. Comme M. Sage n'a point consigné d'expériences de cette nature dans son Mémoire, on ne peut admettre sa théorie.

MM. les chimistes de l'académie de Dijon ont adopté une partie de cette dernière doctrine dans leurs Elémens. Ils regardent la lessive phlogistiquée comme la dissolution d'un sel neutre; ils conseillent de la faire cristalliser par l'évaporation, au-lieu de la purifier par le vinaigre, comme l'avoit proposé M. Baumé. Ce sel est très-pur, suivant eux; projetté sur le nitre en fusion, il le fait détoner. Ils ne nous ont rien dit ſur ſes décompoſitions & ſur la nature de ſes principes ; il l'appellent alcali pruſſien criſtalliſé.

Bucquet, ayant précipité par l'acide muriatique, & filtré une leſſive préparée pour le bleu de Pruſſe, a obſervé que cet alcali, quoique très clair & privé en apparence de tout le bleu de Pruſſe qu'il paroiſſoit contenir, laiſſoit cependant dépoſer une poudre bleue. Après l'avoir filtré plus de vingt fois dans l'eſpace de deux ans, pour en ſéparer la portion de bleu qui s'en précipitoit après chaque filtration, il s'eſt enfin trouvé que cette liqueur ne pouvoit plus fournir de bleu de Pruſſe avec la diſſolution du ſulfate de fer. J'ai conſervé pendant plus de huit ans une petite portion de cette leſſive préparée ; elle n'a rien laiſſé précipiter les deux dernières années, mais elle a dépoſé un léger enduit bleuâtre ſur les parois du flacon où elle étoit contenue, & elle a conſervé une couleur pareille. J'ai eu occaſion d'obſerver deux fois ce phénomène, depuis que je l'ai entendu annoncer par Bucquet dans ſes cours, & je crois qu'il eſt conſtant. M. de Chaulnes a fait voir à Macquer une leſſive colorante, qui ne donnoit point de bleu de Pruſſe lorſqu'on la mêloit auparavant avec un acide. Ce chimiſte penſe que cela eſt dû à ce que cette lessive a été préparée dans des vaisseaux de métal. Bucquet croyoit, d'après l'observation rapportée plus haut, 1°. que le bleu de Prusse est tout contenu dans l'alcali qui sert à le précipiter ; 2°. que les acides suffisent seuls pour le séparer de l'alcali ; 3°. que lorsque cet alcali a déposé au bout d'un temps plus ou moins long, toute la partie colorante qu'il contient, il n'est plus propre à donner du bleu de Prusse.

Le journal de Physique du mois d'avril 1778, offre des observations sur le bleu de Prusse, par M. Baunach, apothicaire à Metz, qui favorisent beaucoup l'opinion de Bucquet. Après avoir décrit le procédé que l'on emploie dans les manufactures d'Allemagne, pour préparer le bleu de Prusse, M. Baunach assure que la lessive faite dans ces manufactures par la fusion de l'alcali & du charbon d'ongles, de cornes & de peau de bœuf, précipite tous les métaux, & même la terre calcaire en bleu. Cet alcali dissout les métaux, après les avoir précipités, & on peut les en séparer, sous une très-belle couleur bleue par l'acide muriatique. Les faits singuliers annoncés dans ce Mémoire, tels que la distillation du bleu de Prusse produit par cette lessive, qui ne donne point d'huile ni d'ammoniaque, la dissolubilité du précipité bleu formé par l'acide muriatique versé sur cette lessive dans

dans l'acide nitrique, la terre calcaire retrouvée en dissolution dans ce dernier acide qui a décoloré le bleu, une terre particulière & phlogistiquée qu'il n'a pas pu dissoudre, ne semblent-ils pas annoncer que ce bleu n'est pas de la même nature que celui que l'on précipite de la lessive phlogistiquée ordinaire, dans laquelle Macquer a trouvé du fer qui ne peut provenir que du sang ?

Depuis ces différens travaux sur le bleu de Prusse, Schéele a fait de nouvelles recherches qui, réunies à quelques observations dont je n'ai point encore parlé, jettent un plus grand jour sur la nature de ce produit.

1°. Le bleu de Prusse du commerce distillé à feu nud, donne une très-grande quantité de gaz hydrogène, en même tems que de l'huile, du carbonate ammoniacal, & un peu de flegme acide. Ce gaz brûle en bleu comme celui des marais; il a une odeur empyreumatique; l'eau de chaux lui donne la propriété de brûler en rouge & de détoner avec l'air, parce qu'elle absorbe une partie d'acide carbonique qui lui est uni. Lassone a regardé le gaz du bleu de Prusse comme un gaz inflammable particulier. Le bleu de Prusse, après cette analyse, est sous la forme d'une poudre noirâtre & attirable à l'aimant. Avant de prendre cette couleur, il en a une orangée, que M. Morveau a obſervée. Ce dernier chimiſte a même penſé que le bleu de Pruſſe que la chaleur a fait paſſer à l'orangé, pourroit être utile dans la peinture.

2°. L'ammoniaque chauffée ſur du bleu de Pruſſe, le décompoſe en s'emparant de ſa matière colorante, & il laiſſe le fer dans l'état d'oxide brun. Macquer avoit annoncé ce fait en 1752. Meyer qui l'a ſuivi, a donné le nom de liqueur *t. ignante* à cet alcali volatil ſaturé de la partie colorante du bleu, & il l'a conſeillé dans l'analyſe des eaux minérales. J'ai obſervé que lorſqu'on diſtille l'ammoniaque cauſtique ſur du bleu de Pruſſe, la liqueur qui paſſe n'a point la propriété de colorer en bleu les diſſolutions de fer; d'où il ſuit que le principe colorant n'eſt pas auſſi volatil que l'eſt l'ammoniaque. Lorſqu'on n'a extrait qu'une portion de ce ſel par la diſtillation, le réſidu eſt d'un vert d'olive; en l'étendant d'eau diſtillée & le filtrant, cette liqueur eſt chargée de la partie colorante, & donne un bleu de Pruſſe très-vif avec le ſulfate de fer.

3°. J'ai découvert en 1780 que l'eau de chaux miſe en digeſtion ſur le bleu de Pruſſe, diſſout la matière colorante à l'aide d'un peu de chaleur. La combinaiſon eſt très-rapide; l'eau de chaux ſe colore, le bleu de Pruſſe prend la couleur de la rouille. L'eau de chaux filtrée eſt d'une belle couleur jaune claire ; elle ne verdit plus le ſirop de violettes ; elle n'a plus de ſaveur alcaline, elle n'eſt plus précipitée par l'acide carbonique ; elle ne s'unit point aux autres acides ; en un mot, elle eſt neutraliſée par la matière colorante pruſſienne, & elle donne en la verſant ſur une diſſolution de ſulfate de fer, un bleu ſuperbe qui n'a pas beſoin d'être avivé par un acide. Schéele a parlé de cette eau de chaux pruſſienne, ſans connoître mon travail ſur cet objet, quoique j'en euſſe inſéré le réſultat dans mes Elémens de Chimie, imprimés en 1781. Il a regardé, ainſi que moi, cette combinaiſon comme la meilleure de toutes celles qu'on a propoſées pour reconnoître la préſence du fer, parce qu'elle ne contient point, ou au moins que très-peu de bleu de Pruſſe tout formé.

4°. Les alcalis fixes cauſtiques décolorent à froid & ſur-le-champ le bleu de Pruſſe. J'ai obſervé qu'il ſe produit une chaleur aſſez vive dans ces expériences ; que les alcalis dans leur état de pureté décolorent une beaucoup plus grande quantité de bleu de Pruſſe, que ceux qui ſont ſaturés d'acide carbonique, & qu'ils donnent avec les dissolutions de fer beaucoup plus de bleu que ces derniers.

5°. La magnésie m'a également présenté la propriété de décolorer le bleu de Prusse, mais beaucoup plus foiblement que l'eau de chaux.

6°. Le bleu de Prusse jetté en poudre sur du nitre en fusion, produit quelques étincelles qui dénotent qu'il contient une matière combustible.

7°. Le bleu de Prusse préparé sans alun, devient très-attirable à l'aimant par une légère calcination; mais celui du commerce n'acquiert jamais cette propriété par l'action du feu.

8°. Le bleu de Prusse décoloré par les matières alcalines, & dans l'état d'oxide de fer, reprend une partie de sa couleur bleue, lorsqu'on y verse un acide. Il paroît que cela dépend de ce que toute la partie colorante n'est pas enlevée par la première action des alcalis, & qu'une portion est défendue par l'oxide de fer qui l'enveloppe.

Tous ces faits indiquent que la partie colorante du bleu de Prusse agit comme un acide particulier qui sature les acalis & en forme des sels neutres. C'est l'opinion de beaucoup de chimistes, & en particulier de Schéele dont il me reste à faire connoître les recherches sur cette matière. Ce célèbre chimiste a fait voir par ses expériences, 1°. que la lessive du sang, ou l'alcali phlogistiqué, est décomposée par l'acide carbonique de l'atmosphère, & que tous les autres acides en séparent la partie colorante ; 2°. que cette partie colorante est fixée & retenue dans la lessive par une petite quantité de fer ou de sulfate de fer pur ; 3°. que lorsqu'on la dégage par les acides au moyen de la distillation, elle remplit les ballons d'une vapeur qui précipite en bleu les dissolutions de fer ; 4°. que le bleu de Prusse entier distillé, ainsi que la lessive du sang, donnent avec la matière colorante des produits étrangers qui l'altèrent, comme du soufre, & qu'on ne peut point avoir cette matière pure par ce procédé ; 5°. que les alcalis prussiens distillés avec l'acide sulfurique, précipitent beaucoup de bleu de Prusse, & donnent une liqueur chargée de la partie colorante; la portion de bleu précipité dans cette opération, dépend du fer dissous dans ces sels triples ou composés d'alcalis, de partie colorante & de fer ; 6°. que l'oxide de mercure ou le précipité rouge enlève la matière colorante au bleu de Prusse ou prussiate de fer, par l'ébullition dans le double de leur poids d'eau, & qu'en distillant cette lessive prussienne mercurielle avec du fer & de l'acide sulfurique, le fer réduit le mercure, après que l'acide en a dégagé la partie colorante; celle-ci dissoute dans l'eau du récipient à mesure qu'elle se dégage, retient une portion d'acide sulfurique; pour l'en séparer, Schéele mêle un peu de craie avec cette liqueur, & distille à un feu doux; alors la partie colorante passe très-pure; & comme elle se dégage dans l'état de fluide élastique, ainsi que l'a reconnu M. Monge, on peut la recevoir & la dissoudre dans l'eau à l'aide des tubes & de l'appareil qui ont déjà été décrits plusieurs fois.

Après ces recherches sur les affinités de la matière colorante prussienne, sur son adhérence avec les alcalis, & sur la manière de l'obtenir parfaitement pure, Schéele s'occupe dans un second Mémoire de la nature de cette substance & de ses combinaisons avec les alcalis & les oxides métalliques. Quoique ses expériences soient multipliées & très-exactes, Schéele ne prouve point dans son second Mémoire, que la matière colorante prussienne soit un acide particulier; il cherche au contraire à y démontrer la présence d'un gaz inflammable, de l'ammoniaque, & d'un principe charbonneux; cependant il lui reconnoît la propriété de troubler le savon & de précipiter les *hepars* ou sulfures alcalins; & il l'appelle acide colorant dans une lettre à M. Crell. Nous donnons à cette substance le nom d'acide pruſſique, & à ſes combinaiſons ſalines, celui de pruſſiates de potaſſe, de ſoude, d'ammoniaque, &c. Dans une note du traducteur de Schéele, on annonce que cet acide eſt décompoſé par celui du nitre; on donne un procédé de M. Weſtrumb, pour avoir le pruſſiate de potaſſe très-pur. Il conſiſte à ſaturer la potaſſe cauſtique de partie colorante, à la faire digérer ſur du *blanc de plomb*, pour lui enlever le *gaz hépatique* qu'elle peut contenir, à la mêler avec du vinaigre diſtillé, à l'expoſer au ſoleil, comme l'avoient conſeillé M. Scopoli & le père Bercia, pour en précipiter tout le fer, & à y ajouter deux parties d'alcohol rectifié. Alors le pruſſiate de potaſſe ſe dépoſe en flocons lamelleux & brillans; on le lave dans de nouvel eſprit-de-vin; on le fait ſécher & on le diſſout dans l'eau diſtillée. M. Crell dit que Schéele lui a envoyé, trois mois après M. Weſtrumb, un procédé analogue, pour obtenir une liqueur d'épreuve ſur la pureté de laquelle on pût compter pour reconnoître la préſence du fer.

M. Berthollet a travaillé ſur l'acide pruſſique ou la matière colorante du bleu de Pruſſe, depuis tous ces chimiſtes. Quoique ſes recherches n'ayent point encore entièrement ſatisfait ce ſavant phyſicien, elles contiennent cependant des faits assez neufs, & des expériences assez importantes, pour que nous croyions devoir donner ici l'extrait de son Mémoire, qu'il a bien voulu nous communiquer.

M. Berthollet distingue d'abord deux espèces de prussiate de fer; l'un qui est le bleu de Prusse ordinaire, & l'autre qui est le même bleu de Prusse privé d'une portion de l'acide prussique. Il appelle celui-ci *prussiate de fer avec excès d'oxide.* Le bleu de Prusse est dans ce dernier état après avoir été décoloré par un alcali. Pour séparer cet excès d'oxide, il se sert de l'acide muriatique, qui le dissout & laisse le prussiate de fer neutre; il observe avec M. Landriani, que lorsqu'on fait digérer à chaud l'alcali sur le bleu de Prusse, le prussiate alcalin qui se forme, dissout plus d'oxide de ce métal, que lorsqu'on le fait digérer à froid. Ces chimistes pensent l'un & l'autre qu'un acide ajouté à cette combinaison triple, s'unit à l'excès d'oxide de fer, & fait déposer du bleu de Prusse, comme lorsqu'on met du prussiate de potasse pur avec une dissolution de fer. Ils disent encore que la chaleur fait précipiter de cette combinaison un prussiate de fer jaune, c'est-à-dire, avec excès d'oxide de fer. Suivant eux, l'acide qu'on ajoute s'empare de l'excès d'oxide de fer, & laisse précipiter le bleu de Prusse alors moins dissoluble dans le prussiate alcalin. Lorsque le prussiate de potasse préparé par une douce chaleur a déposé le prussiate de fer avec excès d'oxide de ce métal par l'ébullition, il peut être évaporé à siccité, redissous dans l'eau & mêlé avec les acides, sans qu'il dépose de bleu de Prusse. M. Berthollet dit qu'on obtient par l'évaporation de la dissolution du prussiate de potasse ainsi purifié, des cristaux octaëdres, dont deux pyramides sont tronquées de manière à représenter des lames quarrées dont les bords sont taillés en biseau.

Ce chimiste ayant mêlé une dissolution de ces cristaux avec de l'acide sulfurique, & exposé le tout dans un flacon aux rayons du soleil, il a vu que peu de tems après il s'est développé une couleur bleue qui a formé un précipité, jusqu'à son entière décomposition. Un pareil mêlange conservé dans un endroit obscur, n'est point devenu bleu & n'a point fait de précipité, même au bout de plusieurs mois; une chaleur forte produit absolument le même effet. D'après ces expériences, M. Berthollet fait voir sur combien peu de connoissances exactes étoient fondés les procédés recommandés pour purifier les prussiates alcalins; puisque, dit-il, on ne faisoit qu'en décomposer la plus grande partie, au lieu de les priver d'une portion de bleu de

Prusse, que les chimistes prétendoient n'y être mêlé qu'accidentellement. Comme le prussiate de potasse est un sel triple, l'acide prussique n'a qu'une très-petite adhérence avec la potasse, il en est séparé par tous les autres acides. A mesure que l'acide étranger s'unit à la potasse une partie de l'acide prussique s'unit à l'oxide de fer, forme le bleu de Prusse, & l'autre est volatilisée en état d'acide ou réduite en ses principes.

Le fer qu'on précipite par les prussiates alcalins, retient, suivant M. Bertholet, une portion assez considérable de ces sels; on peut l'en priver par des lavages réitérés; ces lessives contiennent les alcalis combinés avec une petite portion d'acide prussique, & les prussiates avec excès d'alcalis ne s'en détachent que lorsque l'excès d'acide de la dissolution de fer est enlevé par les premiers lavages; puisque les derniers lavages précipitent le fer en bleu de ses dissolutions, au lieu que les premiers ne le font point.

Il n'a pas trouvé de différence sensible entre les prussiates de potasse & de soude, si ce n'est que ce dernier cristallise différemment : les acides minéraux en dégagent l'acide prussique en partie fixé dans le bleu de Prusse qui se précipite; c'est ce qui engagea Schéele à imaginer une autre combinaison d'où il pût retirer plus facilement cet acide pur, & ſur laquelle M. Berthollet fait quelques obſervations. Ce procédé conſiſte, comme nous l'avons déjà dit, à faire bouillir de l'oxide rouge de mercure avec du bleu de Pruſſe & de l'eau diſtillée; l'acide pruſſique quitte l'oxide de fer pour s'unir à l'oxide de mercure avec lequel il a plus d'attraction, & forme un ſel ſoluble qui criſtalliſe en priſmes tétraëdres terminés par des pyramides quadrangulaires, dont les plans répondent aux arêtes du priſme. On ajoute à la leſſive filtrée du fer & de l'acide ſulfurique concentré; le fer s'unit à l'oxigène du mercure, & ſe combine avec l'acide ſulfurique; le mercure ſe précipite avec ſon brillant métallique. Schéele diſtilloit enſuite ce mélange à une douce chaleur, afin de ne volatiliſer que l'acide pruſſique; mais il vit, quelque petite que fût la chaleur qu'il employa, qu'il paſſoit toujours mêlé d'un peu d'acide ſulfurique. Pour obvier à cette difficulté, il ajouta au mélange une certaine quantité de craie pour fixer l'acide ſulfurique. Sur cette addition, M. Berthollet fait obſerver que, comme Schéele n'avoit pas ſpécifié la doſe de cette ſubſtance, il étoit fort facile de manquer l'opération, pour peu que la craie ſurpaſsât le point où l'acide ſulfurique eſt ſaturé; car il ſe forme du pruſſiate calcaire, qui alors décompoſe le ſulfate de fer par la loi des doubles affinités.

M. Berthollet a vu que l'acide sulfurique ne dégageoit qu'une petite quantité d'acide du prussiate de mercure; qu'il s'unissoit à la plus grande partie de ce sel sans le décomposer, & formoit un sel triple cristallisant en petites aiguilles. D'après ses expériences, l'acide muriatique dégage plus d'acide du prussiate de mercure que le précédent, & il forme également un sel triple susceptible de cristalliser en aiguilles, & beaucoup plus soluble que le muriate mercuriel corrosif. Les alcalis & la chaux précipitent en blanc ce sel triple. M. Berthollet prouve que les prussiates alcalins ne précipitent point la baryte de ses dissolutions, comme l'avoit pensé Bergman, mais qu'ils forment des sels triples; il fait voir qu'ils précipitent l'alumine. Le précipité qu'ils forment avec cette substance, n'est point altéré par l'acide sulfurique; mais digéré avec le sulfate de fer, il forme du bleu de Prusse.

L'acide prussique décompose l'acide muriatique oxigéné, en absorbe l'oxigène & devient odorant. Dans cet état il ne paroît pas avoir une grande tendance avec les substances alcalines; car à peine diminuent-elles son odeur. Il ne précipite plus le fer en bleu, mais en vert; ce précipité vert est dissoluble dans les acides. Il redevient bleu par le contact des rayons du soleil, ainsi que par l'addition de l'acide sulfureux & du fer. Les mêmes phénomènes arrivent, lorsqu'on mêle ensemble de l'acide muriatique oxigéné, du sulfate de fer & du prussiate de potasse. M. Berthollet pense, d'après cela, que le bleu de Prusse n'est pas altérable par la lumière & par l'acide sulfureux, & que c'est à l'absorption de l'oxigène qu'il doit sa couleur verte, sa dissolubilité dans les acides, &c.

Si l'on surcharge l'acide prussique d'acide muriatique oxigéné, & si on l'expose ensuite aux rayons lumineux, il prend des caractères nouveaux; il ne se combine plus avec l'oxide de fer, ni avec l'eau, au fond de laquelle il se précipite sous la forme d'huile & avec une odeur aromatique. Si dans cet état on ajoute encore de l'oxigène & qu'on le laisse au soleil, il se cristallise en petites aiguilles blanches. Cet acide ainsi oxigéné se réduit en vapeurs à une douce température; ces vapeurs ne se dissolvent point dans l'eau, & cependant ne sont point combustibles. M. Bertholiet n'a pas encore pu déterminer ce qui se passe dans cette opération. L'acide prussique s'unit-il simplement à l'oxigène sans altération, ou quelqu'un de ses principes est-il brûlé? Nous adoptons plus volontiers avec lui cette dernière idée; car quoique l'oxigène ne paroisse que peu adhérent à l'acide prussique, on ne peut plus le rétablir lorsqu'il a été traité ainsi avec l'acide muriatique oxigéné.

Lorsque l'acide prussique a été mis en état de former un précipité vert avec le fer, par le moyen de l'acide muriatique oxigéné, il s'y forme de l'ammoniaque sitôt qu'on y mêle un alcali ou de la chaux. Un acide versé dans ce dernier mélange, ne rétablit plus l'odeur propre à l'acide prussique; M. Berthollet en conclut qu'il est détruit. Quoiqu'on ait employé la potasse parfaitement pure, un acide versé après son action produit une effervescence, & dégage de l'acide carbonique qui a été formé de toutes pièces.

M. Berthollet conclut de toutes ces expériences, que l'azote, l'hydrogène & le carbone unis dans des proportions & une condensation qu'il ne connoît pas, forment ce qu'on appelle l'*acide prussique*. Cette composition éclaircit l'histoire de sa formation dans les matières animales, dans certaines substances végétales & dans le muriate ammoniacal souillé de charbons. Elle explique encore pourquoi cet acide est si combustible, détonne si fortement avec les divers nitrates, pourquoi il donne du carbonate d'ammoniaque par la distillation, & pourquoi ce sel s'y forme par l'addition de l'acide muriatique oxigéné. M. Bertholet doute que cette ſingulière combinaiſon contienne de l'oxigène ; au moins, dit-il, ſi l'acide pruſſique en contient, il n'en a pas aſſez pour que le charbon ſoit entièrement réduit en acide carbonique; car la diſtillation du bleu de Pruſſe fournit beaucoup de gaz hydrogène carboné.

Tels ſont les faits découverts par M. Berthollet; en déterminant la nature de la matière colorante du bleu de Pruſſe, il a prouvé qu'elle n'étoit point un véritable acide, quoiqu'elle en fît les fonctions dans toutes les combinaiſons. M. Veſtrumb & M. Haſſenfratz ont trouvé un peu d'acide phoſphorique dans le bleu de Pruſſe. Ce dernier chimiſte a fait voir qu'il n'eſt pas eſſentiel à ſa nature. Nous avons découvert depuis peu, M. Vauquelin & moi, qu'on obtient de l'acide pruſſique de la diſtillation du calcul de la veſſie, & en traitant beaucoup de matières végétales & animales par l'acide nitrique.

Le ſulfate de fer décompoſe très-facilement le nitre; cette décompoſition eſt due en partie à l'acide ſulfurique, qui en s'uniſſant à l'alcali du nitre, chaſſe l'acide nitrique; mais elle eſt auſſi occaſionnée en grande partie par la réaction du fer ſur ce dernier acide. Si, pour décompoſer le nitre, on prend du ſulfate de fer peu deſſéché, on obtient une aſſez grande quantité d'acide nitreux bien rouge & bien fumant; le résidu lessivé fournit du sulfate de potasse, de l'alcali fixe, & il reste sur les filtres un oxide rouge de fer. Mais, si on a employé un sulfate de fer fortement calciné & du nitre fondu, on retire très-peu de produit. Ce produit est formé de deux liqueurs, dont l'une, d'une couleur sombre & presque noire, nage à la surface d'une autre qui est rouge & pesante, comme le feroit une huile sur de l'eau. Aussi M. Baumé regarde-t-il cette liqueur comme une espèce d'huile. Il passe ensuite dans le col de la cornue & dans l'allonge, une masse saline blanche, qui attire l'humidité de l'air, se dissout avec chaleur & rapidité dans l'eau, en exhalant une forte odeur d'esprit de nitre & des vapeurs rouges très-épaisses; cette dissolution saturée de potasse, donne du sulfate de potasse; la masse blanche n'est donc que de l'acide sulfurique rendu concret par une portion de gaz nitreux.

La liqueur pesante du ballon ne paroît différer en rien de l'esprit de nitre tiré par la méthode de Glauber; mais la liqueur légère qui la surnage, étant mêlée avec l'acide sulfurique, produit une vive effervescence, & même une explosion dangereuse; presque tout l'acide nitreux se dissipe & l'acide sulfurique prend une forme concrète & cristalline. Bucquet, qui a communiqué

communiqué cette découverte à l'académie, avoit d'abord obſervé que ce dernier acide concret, obtenu dans cette diſtillation, exhale des vapeurs rouges nitreuſes, lorſqu'on le diſſout dans l'eau. Il penſoit que cet acide devoit ſa ſolidité à la préſence du gaz nitreux; & pour s'en convaincre, il a eſſayé de mêler l'acide nitreux bien noirâtre, qui ſurnageoit le rouge avec de l'acide ſulfurique très-concentré. Mais à l'inſtant même du mélange de ces deux matières, il s'eſt fait un mouvement ſi rapide, que l'eſprit de nitre verſé ſur l'acide ſulfurique, a été lancé avec bruit à une très-grande diſtance; la perſonne qui faiſoit le mélange, a été couverte de cet acide; il s'eſt élevé à l'inſtant même ſur ſon viſage une grande quantité de boutons rouges & enflammés, qui ont ſuppuré comme ceux de la petite vérole. L'acide ſulfurique eſt bientôt devenu concret & abſolument ſemblable à celui qu'on obtient dans la diſtillation dont nous venons de faire l'hiſtoire. Il paroît d'après ce fait, que cet acide peut devoir ſon état concret au gaz nitreux, comme au gaz ſulfureux.

Le réſidu de la diſtillation du nitre par le ſulfate de fer calciné au rouge, n'eſt qu'une ſorte de ſcorie de fer dont on ne peut tirer que très-peu de sulfate de potasse par le lavage.

La dissolution de sulfate de fer n'est pas altérée par le gaz hydrogène ; mais quoique la base de ce fluide élastique paroisse avoir moins d'affinité avec l'oxigène que n'en a le fer, comme on l'a vu dans l'histoire de la décomposition de l'eau, M. Monnet a observé que le gaz hydrogène sulfuré donnoit à une eau-mère sulfurique la propriété de fournir des cristaux, & M. Priestley a réduit des oxides de fer brun par le contact du gaz hydrogène. Ces expériences ne contrarient point notre doctrine ; elles ne font au contraire que la confirmer. En effet, l'hydrogène enlève toute la portion d'oxigène uni au fer, au-delà de la quantité de 0,28. Cette dernière dose n'est que celle que l'hydrogène ne peut pas séparer. Voilà pourquoi dans ces réductions on n'obtient qu'un oxide noir ou *éthiops martial*, & pourquoi l'eau n'oxide jamais le fer qu'en noir.

Les sulfures alcalins précipitent sous une couleur noirâtre le sulfate de fer. Ce précipité est une espèce de pyrite martiale, ou sulfure de fer.

L'acide nitrique est rapidement décomposé par le fer qui en dégage beaucoup de gaz nitreux, sur-tout si l'acide employé est concentré,

& si le fer est divisé. Ce métal est promptement oxidé par l'oxigène qu'il enlève à l'acide du nitre : la dissolution est d'un rouge brun ; elle laisse déposer de l'oxide de fer au bout d'un certain tems, sur-tout par le contact de l'air ; en y plongeant de nouveau fer, l'acide le dissout comme l'a indiqué Stahl, & l'oxide de fer qu'il tenoit en dissolution se précipite sur-le-champ. On peut cependant, en employant un acide nitrique foible & du fer en morceaux, obtenir une dissolution plus permanente dans laquelle le métal est plus adhérent à cet acide. Cette dernière combinaison est verdâtre & quelquefois d'un jaune clair ; l'une & l'autre de ces dissolutions évaporées se troublent & déposent de l'ochre martiale d'un rouge brun. Si on la rapproche fortement, au lieu de fournir des cristaux, elle se prend en une gelée rougeâtre qui n'est qu'en partie dissoluble dans l'eau, & dont la plus grande portion se précipite. En continuant de chauffer le nitrate de fer, il s'en dégage beaucoup de vapeurs rouges, le magma se desséche & donne un oxide d'un rouge briqueté. Ce magma distillé dans une cornue, fournit un peu d'acide nitreux fumant, beaucoup de gaz nitreux, & du gaz azote. On n'en peut point tirer d'air vital, parce que le fer retient tout l'oxigène de cet acide. L'oxide qui reste après la distillation de nitrate de fer, est d'un rouge vif & pourroit fournir une belle couleur à la peinture, &c. La dissolution nitrique de fer, quelque chargée qu'elle soit, ne m'a pas paru précipiter par l'eau distillée. Les alcalis la décomposent avec des phénomènes différens, suivant leur nature. La potasse caustique la précipite en brun clair; le mêlange passe très-vîte au brun noirâtre & beaucoup plus foncé que la couleur de la première dissolution. Ce phénomène est dû à ce qu'une portion du précipité est dissoute par l'alcali, quoique en très-petite quantité. Le carbonate de potasse en sépare un oxide jaunâtre, qui devient très-vîte d'un beau rouge orangé. Si on agite le mêlange à mesure que l'effervescence a lieu, le précipité se redissout beaucoup plus abondamment que celui qui est produit par la potasse caustique. M. Monnet a bien noté ce phénomène, & il l'a attribué avec raison au gaz qui se dégage. Cette dissolution de fer par l'alcali fixe, porte le nom de *teinture martiale alcaline de Stahl*. Elle est d'un très-beau rouge. M. Baumé recommande pour la préparer, de prendre une dissolution nitrique de fer qui ne soit que peu chargée. Stahl conseilloit au contraire une dissolution très-saturée. M. Monnet a observé qu'une dissolution jaune donnoit beaucoup de précipité qui ne se redissout presque pas dans l'alcali, & qui ne le colore pas comme doit l'être la teinture martiale ; tandis qu'une dissolution bien rouge en fait une sur-le-champ avec le même alcali. La teinture martiale alcaline de Stahl se décolore au bout d'un certain tems, & laisse déposer l'oxide de fer qu'elle contient. On peut la décomposer à l'aide d'un acide ; celui du nitre en sépare un oxide d'un rouge briqueté qui est soluble dans les acides, & que l'on appelle *safran de mars apéritif de Stahl*. L'ammoniaque pure ou caustique précipite la dissolution nitrique de fer en vert foncé & presque noirâtre. Le carbonate ammoniacal redissout le fer qu'il a séparé de l'acide, & prend une couleur d'un rouge encore plus vif que la teinture de Stahl. Cette dissolution de fer par le carbonate ammoniacal pourroit être d'un grand avantage dans les cas de pratique dans lesquels on a besoin d'un tonique puissant joint à un fondant très-actif.

La dissolution nitrique de fer chargée & rouge, ne m'a jamais donné que très-peu de véritable bleu de Prusse, par l'alcali saturé de la matière colorante de ce composé ; je n'ai eu qu'un précipité noirâtre qui s'est redissous par l'acide muriatique; la liqueur avoit alors une couleur verte.

M. Maret, ſecrétaire de l'académie de Dijon, a envoyé à la ſociété royale de médecine un procédé pour faire très-vîte de l'*éthiops martial*; il conſiſte à précipiter la diſſolution nitrique de fer par l'ammoniaque cauſtique, à laver & ſécher rapidement ce précipité. M. d'Arcet, chargé par cette compagnie d'examiner le procédé de M. Maret, n'a pas obtenu conſtamment le même réſultat que ce médecin. Dans mes mémoires ſur les précipités de fer, j'ai déterminé les cas où l'expérience de M. Maret réuſſit, & ceux où elle n'a pas de ſuccès. Il faut pour obtenir cet éthiops, 1°. que la diſſolution de fer ſoit nouvelle, & qu'elle ait été faite à froid très-lentement, avec un acide nitrique foible, & du fer peu diviſé; 2°. que l'ammoniaque ſoit récemment préparée, très-cauſtique, & ſur-tout privée par le repos, de la petite portion de terre calcaire & de matières combuſtibles noirâtres qu'elle a coutume d'enlever au ſel ammoniac & à la chaux, ſi elle n'eſt pas extraite dans l'appareil de Woulfe; 3°. que le précipité ſoit ſéparé ſur-le champ de la liqueur, & ſéché rapidement dans des vaiſſeaux fermés. Malgré toutes ces précautions, quelquefois ce précipité n'eſt pas très-noir, il a alors une couleur brune légère ; il s'enlève en écailles dont la surface inférieure est noirâtre ; ce qui prouve que c'est le contact de l'air qui en rouille légèrement la surface supérieure. J'ai obtenu un *éthiops* plus beau & plus constant, en précipitant les dissolutions muriatique & acéteuse du fer par les alcalis fixes & l'ammoniaque caustique, & en faisant sécher rapidement dans des vaisseaux fermés ces précipités bien lavés ; mais je pense, malgré cela, que ces *éthiops*, quelques purs qu'on les suppose, retiennent toujours une petite partie de leurs précipitans & de leurs premiers dissolvans, comme M. Bayen l'a observé sur les précipités de mercure ; & qu'on ne doit pas les employer en médecine avec autant de sûreté que ceux dont j'ai parlé précédemment. M. d'Arcet, dans son rapport à la société de médecine, sur le procédé de M. Maret, en a communiqué un de M. Croharé pour faire l'*éthiops martial*. Ce pharmacien, connu par plusieurs travaux chimiques bien faits, prépare ce médicament en faisant bouillir de l'eau aiguisée avec un peu d'acide nitrique sur de la limaille de fer. Ce métal est sur-le-champ légèrement oxidé, & donne beaucoup d'oxide noir ou d'*éthiops martial* ; mais je crois qu'on doit préférer à tous ces procédés celui de M. Josse, qui est d'une exécution très-facile & dont l'usage ne peut inspirer aucune crainte.

Comme on se sert souvent de fer pour obtenir le gaz nitreux, il est important d'observer ici que ce gaz n'est jamais le même, & qu'il diffère beaucoup suivant les différentes circonstances de la dissolution, la nature de l'acide plus ou moins chargé d'azote & d'oxigène, l'état du fer plus ou moins avide d'oxigène, la diverse température, &c. En général le gaz préparé par ce procédé contient toujours une quantité plus ou moins considérable d'azote, parce que le fer est un des corps qui absorbe le plus d'oxigène, & qui en prend sur-tout des quantités différentes, suivant sa nature & son état métallique ; les effets du gaz nitreux dégagé par ce métal, sont donc plus ou moins incertains dans des expériences eudiométriques. Cette vérité applicable à tous les corps qui séparent le gaz nitreux de l'acide du nitre, démontre le peu de confiance que l'on doit avoir dans les essais de l'air par les eudiomètres à gaz nitreux ; aussi les épreuves par les sulfures alcalins sont-elles beaucoup préférables.

L'acide muriatique étendu d'eau, dissout le fer avec rapidité ; il se dégage de cette dissolution une grande quantité de gaz hydrogène produit par la décomposition de l'eau, comme dans la dissolution de ce métal dans l'acide sulfurique. On avoit cru autrefois que le gaz hydrogène produit par l'action du fer sur l'acide muriatique, étoit différent de celui dont le dégagement accompagne la dissolution sulfurique. On pensoit que ce fluide élastique étoit un des principes de l'acide muriatique; mais depuis la découverte de la décomposition de l'eau par le fer, il est prouvé que cet acide dont on ne connoît pas encore la nature, n'est pas la cause de la production du gaz hydrogène, & que c'est à l'eau qu'elle est due, puisque l'acide reste entier & sans décomposition, & exige la même quantité d'alcali pour être saturé après la dissolution qu'avant. Cette dissolution du fer par l'acide muriatique, produit beaucoup de chaleur; elle continue avec la même force, jusqu'à ce que cet acide soit saturé; une portion du fer se précipite en véritable *éthiops*, comme dans toutes les autres dissolutions. Lorsqu'on l'a filtrée, elle est d'une couleur verte, tirant sur le jaune; elle est beaucoup plus stable que les deux précédentes; renfermée dans un flacon bien bouché, elle ne dépose point d'oxide de fer. J'en ai conservé pendant huit ans, qui n'a déposé qu'une très-légère poussière d'un jaune pâle; si au contraire on la laisse à l'air, elle dépose en quelques semaines presque tout le fer qu'elle contient, & ce précipité est d'une couleur d'autant plus claire que le contact de l'air est plus multiplié ; il est démontré aujourd'hui que cette précipitation qui a également lieu dans toutes les autres dissolutions de fer, est due à l'oxigène atmosphérique absorbé par le métal qui s'oxide de plus en plus, comme je l'avois soupçonné & annoncé en 1777. (Voyez *mes Mémoires de Chimie.*)

Stahl avoit annoncé que dans la combinaison du fer avec l'acide muriatique, cet acide prenoit les caractères de celui du nitre ; mais ce fait n'a été observé par aucun chimiste; il paroît que Stahl ne s'en étoit rapporté qu'à la couleur jaune de cette dissolution, & à l'odeur qu'elle répand ; odeur en effet un peu différente de celle de l'esprit de sel, & qui se rapproche de celle de l'acide muriatique oxigéné.

La dissolution de fer par l'acide muriatique évaporée, ne cristallise pas régulièrement. M. Monnet a observé que si on la laisse refroidir lorsqu'elle est en consistance sirupeuse, elle forme une espèce de magma, dans lequel on entrevoit des cristaux aiguillés & applatis qui sont très-déliquescens. Ce magma se fond à un feu très doux ; en le chauffant davantage, il se décompose, mais moins facilement que le nitrate de fer, & il prend une couleur de rouille lorſqu'il eſt ſec. Il s'en dégage de l'acide muriatique, que l'on peut obtenir par la diſtillation, & qui, ſuivant la remarque de Brandt, entraîne avec lui un peu d'oxide de fer.

M. d'Ayen, dans un des quatre excellens Mémoires qu'il a donnés à l'académie ſur les combinaiſons des acides avec les métaux, a examiné en détail ce qui ſe paſſe dans cette décompoſition du muriate de fer à la cornue. Cette opération lui a fourni des produits très-ſinguliers; d'abord un phlegme légèrement acidule à une chaleur douce; l'acide muriatique s'eſt donc concentré, & ſon gaz beaucoup plus volatil que l'eau, a été en partie fixé par le fer. A une chaleur beaucoup plus forte, une partie de cet acide a été enlevée avec un peu de fer, & il s'eſt formé quelques criſtaux non déliqueſcens dans le ballon. Il s'eſt ſublimé en même-tems à la voûte de la cornue des criſtaux très-tranſparens & en forme de lames de raſoirs, qui décompoſoient la lumière comme les meilleurs priſmes, & offroient de fort belles nuances de rouge, de jaune, de vert & de bleu. Il reſtoit au fond de la cornue un ſel ſtiptique & déliqueſcent, d'une couleur brillante & d'une forme feuilletée, qui reſſembloit parfaitement à l'eſpèce de talc à grandes lames, qu'on appelle improprement verre de Moſcovie. Ce dernier sel exposé à un feu violent, dans une cornue de grès, s'est décomposé & a fourni une sublimation encore plus étonnante par sa nature que les premiers produits. C'étoit une matière opaque, vraiment métallique, qui, examinée au microscope, présentoit des cristaux réguliers ou des tranches de prismes hexagones, que M. d'Ayen compare aux carreaux dont on garnit le plancher des chambres. Ces cristaux étoient aussi brillans que l'acier du poli le plus vif, & l'aimant les attiroit fortement : c'étoit du fer en partie réduit & sublimé (1). L'art paroît ici imiter la nature qui sublime l'oxide noir de fer par le feu des volcans, sous la forme de lames brillantes & polies, comme de l'acier. Telle paroît être au moins l'origine du fer spéculaire du mont d'Or & de celui de Volvic, qui, d'après les observations bien faites

(1) J'ai dans mon cabinet une mine de fer noir, qui offre de petites lames très-brillantes, d'une demi-ligne de largeur, dont la forme approche beaucoup des cristaux obtenus par M. d'Ayen. Ce sont de petites écailles fort minces, d'un gris de fer fort éclatant, posées de champ, qui s'entrecroisent en toutes sortes de sens, & qui sont dispersées dans un quartz opaque rougeâtre, ou dans une espèce de jaspe grossier. Ce joli morceau vient de Lorraine. Le fer de Framont est de la même nature.

de M. de l'Arbre, médecin de Riom, se trouve toujours dans les fentes de laves.

On voit par ces détails combien la chimie est riche en phénomènes singuliers, & combien cette belle science promet de découvertes à ceux qui voudroient faire des expériences avec toute l'exactitude & toute l'étendue que M. d'Ayen a mises dans ses recherches. N'oublions pas d'observer que cette réduction du fer favorise la doctrine des gaz, & qu'on en obtiendroit peut-être de semblables de beaucoup d'autres dissolutions métalliques traitées par le même procédé.

La dissolution muriatique de fer est décomposée par la chaux & par les alcalis, comme toutes les dissolutions martiales; mais ces précipités sont moins altérés, & peuvent se réduire très-facilement, sur-tout ceux qui sont produits par les alcalis caustiques. J'ai déjà fait observer que cette combinaison fournissoit l'*Ethiops* ou l'oxide noir de fer le plus pur par la précipitation. Les sulfures alcalins, le gaz hydrogène sulfuré & les astringens la décomposent comme les deux autres; enfin, les alcalis prussiens ou les prussiates alcalins, en précipitent un bleu très-beau.

L'eau chargée d'acide carbonique dissout facilement le fer; il suffit pour opérer cette combinaiſon de mettre de la limaille dans cet acide liquide, & de laiſſer le mélange en digeſtion pendant quelques heures. Cette liqueur filtrée a une ſaveur piquante & un peu ſtiptique. MM. Lane & Rouelle ont reconnu cette propriété dans l'acide carbonique. Bergman, qui nommoit cette combinaiſon *fer aéré*, dit qu'expoſée à l'air, elle ſe couvre d'une pellicule irriſée; qu'elle eſt décompoſable par les alcalis purs; mais que les ſels ſaturés de cet acide, n'y opèrent pas le même effet. Cette diſſolution verdit le ſirop de violettes, & donne du bleu de Pruſſe très-brillant avec le pruſſiate calcaire; elle précipite de l'oxide de fer brun, lorſqu'on la laiſſe expoſée à l'air, ou lorſqu'on la chauffe. Nous donnons à cette combinaiſon le nom de *carbonate de fer*. Le fer a beaucoup de tendance pour s'unir à l'acide carbonique. La nature nous le préſente très-fréquemment dans cet état; les mines de fer limoneuſes, le fer ſpathique, paroiſſent être en grande partie formés par cette combinaiſon. Les eaux minérales ferrugineuſes contiennent ſouvent le fer dans l'état de carbonate de fer. Ce ſel, ſéparé de l'eau & ſec, eſt peu ſoluble dans ce fluide; mais il ſe diſſout en grande quantité dans l'acide carbonique liquide, dont il ſe précipite à meſure que l'acide ſe volatilise. On ne connoît point l'action de l'acide boracique & de l'acide fluorique sur le fer. Ce métal décompose très bien les sels sulfuriques, & en particulier les sulfates de potasse & de soude. J'ai traité ces sels par le fer dans un creuset, & je les ai trouvés ensuite dans l'état de sulfures; la lessive de cette espèce de sulfure est d'un verd extrémement foncé. Quelques gouttes d'acide font disparoître très-promptement la couleur de cette espèce de teinture métallique. La plus grande partie du fer oxidé par l'oxigène de l'acide sulfurique, reste sans se dissoudre dans l'eau de la lessive, & les acides dégagent de cet oxide une grande quantité de gaz hydrogène sulfuré.

Le fer fait détoner le nitre. En projettant dans un creuset bien rouge un mélange de parties égales de limailles de fer & de nitre bien sec, il s'excite au bout de quelque tems un mouvement très rapide; il s'élève du creuset beaucoup d'étincelles très-éclatantes. Lorsque la détonation est finie, le creuset contient un oxide de fer rougeâtre, dont une petite portion est combinée avec l'alcali; en lavant cette matière l'eau dissout l'alcali; & l'oxide de fer reste sur le filtre. On appeloit autrefois cet oxide *safran de mars de Zwelser*. Il est d'un jaune rougeâtre, peu dissoluble dans les acides.

L'alcali qu'on en a séparé par le lavage, est caustique, suivant la plupart des chimistes, qui pensent que les oxides métalliques agissent comme la chaux pure sur ce sel chargé d'acide carbonique (1).

Le fer décompose très-bien le muriate ammoniacal. Deux gros de limaille de fer, triturés avec un gros de ce sel, ne laissent point dégager de gaz ammoniac. Bucquet qui a distillé ce mélange à l'appareil pneumato-chimique au mercure, en a obtenu cinquante-quatre pouces cubes d'un fluide aériforme, dont moitié étoit du gaz ammoniac, & l'autre moitié du gaz hydrogène. Quatre onces de la même limaille & deux onces de muriate ammoniacal, distillés à la cornue avec un récipient ordinaire, fournissent environ deux gros d'ammoniaque liquide chargée d'un peu de fer, qu'elle laisse bientôt déposer dans l'état d'oxide. Le résidu de ces opérations est du muriate de fer. La décomposition du muriate ammoniacal par le fer,

---

[1] Il faut observer que depuis la théorie de Black sur la causticité de la chaux & des alcalis, on n'a pas fait les expériences nécessaires pour assurer cette parité d'action entre la chaux proprement dite & les oxides métalliques. On ne peut donc rien dire d'exact sur cet objet, avant que l'expérience ait prononcé.

eſt fondée ſur ce que ce métal s'unit très-bien à l'acide muriatique; ce qui eſt prouvé par le dégagement du gaz hydrogène que l'on obſerve dans cette expérience. On prépare en pharmacie, avec le muriate ammoniacal & le fer, un médicament que l'on appelle *fleurs de ſel ammoniac martiales*, ou *Ens martis*. On mêle enſemble une livre de muriate ammoniacal en poudre, & une once de limaille de fer,; on expoſe ce mêlange dans une terrine recouverte d'un pareil vaiſſeau, à un feu capable de faire rougir la partie inférieure de cet appareil. En cinq à ſix heures il ſe ſublime une matière jaune que l'on conſerve dans un flacon; ce ſont les *fleurs martiales*. Cette ſubſtance eſt formée en très-grande partie de muriate ammoniacal ſublimé avec un peu d'oxide de fer. Comme le métal décompoſe très-bien ce ſel, il faut n'en employer qu'une petite quantité, afin que la plus grande partie du ſel ſe ſublime en nature. La portion d'oxide de fer qui eſt volatiliſée, colore le muriate ammoniacal, qui ſe ſublime en même-tems.

L'oxide de fer décompoſe ce ſel mieux que le métal lui-même, puiſqu'il en dégage l'ammoniaque à froid. Celle qu'on en obtient par la diſtillation, eſt très-fluide & aſſez cauſtique. J'ai eu de l'ammoniaque qui faiſoit une légère effervescence avec les acides, en distillant le muriate ammoniacal avec la moitié de son poids de *safran de mars apéritif*, ou oxide de fer préparé par le contact de l'air, & qui contient de l'acide carbonique. Dans cette expérience l'acide carbonique dégagé du fer, s'est uni à l'ammoniaque, qu'il a rendue effervescente.

Le fer est altéré dans sa couleur par le gaz hydrogène; mais cette altération n'a pas encore été assez examinée. L'oxide noir de fer n'est pas décomposé par ce gaz; mais les oxides bruns ou rouges le sont facilement & passent l'état d'oxide noir, parce qu'ils cèdent à l'hydrogène la quantité d'oxigène surabondante à celle qui met le fer dans l'état d'oxide noir.

Le soufre se combine rapidement avec le fer. Un mélange de limaille de fer & de soufre en poudre, humecté avec une petite quantité d'eau, s'échauffe au bout de quelques heures; alors il se gonfle, s'agglutine, absorbe l'eau, se fend avec un bruit ou pétillement sensible, & exhale beaucoup de vapeurs aqueuses accompagnées d'une odeur fétide & qui est très-semblable à celle du gaz hydrogène sulfuré. Si le mélange est fait en grande masse, il s'enflamme en vingt-quatre ou trente heures, & dès que les vapeurs aqueuses ont cessé. Sur la fin de l'action de ces substances l'une sur l'autre, la chaleur va en augmentant avec beaucoup de rapidité, & l'inflammation a bientôt lieu. L'odeur est alors bien plus exaltée ; elle paroît être due à du gaz hydrogène produit par la réaction du soufre & du fer sur l'eau. Cette odeur est mêlée de celles des sulfures alcalins & de celle du gaz hydrogène pur ; c'est sans doute à ce gaz dégagé en grande quantité, qu'est due l'inflammation qu'on observe dans cette expérience, puisque la flamme est beaucoup plus vive que celle du soufre. Elle s'élève à un pied, suivant le rapport de M. Baumé, qui a observé ce phénomène sur un mélange de cent livres de limaille de fer & d'autant de soufre en poudre ; elle n'a duré que deux ou trois minutes. Le mélange est resté embrasé & rouge pendant quarante heures. M. Baumé explique cette inflammation par le dégagement du phlogistique du soufre en feu libre. Lémery le père a donné le nom de volcan artificiel à cette expérience, & il a imaginé que les feux qui s'allument dans l'intérieur de notre globe & qui en soulevant sa surface produisent les tremblemens de terre & les volcans, étoient dus à une combustion semblable des pyrites entassées & humectées. On peut imiter ces terribles effets, suivant le même chimiste, en enfouissant dans la terre un mélange de soufre en poudre & de limaille de fer, réduit en pâte avec l'eau, & en le recouvrant de terre que l'on bat fortement. Cette expérience n'a pas réussi à Bucquet, qui l'a répétée avec beaucoup d'exactitude; les recherches de M. Priestley sembloient en indiquer la raison. Ce physicien a observé que le mélange de fer & de soufre humecté absorboit une certaine quantité d'air, qui pouvoit paroître nécessaire pour son inflammation. Cependant cette inflammation peut avoir lieu sans le contact de l'air. En effet il paroît que le fer très-divisé réagit sur l'eau, s'empare de son oxigène qui le brûle & laisse dégager le gaz hydrogène qui prend la forme de fluide élastique en raison du calorique séparé de l'eau. Ce gaz dissout aussi une portion du soufre & forme du gaz hydrogène sulfuré.

Il y a beaucoup d'analogie entre cette combinaison du fer & du soufre par la voie humide, & l'efflorescence des *pyrites*, qui produit du gaz hydrogène sulfuré, lorsqu'elles sont humectées d'eau.

Le soufre se combine très-aisément au fer par la fusion; il en résulte un sulfure de fer ou une *pyrite* disposée en aiguilles. Comme le soufre augmente beaucoup dans ce cas la fusibilité du fer, on peut faire fondre sur le-champ ce métal à l'aide de ce corps combustible. Il faut pour cela faire paſſer une petite barre de fer rougi à blanc dans un canon de ſoufre, & recevoir dans de l'eau la matière fondue qui s'écoule. On retrouve dans ce fluide des globules noirâtres caſſans, ſemblables à des *pyrites*, & formés comme elles, de petites pyramides très-alongées & concentriques.

Le fer donne avec l'arſenic un alliage aigre caſſant & très-peu connu. Il paroît que ce métal exiſte dans beaucoup de mines de fer, & qu'il eſt la cauſe du fer caſſant à chaud.

Avec le cobalt le fer conſtitue un métal mixte à petits grains ſerrés, dur & très-difficile à caſſer.

Il ne paroît pas ſuſceptible de s'unir au biſmuth.

Combiné à l'antimoine, il préſente un alliage dur, à petites facettes, que le marteau n'applatit que légèrement. Le fer a plus d'affinité avec le ſoufre que n'en a ce métal fragile; il eſt conſéquemment ſuſceptible de décompoſer le ſulfure d'antimoine. Pour opérer cette décompoſition, on fait rougir dans un creuſet cinq onces de pointes de clous de maréchal; on y jette une livre de ſulfure d'antimoine concaſſé; on donne promptement un bon coup de feu, afin de faire fondre le mélange; lorſqu'il eſt bien fondu, on projette une once de nitre en poudre, pour faciliter par une bonne fusion la séparation des scories d'avec l'antimoine; on laisse refroidir le mélange, & on trouve dans le creuset de l'antimoine qui ne contient pas de fer. Si l'on a employé une partie de fer sur deux de sulfure d'antimoine, celui-ci sera allié de fer. Les scories que l'on trouve au-dessus de l'antimoine allié de fer & préparé avec le nitre & le tartre, ont une couleur jaunâtre semblable à celle du succin, en raison du fer qu'elles contiennent. Stahl les a nommées, à cause de cela, *scories succinées*. Il prescrit de les réduire en poudre, de les faire bouillir dans l'eau qui entraîne la partie la plus divisée de cette poussière; on la décante, on la filtre, & on fait détoner trois fois avec le nitre la poudre qu'elle a laissée sur le filtre. On la lave, on la fait sécher; c'est le *safran de mars antimonié apéritif* de Sthal.

Il est encore incertain si le zinc peut s'unir avec le fer. Malouin, dans son mémoire sur le zinc (*Académie*, 1742) a fait voir que ce métal pouvoit s'appliquer comme l'étain, à la surface du fer, & la défendre du contact de l'air, ce qui indique que ces deux matières métalliques sont susceptibles de se combiner.

Il paroît que le nickel s'allie très intimément au fer, puisqu'on ne peut jamais séparer entièrement ces deux substances métalliques, comme l'a démontré Bergman.

Le mercure ne contracte aucune union avec le fer dans son état métallique. On a tenté en vain d'unir ces deux métaux immédiatement; mais on y est parvenu en les présentant l'un à l'autre dans l'état d'oxides. Navier a observé qu'on obteneit un précipité neigeux blanchâtre, en mêlant une dissolution de fer & de mercure par l'acide sulfurique; & en évaporant le mélange, il se forme dans cette opération des petits cristaux plats très-légers & semblables à l'acide boracique; Navier s'est assuré que ces cristaux sont une combinaison de fer & de mercure.

Le plomb ne peut contracter aucune union avec le fer.

Le fer & l'étain paroissent être susceptibles de s'unir par la fusion. L'art qui consiste à enduire la surface du fer d'une couche d'étain, ou la préparation du *fer-blanc*, indique que cette combinaison a lieu. Pour étamer le fer, il faut que la surface de ce métal soit très-propre & brillante; pour cela on le décape avec un acide, quelquefois on le lime, ou bien on l'enduit de sel ammoniac : on le plonge ensuite verticalement dans une chaudière pleine d'étain fondu; on le retourne afin de multiplier le contact ; & lorsqu'il est assez étamé, on le retire & on le frotte avec de la sciure de bois ou du son, pour enlever le suif ou la poix dont on avoit recouvert l'étain fondu, & qui s'est appliqué à la surface du fer étamé. Si l'on étame le fer réduit en lames minces comme la tôle, l'étain ne s'appliquera pas seulement à sa surface, mais il pénétrera dans son intérieur, il se combinera à toutes ses parties; & en le coupant, on observera la même couleur blanche dans son milieu qu'à sa surface; ce qui indique que le fer-blanc bien fait est une vraie combinaison chimique. D'ailleurs, il est plus malléable que le fer, & l'on en fabrique des vaisseaux d'une forme qu'il seroit impossible de faire prendre par le marteau à ce métal pur.

Nous avons vu au commencement de ce chapitre, que le fer absorbe facilement le charbon par la chaleur, & qu'il forme la *fonte* & l'*acier* par son union avec ce corps combustible, avec cette différence qu'il contient de l'oxigène dans le premier de ces composés, & qu'il n'en contient pas dans le second. Dans l'un & l'autre le fer est en quantité beaucoup plus grande que le charbon. L'analyse chimique qui doit tant aux travaux de Schéele, a prouvé à ce chimiste que la *plombagine*, espèce de minéral dont la nature & le rang qu'elle mérite parmi les minéraux, ont long-tems embarrassé les physiciens, n'est qu'une combinaison naturelle de beaucoup de charbon & de très-peu de fer. Son histoire doit donc appartenir à celle de ce métal.

La *plombagine* a été long-tems confondue avec la *molybdène* (1). Pott est le premier qui ait prouvé que l'une & l'autre de ces substances ne contient point de plomb, comme on l'avoit cru anciennement. Les noms que la *molybdène* & la *plombagine* avoient reçus, étoient très-propres à perpétuer ces erreurs. On les nommoit l'une & l'autre & indistinctement *mine de plomb*, *crayon d'Angleterre*, *plomb de mer*, *céruse noire*, *mica des peintres*, *crayon de plomb*, *fausse galène*, *talc*, *blende*, *potelot*.

Le *carbure de fer* natif (nom que nous avons substitué à celui de *plombagine*, & qui exprime la nature de ce composé) existe dans les montagnes, souvent entre des lits de quartz, de feld-spath, d'argile ou de craie, sous la forme de morceaux arrondis irréguliers, ou de rognons de différentes grosseurs, dont les plus volumineux pèsent depuis huit jusqu'à dix & onze livres; il y en a aussi de disséminés en fragmens

(1) Il est reconnu que ce que l'on appeloit la *molybdène* est l'oxide d'un métal cassant particulier acidifiable; nous en avons fait l'histoire à l'article des métaux cassans.

beaucoup plus petits, & quelquefois même en couches ou en lits. Les habitans de Bleoux, hameau situé près de Curban dans la haute Provence, exploitent du *carbure de fer natif*, ou de la plombagine qui se trouve en couches de quatre pieds d'épaisseur entre deux lits d'argile; cette matière se vend à Marseille. M. de la Peyrouse compte le carbure de fer dans les minéraux des Pyrénées; on en trouve en Espagne & en Allemagne; il y en a une mine fort abondante dans le duché de Cumberland en Angleterre; on en fabrique des crayons fort estimés. L'Amérique septentrionale & le Cap de Bonne-Espérance en fournissent aussi quelques échantillons. On a trouvé depuis quelque tems de la *plombagine* cristallisée en octaëdres.

Le carbure de fer est luisant & d'un bleu noirâtre; il est gras au toucher & présente une cassure tuberculeuse, tandis que le *molybdène* a une cassure lamelleuse; sa qualité onctueuse & savoneuse l'avoit fait regarder comme une espèce d'argile impur par quelques naturalistes. Il tache les mains & laisse sur le papier une trace noirâtre que tout le monde connoît dans le *crayon noir*.

Le carbure de fer n'éprouve aucune altération par la chaleur dans des vaisseaux fermés. M. Pelletier qui a fait des recherches sur cette ſubſtance, apres Schéele, & qui n'a obtenu aucun réſultat différent, en a expoſé 200 grains dans un creuſet de porcelaine bien bouché au feu de la manufacture de Sèves ; ce minéral n'a perdu que 10 grains. Mais lorſqu'on le chauffe avec le contact de l'air, il brûle & s'oxide ſans laiſſer preſque de réſidu. MM. Quiſt, Gahn & Hielm avoient obſervé que 100 grains traités ainſi dans une capſule ſous la mouffle, ne laiſſoient que 10 grains d'oxide ferrugineux. Cette oxidation eſt une combuſtion lente & très-difficile à opérer ; elle ne réuſſit pas dans un creuſet ordinaire, mais il faut pour cela expoſer une couche mince de carbure de fer dans un vaiſſeau plat à l'action d'un grand feu, & en renouveler ſouvent les ſurfaces. C'eſt ainſi que ſe brûle peu à peu le carbure de fer dont on enduit les tuyaux de poële, &c.

L'air, l'eau & les ſubſtances terreuſes n'ont aucune action ſur le carbure de fer. Les alcalis ont une grande action ſur cette ſubſtance. Si l'on chauffe dans une cornue avec l'appareil pneumato-chimique une partie de carbure de fer avec deux parties d'alcali fixe cauſtique ſec, ou de *pierre à cautère*, la petite quantité d'eau contenue dans le ſel ſuffit pour favoriſer la combuſtion de cette ſubſtance ; on obtient du gaz hydrogène carboné, l'alcali ſe trouve chargé d'acide carbonique, & il ne reste presque rien du carbure de fer. Cette expérience, ainsi que la détonation avec le nitre dont il sera question plus bas, ont fait penser à Schéele que cette matière est une espèce de soufre formé d'*acide aérien* ou carbonique, & de phlogistique. Cette théorie sera discutée, lorsque nous aurons examiné les autres phénomènes que présente ce corps combustible avec les acides & les sels neutres.

L'acide sulfurique n'a aucune action sur le carbure de fer, suivant Schéele. M. Pelletier a observé que 100 grains de cette substance & 4 onces d'acide sulfurique concentré, digérés à froid pendant plusieurs mois, ont donné à cet acide une couleur verte, & la propriété de se congeler à un très-leger degré de froid. Distillé sur le carbure de fer cet acide passe à l'état sulfureux, en brûlant une partie de cette substance.

L'acide nitrique ne l'altère en aucune manière. L'acide muriatique en dissout l'alumine & le fer, & sert à la purifier, suivant M. Berthollet. M. Pelletier a employé le même procédé pour avoir du carbure de fer pur. Quant à l'alumine que l'acide muriatique enlève au carbure de fer, Schéele remarque que celle qu'il en a séparée dans son analyse, appartenoit au creuſet dans lequel il l'avoit traitée auparavant.

Le carbure de ſer ſondu avec quatre parties de ſulfate de potaſſe ou de ſulfate de ſoude, donne des ſulfures alcalins & eſt entièrement décompoſé.

Le nitre détonne à l'aide de cette ſubſtance; il faut dix parties de ce ſel pour en brûler complètement une partie. L'alcali fixe qui reſte après cette opération, fait une vive efferveſcence avec les acides, & ſe trouve mêlé d'une petite quantité d'oxide de fer. Le même effet a lieu avec le nitrate de ſoude & avec le nitrate ammoniacal. M. Pelletier a obſervé que dans cette dernière opération l'ammoniaque ſe dégage combinée avec une portion d'acide carbonique.

Le carbure de ſer n'agit point ſur le muriate de potaſſe ni ſur le muriate de ſoude.

Quand on le diſtille avec le muriate ammoniacal, il donne des *fleurs ammoniacales martiales*. Chauffé avec du ſoufre dans une cornue, le ſoufre ſe ſublime ſeul & ſans altérer en aucune manière le carbure de fer.

Tous ces faits prouvent que cette ſubſtance n'eſt point une terre ni une mine de plomb, comme on l'avoit cru; mais quant à la théorie de Schéele qui l'a regardée comme une combinaiſon d'acide carbonique & de phlogiſtique, elle ne peut pas être admise; 1°. parce que ce chimiste n'a point déterminé exactement la quantité de cet acide qu'il en a obtenu ; 2°. parce qu'il n'a pas pu faire artificiellement de la *plombagine*, en combinant de l'acide carbonique avec une matière combustible. D'ailleurs, les deux substances avec lesquelles Schéele a changé le carbure de fer en acide carbonique, opérent ce changement en fournissant de l'air vital qui se combine avec la matière inflammable de cette substance, & qui donne naissance à cet acide par la fixation de l'oxigène; car telle est la manière dont l'acide nitrique convertit le tungstène, l'arsenic & le sucre en acides. Quant à l'alcali fixe caustique qui change aussi le carbure de fer en acide carbonique, c'est manifestement en raison de l'eau que cet alcali contient toujours, & qui brûle la matière combustible, comme elle fait le fer & le zinc; cette opinion est confirmée par le gaz hydrogène que l'on obtient pendant l'action réciproque de l'alcali & du carbure de fer. On pourroit le confirmer encore davantage en faisant passer de l'eau en vapeurs à travers cette substance rougie dans un tube de cuivre ou de porcelaine, comme on le fait pour le fer & pour le zinc. Quoique cette expérience n'ait point encore été faite, je crois pouvoir avancer que tout le carbure de fer ſera détruit & converti en acide carbonique, & que le produit de cette opération ſera du gaz hydrogène carboné, & mêlé d'une grande quantité d'acide carbonique. Il paroîtroit donc naturel d'en conclure que l'acide carbonique eſt un compoſé de plombagine & d'oxigène; mais comme nous ſavons par beaucoup d'autres expériences, que l'on ne peut former cet acide qu'en combinant le charbon avec l'oxigène, il en réſulte que la *plombagine* contient beaucoup de charbon, & qu'elle eſt même preſqu'entièrement formée par ce corps combuſtible. Quelques traits raſſemblés ici ſur les propriétés du charbon comparées à celles du carbure de fer, confirmeront cette aſſertion.

Le charbon de pluſieurs matières végétales eſt brillant & a un aſpect métallique comme le carbure de fer; il tache les mains & laiſſe des traces ſur le papier comme cette matière, & ſon tiſſu eſt grenu & caſſant comme le ſien. Les charbons les plus brillans, comme ceux de quelques ſubſtances animales, ſont auſſi difficiles à brûler que le carbure de fer, qui demande beaucoup d'agitation, une grande chaleur, & un contact de l'air très multiplié pour ſe conſumer; on trouve du fer dans l'un & dans l'autre; enfin, ces deux ſubſtances ſont ſuſceptibles de ſe changer en acide carbonique par la combuſtion ; n'eſt-il pas permis de regarder d'après cela la *plombagine* comme du charbon formé dans l'intérieur du globe, ou enfoui dans la terre ? Ne pourroit-on pas même penſer que cette matière ſe forme par la combinaiſon de quelques principes minéraux, quoique preſque tous les chimiſtes aient penſé qu'il n'y avoit que les matières organiques qui pouvoient ſe convertir en charbon ? Cette dernière idée ne ſeroit confirmée ou détruite que par une étude ſuivie de l'état du carbure de fer dans la nature, des circonſtances de ſa formation, des altérations qu'il y éprouve. Depuis ces connoiſſances acquiſes ſur le carbure de fer, par les recherches de MM. Vandermonde, Monge & Berthollet ſur les différens états de ce métal, ils ont découvert qu'il ſe forme tous les jours dans la fuſion de la fonte, une ſubſtance tout-à-fait ſemblable au carbure de fer natif ; il eſt rare que les cuillers avec leſquelles on puiſe la fonte pour la couler, n'en ſoient enduites. Les déblais des hauts fourneaux que l'on répare, en offrent auſſi en maſſes criſtalliſées ; on peut eſpérer qu'on en préparera quelque jour d'artificiel pour le beſoin des arts.

Le carbure de fer eſt d'un uſage aſſez étendu. On en fait des crayons ; les plus eſtimés viennent d'Angleterre. C'eſt à Reſwick dans le duché

ché de Cumberland, qu'on tire celui qui eſt employé pour faire les crayons. On ſcie les rognons de carbure de fer en petites tablettes minces, on les ajuſte dans des cylindres de bois garnis de rainures, & on les coupe de manière que la cavité de ces cylindres ſoit remplie. La pouſſière produite par le ſciage & la coupure des tablettes de carbure de fer, ſert à faire des crayons de qualité inférieure, & tels qu'on en débite beaucoup à Paris ; on la mêle avec une pâte de gomme, ou bien on la fond avec du ſoufre ; on reconnoît ces faux crayons d'Angleterre, ſoit parce qu'ils ſe fondent & brûlent à la flamme d'une bougie, ſoit parce qu'ils ſe ſéparent en fragmens & tombent même en poudre en les laiſſant tremper dans l'eau. Le carbure de fer d'Allemagne eſt auſſi employé pour faire des crayons ; on y ajoute différens corps étrangers, comme du charbon, du ſoufre, &c.

En Angleterre la pouſſière très-fine de carbure de fer ſert à enduire les rouages de quelques inſtrumens, & elle facilite leurs mouvemens par ſa qualité graſſe & onctueuſe.

Un des principaux uſages de cette ſubſtance, c'eſt de ſervir d'enduit au fer qu'on veut défendre de la rouille ; les tuyaux de poële, les plaques de cheminée & autres uſtenſiles expofés à l'action du feu & de l'air, font recouverts de carbure de fer en poussière, que l'on applique à leur surface par le simple frottement avec un pinceau. Homberg a décrit en 1699 un procédé pour donner la couleur plombée aux ustensiles de fer. Il consiste à mêler à huit livres d'axonge fondue avec quatre onces de camphre, une quantité suffisante de carbure de fer, & à enduire de cette composition le fer chauffé, jusqu'à ce qu'on ait de la peine à le tenir; on a soin d'essuyer les ustensiles de fer avec un linge, après les avoir recouverts de cette espèce de vernis.

Les ouvriers qui fabriquent le plomb de chasse, l'adoucissent & noircissent en même-tems sa surface, en le roulant dans du carbure de fer en poudre. Il fait aussi partie de la composition que l'on applique sur les cuirs à repasser les rasoirs. Enfin, il entre dans la fabrication de quelques poteries noires d'Angleterre, & dans celle des creusets que l'on fait à Passaw en Saxe.

M. Pelletier qui a bien décrit les divers usages du carbure de fer, s'est servi avec avantage d'un lut qu'il a préparé d'après Pott, avec une partie de cette substance, trois d'argile ordinaire, & un peu de bouze de vache coupée très-menue; ce lut soutient très-bien les cornues de verre qui se fondent quelquefois, sans qu'il ait changé de forme.

Les grands usages du fer sont si étendus, & d'ailleurs si connus, qu'il seroit inutile d'y insister : il est seulement important de savoir qu'aucun art ne peut absolument s'en passer, & qu'il est l'ame de tous les arts, comme le dit Macquer. Les différentes modifications qu'il est susceptible de prendre, le rendent très-propre à la multiplicité des usages divers auxquels on le destine. La fonte sert à couler des ustensiles plus ou moins solides, plus ou moins résistans suivant le besoin. La dureté & la tenacité des différentes espèces de fer forgé, s'accordent très-bien avec les usages variés auxquels on l'applique. Il en est de même des aciers ; la finesse du grain & la trempe en constituent de beaucoup d'espèces, qui toutes trouvent leur application dans une infinité d'arts différens où elles conviennent. Les oxides de fer servent à colorer en rouge ou en brun les porcelaines, les faïences, les émaux, &c. On les emploie aussi dans la préparation des pierres précieuses artificielles, & on les combine avec l'huile pour la peinture.

Le fer fournit à la médecine un remède important & auquel elle doit souvent les plus grands succès. C'est le seul métal qui n'ait rien de nuisible, & dont on ne puisse pas redouter les effets. Il a même, comme nous l'avons vu, une telle analogie avec les matières organiques, qu'il semble en faire partie, & devoir souvent sa production au travail de la vie, ou à celui de la végétation; les effets du fer sur l'économie animale sont assez multipliés. Il stimule les fibres des viscères membraneux, & paroît agir spécialement sur celles des muscles dont il augmente le ton. Il fortifie les nerfs & donne à la machine affoiblie une force & une vigueur remarquables. Il excite plusieurs sécrétions, surtout celle des urines & celles qui se font par une évacuation du sang. Il provoque les hémorragies naturelles, comme le flux menstruel & les hémorroïdes. Il augmente & multiplie les contractions du cœur, & par conséquent la force & la vîtesse du pouls. Il n'agit pas avec moins d'énergie sur les fluides. Il passe facilement dans les voies de la circulation, & va se combiner au sang auquel il donne de la densité, de la consistance, de la couleur, & qu'il rend plus concrescible; il lui communique en même-tems une activité telle qu'il passe facilement dans les plus petits vaisseaux, qu'il stimule lui-même les parois des canaux qui le renferment, & qu'il porte par-tout la force & la vie. Les belles expériences de Menghini publiées dans les mémoires de l'inſtitut de Bologne, ont prouvé que le ſang des perſonnes qui font uſage du fer, eſt plus coloré & contient une plus grande quantité de ce métal qu'il n'en contient naturellement. Lorry, qui a porté dans l'exercice de la médecine cette fineſſe d'obſervation, & ces grands apperçus qui caractériſent le ſavant profond & le médecin philoſophe, a vu les urines d'un malade auquel il adminiſtroit le fer très-diviſé, ſe colorer manifeſtement avec la noix de galle. Ce métal eſt donc tonique, fortifiant, ſtomachique, diurétique, altérant, inciſif, & on trouve réunies dans ſon action les propriétés d'un grand nombre de médicamens. Il reſſerre les fibres comme les aſtringens, il en augmente l'oſcillation, & il a ſur beaucoup d'autres remèdes qui jouiſſent de la même vertu, l'avantage d'être plus conſtant & plus durable dans ſes effets, parce qu'il ſe combine aux organes eux-mêmes par le moyen des fluides qui ſervent à leur nutrition. Il convient donc dans tous les cas où les fibres des viſcères, celles des muſcles & même celles des nerfs, n'ont qu'une action très-foible; dans la langueur de l'eſtomac & l'inertie des inteſtins dans les foibleſſes détruites par ces cauſes; enfin toutes les fois que les fluides ſont peu conſiſtans, peu concreſcibles, trop délayés comme dans les pâles couleurs, la propenſion à l'hydropiſie, &c. On l'emploie ſous beaucoup de formes différentes; tels ſont la limaille porphyriſée, l'éthiops martial, ou l'oxide de fer noir préparé par l'eau, les ſafrans de mars aſtringent & apéritif, ou les oxides de fer jaune & rouge, la teinture martiale alcaline de Stahl, les fleurs de ſel ammoniac martiales, &c. Peut-être pourroit-on ajouter à ces médicamens le fer précipité des acides & rediſſous par l'ammoniaque, le pruſſiate de fer ou bleu de Pruſſe propoſé par MM. les chimiſtes de l'académie de Dijon, &c. On ſe ſert à l'extérieur du ſulfate de fer, pour arrêter les hémorragies, &c.

Le fer jouiſſant de la propriété magnétique, ou l'aimant artificiel, a été compté parmi les corps qui produiſent des effets très-ſinguliers ſur l'économie animale. Suivant pluſieurs auteurs modernes, appliqué ſur la peau, il calme les douleurs, appaiſe les convulſions, il excite de la rougeur, de la ſueur, ſouvent même une irruption de petits boutons; il eſt auſſi capable de rendre moins fréquens les accès épileptiques. On a même aſſuré que, laiſſé dans de l'eau pendant douze heures, il communique à ce fluide la propriété purgative. Toutes ces aſſertions qu'on dit appuyées ſur des faits, annoncent aſſez aux phyſiciens éclairés, quelle difficulté présentent les expériences de physique animale. L'inertie entière d'un corps aimanté ou armé de la puissance magnétique, sur les autres corps qui ne sont point susceptibles d'admettre en eux la même puissance, exclut véritablement l'influence de l'aimant sur l'économie animale ; les médecins qui lui attribuent des effets aussi marqués, & conséquemment des propriétés médicamenteuses assez énergiques, ont été séduits & trompés par des changemens plus ou moins sensibles, qui ont lieu dans le tems de l'application de l'aimant, & qui étoient dus aux forces propres des individus & aux efforts heureux de la nature. Cette opinion est d'autant mieux fondée, que c'est surtout dans la cessation ou le déplacement des douleurs & des convulsions, que la nature offre le plus d'inconstance & d'irrégularité aux observateurs, & que c'est spécialement d'après des symptômes plus ou moins analogues à ceux-là, qu'on a jugé des prétendues qualités médicamenteuses de l'aimant.

CHAPITRE XIX.

Du Cuivre.

Le cuivre eſt un métal ductile, d'une couleur rouge aſſez brillante, auquel les alchimiſtes ont donné le nom de Vénus, à cauſe des nombreuſes attractions auxquelles il obéit, & de la facilité avec laquelle il ſe laiſſe altérer par un grand nombre de corps différens. Il a une odeur déſagréable qui ſe manifeſte, lorſqu'on le frotte ou qu'on le chauffe; ſa ſaveur eſt ſtiptique & nauſéabonde, moins ſenſible cependant que celle du fer. Ce métal eſt dur, très-élaſtique & très-ſonore. Il jouit d'un aſſez grand degré de ductilité; on le réduit en feuilles très-minces & en fils très-tenus. Il perd entre un huitième & un neuvième de ſon poids à la balance hydroſtatique. Sa ténacité eſt telle, qu'un fil de cuivre d'un dixième de pouce de diamètre peut ſoutenir un poids de deux cens quatre-vingt-dix-neuf livres un quart avant de ſe rompre. Sa caſſure paroît compoſée de petits grains. Il eſt ſuſceptible de prendre une forme régulière. M. l'abbé Mongèz définit ſes criſtaux des pyramides quadrangulaires, tantôt solides, tantôt composées d'autres petites pyramides semblables implantées latéralement.

Le cuivre se trouve dans la terre en différens états. Ses mines sont très-multipliées ; on peut les rapporter toutes aux suivantes.

I. Le cuivre natif ayant la couleur rouge, la malléabilité & toutes les autres propriétés de ce métal. On le distingue en deux espèces ; le cuivre de première formation, & le cuivre de seconde formation, ou de cémentation. Le cuivre de première formation est dispersé en lames ou en filets, dans une gangue presque toujours quartzeuse. Il y en a dont les cristaux octaëdres implantés les uns sur les autres, imitent une espèce de végétation ; d'autres échantillons sont en masse & en grains. Le cuivre de cémentation est ordinairement en grains ou en lames superficielles sur les pierres ou sur le fer ; ce dernier paroît avoir été déposé dans des eaux chargées de sulfate de cuivre, qui ont été précipitées par du fer. On trouve le corps natif en plusieurs endroits de l'Europe ; à Saint-Bel dans le Lyonnois, à Norgberg en Suède, à Newfol en Hongrie, dans la Sibérie où il paroît être abondamment répandu, & dans plusieurs contrées de l'Amérique.

II. Le cuivre oxidé & minéralisé par l'acide

carbonique. On a plusieurs variétés de ce carbonate de cuivre natif.

A. Le cuivre rouge ou la *mine de cuivre hépatique*. Cette mine est reconnoissable à sa couleur rouge, sombre, semblable à celle des écailles qui se détachent du cuivre rougi au feu, lorsqu'on le bat sous le marteau. M. Monnet regarde cette mine comme un oxide de cuivre naturel. Elle est ordinairement mêlée de cuivre natif & de *vert de montagne*. Elle est assez rare, quelquefois cristallisée en octaèdres ou en fibres soyeuses nommées *fleurs de cuivre*.

B. Le *cuivre terreux*, le *vert de montagne* ou *chrysocolle verte*. Cette mine est un véritable oxide de cuivre, d'un vert plus ou moins sombre, assez léger, inégalement distribué dans sa gangue. Il paroît être combiné avec l'acide carbonique, d'après l'analyse que M. l'abbé Fontana a faite sur la malachite. Cette mine est quelquefois fort pure : on peut la distinguer dans trois états.

1°. Le *vert de montagne* simple, terreux ou impur, appellé aussi *crysocolle verte*.

2°. Le vert de montagne cristallisé ou *cuivre soyeux* de la Chine ; cette mine qui est assez commune dans les Vosges & au Hartz, se trouve aussi en Chine ; elle est très-pure & cristallisée en longs faisceaux soyeux assez solides. Celui de Sibérie est très-beau.

3°. Le vert de montagne en ſtalactites, ou la *malachite ;* cette ſubſtance qu'on trouve très-abondamment en Sibérie, eſt compoſée de couches qui repréſentent des mammelons plus ou moins gros; quelques échantillons ſont formés d'aiguilles convergentes vers un centre commun. Les différentes couches n'ont pas les mêmes nuances de vert. La malachite eſt aſſez dure pour recevoir un beau poli; auſſi en fabrique-t-on différens bijoux; mais comme elle eſt ſouvent caverneuſe & remplie de cavités inégales, les morceaux ſolides ſont toujours très-précieux, lorſqu'ils ont une certaine étendue.

C. Le *bleu de montagne* ou *chryſocolle bleue ;* c'eſt un oxide de cuivre d'une couleur bleue foncée ; il eſt quelquefois ſous forme régulière & en criſtaux priſmatiques rhomboïdaux, d'un très-beau bleu. On lui donne alors le nom d'*azur de cuivre ;* d'autre fois il préſente des petits grains dépoſés dans les cavités de différentes gangues, & ſur-tout dans du quartz. Le plus ſouvent il forme des couches ſuperficielles dans des cavités de mine de cuivre griſes & jaunes. Il paroît que tous ces oxides de cuivre ont été précipités des diſſolutions ſulfuriques cuivreuſes par l'intermède des terres calcaires à travers deſquelles coulent ces eaux. M. Sage regarde ces mines de cuivre bleues, comme des combinaiſons de cuivre avec l'ammoniaque ; & il dit qu'elles n'en diffèrent que par l'inſolubilité. Il croit auſſi que la malachite n'eſt qu'une altération de ce bleu qu'il appelle mine de cuivre azurée tranſparente. Cette opinion n'eſt pas celle de la plupart des minéralogiſtes ; M. Morveau penſe que l'oxide de cuivre bleu ne diffère de l'oxide vert, que parce qu'il ne contient pas autant d'oxigène.

L'oxide bleu de cuivre paroît colorer certaines pierres, & notamment la turquoiſe dans laquelle Réaumur a trouvé du cuivre, & la pierre d'Arménie dont la baſe eſt du carbonate calcaire ou du ſulfate de chaux. M. Kirwan a fait une eſpèce de mines de cuivre de ces pierres bleues. La turquoiſe n'eſt formée que par des os d'animaux colorés par le cuivre. Celle de Perſe n'eſt point attaquable par l'acide nitrique, ſuivant Réaumur ; celle de Languedoc s'y diſſout complètement.

III. Le cuivre minéraliſé par l'acide muriatique & uni à l'argile. M. Werner a parlé de cette mine dans ſa traduction de Cronſtedt ; on l'a confondue avec le talc & un nommé Dans l'a vendue à Paris en 1784, ſous le nom de mica vert. Elle eſt en petits criſtaux d'un très-beau vert, ou en petites écailles brillantes. M. Forſter en a trouvé dans les mines de Johan-

Georgenſtadt ; c'eſt à cette mine que paroît appartenir le ſable vert cuivreux du Pérou, qui a été apporté par M. Dombey, & dans lequel l'analyſe nous a démontré la préſence d'un peu d'acide muriatique.

IV. Le cuivre minéraliſé par le ſoufre preſque ſans fer. On l'appelle *mine de cuivre vitreuſe*, cette dénomination eſt fort impropre. Elle eſt griſe foncée, violette, brune, verdâtre, ou tout-à-fait brune & couleur de foie ; elle ſe fond à une très-douce chaleur ; elle eſt peſante, quelquefois flexible, & toujours ſuſceptible d'être coupée au couteau ; dans ſa fracture, elle paroît brillante comme de l'or. C'eſt une des plus riches mines de cuivre, puiſqu'elle peut donner juſqu'à 90 livres de ce métal par quintal.

V. Le cuivre minéraliſé par le ſoufre avec plus de fer que la précédente ; mine de cuivre azurée ; elle ne diffère de la précédente que par la quantité du fer qui va juſqu'à 30 livres par quintal ; elle ne donne que 50 à 60 livres de cuivre par quintal ; le reſte eſt du ſoufre. On eſſaie commodément ces deux mines par les acides.

VI. Le cuivre minéraliſé par le ſoufre avec beaucoup de fer ; pyrite brillante ou jaune-dorée. La quantité du ſoufre & du cuivre varie beaucoup dans cette mine, le fer y eſt toujours très-abondant. Elle forme dans la terre des filons plus ou moins conſidérables. Quelquefois cette mine eſt maſſive & ſombre ; ſouvent elle paroît écailleuſe & comme micacée. Telle eſt la forme de celle du Dannemarck, de Norwège, de Suède, de Sainte-Marie-aux-Mines. D'autres fois cette mine eſt diſſéminée dans ſa gangue, comme le cuivre d'Alſace ; on la nomme alors *mine de cuivre tigrée.* Cette variété eſt ſouvent mêlée d'un peu d'azur ; ſouvent les pyrites de cuivre préſentent à leur ſuperficie des couleurs très-brillantes, bleues ou violettes, qui ſont dues à la décompoſition de leurs principes. On les nomme alors mines de cuivre chatoyantes, ou *mines à queue de paon ;* elles contiennent ordinairement une grande quantité de ſoufre, un peu de fer, & ne ſont pas fort riches en cuivre. Lorſque ces ſortes de mines ne ſont que ſuperficiellement diſſéminées ſur leur gangue, on les appelle plus ſpécialement *pyrites de cuivre ;* telles ſont les mines du comté de Derbi en Angleterre, quelques-unes de celles de Saint-Bel dans le Lyonnois, & pluſieurs mines d'Alſace, comme celles de Caulenbach & de Feldens ; d'ailleurs elles ſe trouvent adhérentes à toutes ſortes de gangues, au criſtal de roche, au quartz, au ſpath, au ſchiſte, au mica, &c.

VII. Le cuivre uni au ſoufre, à l'arſenic, au fer & à un peu d'argent. Cette mine appellée *mine de cuivre arſenicale* ou *fahlertz*, reſſemble beaucoup à la mine d'argent griſe ; elle eſt ſeulement un peu moins brillante, & n'en diffère réellement que parce qu'elle contient moins d'argent qu'elle. Romé de Lille diſtingue encore une mine de cuivre blanche, qui contient, ſuivant lui, un peu plus d'argent que la griſe ; mais c'eſt une vraie mine d'argent. Le fahlertz donne 35 à 60 livres de cuivre par quintal.

VIII. Le cuivre minéraliſé par le ſoufre & l'arſenic, avec du zinc & du fer. *Mine de cuivre brune* ou *blendeuſe*. M. Monnet n'a trouvé cette mine qu'à Catharineberg en Bohême ; elle eſt brune, grenue & très-dure. Elle contient depuis 18 juſqu'à 30 livres de cuivre par quintal.

IX. Mine de cuivre ſchiſteuſe. C'eſt du *cuivre vitreux* très-intimément mélé dans un ſchiſte brun ou noir. Elle donne depuis 6 juſqu'à 10 ivrs par quintal ; il faut ajouter de la craie pour la fondre.

X. Mine de cuivre bitumineuſe. C'eſt du cuivre mêlé dans une eſpèce de charbon de terre de Suède.

XI. Mine de cuivre noire ou couleur de

poix. M. Geller l'appelle *mine de cuivre en scories* ; c'est un résidu de la décomposition des mines de cuivre jaunes & grises, qui ne contient ni soufre ni arsenic, & qui se rapproche de l'état de *malachite* ; elle est d'un noir luisant comme de la poix.

XII. Cuivre uni au soufre & à l'arsenic contenant de l'antimoine. Mine de cuivre antimoniale. M. Sage fait mention de cette mine dans ses élémens de minéralogie. Elle est grise & brillante dans sa fracture, comme l'antimoine ; elle tient depuis 14 jusqu'à 20 livres de cuivre par quintal.

Pour faire l'essai d'une mine de cuivre, il faut, après l'avoir pilée & lavée, la soumettre à de longs & forts grillages, & la fondre avec quatre fois son poids de flux noir & du sel marin. On prend le culot qui souvent est encore noirci par un reste de soufre, on le fond avec quatre parties de plomb, & on le passe à la coupelle pour séparer l'argent & l'or qui pourroient s'y trouver, parce qu'il est peu de cuivre qui ne contienne une certaine quantité de ces métaux précieux. Le flux de M. Tillet, qui est un mélange de deux parties de verre pilé, d'une partie de borax calciné, & d'un huitième de charbon, réussit mieux pour les réductions, que le flux noir, parce que celui-

& forme un sulfure alcalin qui dissout une partie de l'oxide de cuivre.

Bergman conseille l'acide sulfurique & l'acide nitrique, pour faire l'essai de ces mines par la voie humide. Lorsque le cuivre est dissous par les acides, on le précipite par le fer.

Dans les travaux en grand sur les mines de cuivre, on les pile & on les lave; ensuite on les grille d'abord à l'air & presque sans bois, parce que dès que le soufre qu'elles contiennent, est allumé, il continue de brûler de lui-même. Lorsqu'il s'est éteint, on grille de nouveau, & même deux fois de suite la mine sur du bois; on la fond à travers les charbons, pour avoir ce qu'on nomme *matte de cuivre*. C'est la mine qui n'a perdu encore qu'une portion du soufre qu'elle contenoit. La fusion qu'on lui fait subir sert à faire présenter au métal de nouvelles surfaces, afin qu'il puisse être grillé plus facilement. On lui fait éprouver six ou sept grillages successifs, suivant la quantité de soufre que contient la mine, & on la fond ensuite pour avoir le *cuivre noir*. Ce cuivre est malléable; il est cependant encore uni à un reste de soufre, qu'on n'en sépare qu'en retirant les métaux parfaits qu'il contient. On fond le cuivre noir avec trois fois autant de plomb, ce qu'on appelle *rafraîchissement du cuivre*, & on moule ce mêlange ſous la forme de pains, qu'on nomme *pains de liquation.* On les poſe de champ ſur deux plaques de fer inclinées de manière qu'elles laiſſent entr'elles une rigole. Ces plaques terminent le deſſus du fourneau de liquation, dont le ſol eſt incliné vers le devant. Le feu mis au-deſſous des plaques échauffe les pains; le plomb ſe fond & tombe ſous les charbons, en entraînant l'argent & l'or avec leſquels il a plus d'affinité qu'avec le cuivre. Après cette opération, qu'on nomme *liquation*, les pains ſe trouvent conſidérablement diminués & tout déformés. On les expoſe à un feu plus fort, & tel que le cuivre commence à fondre pour en ſéparer exactement tout le plomb; cette troiſième opération s'appelle *reſſuage*. Le plomb chargé des métaux parfaits, eſt porté à la coupelle. A l'égard du cuivre, on le raffine en le faiſant fondre dans un creuſet, & on l'y laiſſe un tems ſuffiſant pour qu'il puiſſe rejeter ſous la forme d'écume tout ce qu'il contenoit d'étranger. On l'eſſaie en y trempant des verges de fer qui ſe recouvrent d'un peu de cuivre, & c'eſt à la couleur rouge plus ou moins éclatante qu'on juge de ſa pureté. On coule le cuivre raffiné en plaques, ou on le ſépare en roſettes. Pour former une roſette, on enlève avec ſoin les ſcories qui couvrent le cuivre en fusion ; on laisse figer la surface du métal ; lorsqu'elle n'est plus fluide, on applique dessus un balai humide ; l'impression du froid le fait resserrer ; la portion qui s'est congelée se détache non-seulement des bords du creuset, mais du reste du métal fondu, & on l'enlève avec des pinces. On continue de débiter ainsi en rosettes la plus grande partie du cuivre contenu dans le creuset. La portion qui reste au fond se nomme *le roi*.

Les pyrites de cuivre qui contiennent peu de métal, ne s'exploitent que pour en tirer du soufre & du *vitriol*. A Saint-Bel & dans plusieurs autres endroits, on les grille & on les distille pour en séparer le soufre. Pendant le grillage, une portion d'acide sulfurique réagit sur le métal, le dissout & commence à former du sulfate de cuivre. Les pyrites grillées sont ensuite exposées à l'air, & lorsque la *vitriolisation* est achevée, on lessive les pyrites effleuries, on filtre la lessive, & on obtient par l'évaporation & la cristallisation un sel bleu rhomboïdal, nommé *vitriol de cuivre*, *vitriol bleu*, *couperose bleue* ou *vitriol de Chypre*. Nous en parlerons en examinant les combinaisons de ce métal sous le nom de sulfate de cuivre.

Le cuivre exposé au feu prend des couleurs à peu-près comme l'acier ; il devient bleu, jaune, & enfin violet. Il ne se fond que lorsqu'il est bien rouge. Quand il est en belle fusion, il paroît recouvert d'une flamme verte; il bout & peut se volatiliser, comme on l'observe dans les cheminées des fondeurs. On trouve aussi dans les creusets où on l'a fait fondre, des fleurs de cuivre. Si l'on jette ce métal en limaille fine à travers les flammes, il leur donne une couleur bleue & verte; on s'en sert dans l'artifice, à cause de cette propriété. Si on laisse refroidir lentement ce métal fondu, & si, lorsque sa surface se fige, on décante la portion qui est encore fluide, celle qui adhère aux parois du creuset ou du têt à rôtir employé dans cette expérience, se trouve cristallisée en pyramides d'autant plus régulières & volumineuses, que le métal a été en fusion plus complète, & que son refroidissement a été plus ménagé. Ses pyramides sont quadrangulaires, & elles paroissent être formées par un grand nombre d'octaëdres, implantés les uns sur les autres.

Le cuivre chauffé avec le concours de l'air, brûle à sa surface & se change en un oxide d'un rouge noirâtre, à mesure qu'il absorbe la base de l'air vital. On obtient aisément cet oxide en faisant rougir une lame de cuivre, & en la frappant ensuite avec un marteau; il se sépare sous la forme d'écailles. La même chose a lieu, si après avoir fait rougir une lame de cuivre, on la trempe dans l'eau froide; le resserrement subit des parties du métal facilite la séparation de la portion d'oxide qui en couvre la surface. Cet oxide tombe au fond de l'eau; on le nomme *écailles* ou *battitures de cuivre.* Comme le cuivre n'est pas complètement oxidé, on peut le brûler de nouveau sous la mouffle d'un fourneau de coupelle; il prend alors une couleur rouge brune assez foncée; poussé à un feu violent, il se fond en un verre noirâtre ou d'un brun marron. L'oxide de cuivre peut être décomposé & privé de l'oxigène qui lui ôte ses propriétés métalliques, par les huiles, les résines, &c. Les battitures sont réductibles en partie par elles-mêmes, puisque les fondeurs qui les achètent des chaudronniers, se contentent de les jetter dans de grands creusets sur du cuivre fondu, avec lequel elles s'incorporent en entrant en fusion. Ils suivent le même procédé pour fondre la limaille. L'oxide de cuivre paroît présenter quelques propriétés salines, mais on n'en a point encore reconnu la nature.

L'air attaque le cuivre d'autant plus facilement, que ce fluide est plus chargé d'humidité & plus altéré; il le convertit en une *rouille* ou oxide vert qui paroît avoir quelques qualités salines, car il a de la saveur, & il est attaqué par l'eau ; c'est pour cela que les anciens chimistes admettoient un sel dans le cuivre. Cette *rouille* a cela de remarquable, qu'elle n'attaque jamais que la surface du cuivre, & qu'elle semble même servir à la conservation de l'intérieur des masses de ce métal ; comme on peut en juger par les médailles & par les statues antiques, qui se conservent très-bien sous l'enduit de rouille qui les couvre. Les antiquaires appellent cette croûte *patine*, & ils en font beaucoup de cas, parce qu'elle atteste la vétusté des pièces qui en sont recouvertes. Plusieurs artistes, & en particulier les italiens, savent imiter cet enduit sur le cuivre, & contrefaire les bronzes antiques.

L'oxidation du cuivre par l'air humide paroît être due à l'eau très-divisée. Cependant ce fluide ne paroît point attaquer le cuivre, qui ne le décompose pas comme le fer à une autre température ; il semble que ce métal soit plutôt oxidé par l'eau froide, car on sait qu'il est plus dangereux de laisser refroidir des liqueurs dans les vaisseaux de cuivre, que de les y faire bouillir, parce que tant que la liqueur est bouillante & le vase chaud, la vapeur aqueuse ne s'attache point à sa surface; mais lorsque le vase est froid, les goutelettes d'eau qui adhèrent à ſes parois, ſemblent le réduire en oxide vert. C'eſt à l'air & à l'acide carbonique qui y eſt répandu, qu'il ſaut attribuer cette oxidation; car en diſtillant cette rouille de cuivre à l'appareil pneumato-chimique, j'en ai retiré de l'acide carbonique.

Le cuivre ne s'unit point aux matières terreuſes; ſon oxide facilite leur fuſion & forme avec elles des verres bruns plus ou moins foncés.

La baryte, la magnéſie & la chaux n'ont point une action marquée ſur le cuivre, & on ne connoît point l'action de ces ſubſtances ſur l'oxide de ce métal.

Les alcalis fixes cauſtiques mis en digeſtion à froid avec la limaille de cuivre, prennent au bout de quelque tems une couleur bleue très-légère; le cuivre ſe couvre d'une pouſſière de la même couleur. Ces diſſolutions s'opèrent mieux à froid qu'à chaud, ſuivant M. Monnet. Il eſt cependant eſſentiel d'obſerver que ce chimiſte a fait ces combinaiſons avec le carbonate de potaſſe, & non avec l'alcali fixe pur; ce dernier paroît avoir beaucoup plus d'action ſur le cuivre; mais les uns & les autres de ces ſels ne font que favoriſer & accélérer la précipitation de l'oxigène atmoſphérique dans le cuivre, car ſans le contact de l'air l'oxidation de ce métal n'a pas lieu.

Ce fait est toujours très-remarquable dans l'action de l'ammoniaque qui dissout assez rapidement le cuivre. Ce sel mis en digestion sur la limaille de cuivre avec le contact de l'air, se colore au bout de quelques heures en un bleu foncé de la plus grande beauté ; il ne dissout cependant que très-peu de cuivre. J'ai observé les phénomènes de cette dissolution pendant un an. J'ai mis dans un petit flacon de l'ammoniaque caustique sur de la limaille de cuivre ; ce flacon a été souvent débouché ; au bout de quelques mois, la surface de ce métal étoit couverte d'un oxide bleu, les parois du flacon étoient enduites d'un oxide d'un bleu pâle, & la partie inférieure du flacon qui contenoit le cuivre, offroit à la surface du verre un oxide brun dont le haut étoit jaunâtre. Cette liqueur perd presqu'entièrement sa couleur lorsqu'elle est renfermée ; il s'agit de déboucher le flacon pour la faire reparoître ; elle ne présente ce phénomène, d'une manière bien marquée, que dans les commencemens, & lorsqu'elle est décantée de dessus le cuivre. Si la dissolution est ancienne, & si elle contient encore le cuivre, sa couleur est d'un beau bleu, quoique dans des vaisseaux fermés ; cependant en l'exposant à l'air, elle se fonce davantage. On reconnoît bien manifestement dans ces phénomènes l'influence de l'oxigène atmosphérique.

Lorsqu'on évapore lentement la dissolution de cuivre par l'ammoniaque, la plus grande partie de ce sel se dissipe, une portion reste fixée avec l'oxide de ce métal, & se dépose en cristaux mous, ainsi que l'a observé M. Monnet. M. Sage ajoute qu'on peut en obtenir de très-beaux cristaux par une évaporation lente; il les compare à l'azur de cuivre naturel. Cependant ce dernier ne donne pas d'ammoniaque lorsqu'on le chauffe; il n'est pas dissoluble dans l'eau; il ne s'effleurit point à l'air, comme celui qui est préparé par l'art. M. Baumé dit que ce composé forme des cristaux très-brillans & d'un très-beau bleu. Cette dissolution exposée à l'air se desséche assez vîte & laisse une matière d'un vert de pré qui n'est qu'un oxide vert de cuivre. M. Sage croit que c'est là l'origine de la malachite. Mais cet oxide ne donne pas à beaucoup près la même quantité d'acide carbonique. Si l'on verse un acide dans la dissolution du cuivre par l'ammoniaque liquide, il ne s'y forme que peu de précipité, mais la couleur bleue disparoît totalement & se change en un vert pâle très-léger. Ce phénomène qui a été observé par MM. Pott & Monnet, indique qu'il n'y a que très-peu d'oxide de cuivre dans l'ammoniaque, & qu'il eſt rediſſous par l'acide ou par le ſel ammoniacal formé par l'addition de l'acide. On peut cependant faire reparoître la couleur bleue, en ajoutant de l'ammoniaque dans le mélange. L'oxide de cuivre fait par le feu, & tous les autres oxides de ce métal, ſe diſſolvent ſur-le-champ dans l'ammoniaque pure, & ce ſel peut ſe charger par ce procédé d'une bonne qualité de ce métal. Il prend ſur-le-champ la plus belle couleur bleue; c'eſt pour cela qu'on l'a propoſé comme une pierre de touche, pour reconnoître la plus petite portion de cuivre dans toutes les matières dans leſquelles on ſoupçonne ſon exiſtence.

L'oxide de cuivre ammoniacal ou l'ammoniaque unie à l'oxide de cuivre, ſe décompoſe dans ſes deux compoſans lorſqu'on le chauffe fortement; l'oxigène quitte le cuivre pour s'unir à l'hydrogène de l'ammoniaque & pour former de l'eau, le cuivre repaſſe à l'état métallique, & l'azote, autre principe de l'ammoniaque, ſe dégage dans l'état du gaz. Cette expérience eſt une de celles qui a ſervi à M. Berthollet pour trouver la nature de l'ammoniaque; il paroît qu'il s'y forme auſſi un peu d'acide nitrique, par l'union de l'azote de l'ammoniaque avec une portion de l'oxigène du cuivre.

L'acide ſulfurique n'agit ſur le cuivre qu'autant qu'il eſt concentré & bouillant, il ſe dégage beaucoup de gaz acide ſulfureux pendant la diſſolution. Lorſqu'elle eſt achevée, on trouve une matière brune en bouillie qui contient de l'oxide de cuivre, & une portion de cet oxide combiné avec l'acide ſulfurique. En la leſſivant & en filtrant la leſſive, on a une diſſolution bleue ; ſi on la fait évaporer à un certain point, & ſi on la laiſſe refroidir, elle fournit des criſtaux rhomboïdaux alongés, d'une belle couleur bleue ; c'eſt du ſulfate de cuivre. Si au lieu de faire évaporer cette diſſolution, on la laiſſe long-tems expoſée à l'air, elle donne des criſtaux ; mais il s'en précipite un oxide vert, couleur que prennent tous les oxides de cuivre formés ou ſéchés à l'air.

Le ſulfate de cuivre a une ſaveur ſtiptique très forte ; elle va même juſqu'à la cauſticité. Lorſqu'on l'expoſe au feu, il ſe fond très-vîte ; il perd ſon eau de criſtalliſation, & devient d'un blanc bleuâtre. Il faut une chaleur très-forte pour en ſéparer l'acide ſulfurique qui ſemble adhérer beaucoup plus à l'oxide de cuivre qu'à celui de fer, quoique le fer décompoſe les diſſolutions de cuivre à la vérité par une autre attraction, celle du fer pour l'oxigène. Le ſulfate de cuivre eſt décompoſé par la magnésie & par la chaux; le précipité formé par ces deux substances, est d'un blanc bleuâtre; si on le sèche à l'air, il devient vert: voilà pourquoi quelques chimistes disent que les précipités de sulfate de cuivre sont verts. Il en est absolument de même de ceux que l'on obtient par les alcalis fixes dans différens états; ils sont d'abord bleuâtres & prennent une couleur verte en se séchant: peut-être est-ce ainsi que se forme le *vert de montagne.* Il est essentiel d'observer que lorsqu'on précipite le sulfate de cuivre par la dissolution de carbonate de potasse, il ne s'excite pas d'effervescence; ce qui indique que l'acide carbonique s'unit très-bien aux oxides de cuivre; phénomène que ne présentent pas toutes les dissolutions métalliques. L'ammoniaque précipite de même en blanc bleuâtre la dissolution de sulfate de cuivre; mais le mélange prend bientôt une couleur bleue très-foncée, parce que l'ammoniaque dissout à mesure le cuivre précipité, il ne faut même que très-peu de ce sel pour redissoudre tout l'oxide de cuivre séparé de l'acide sulfurique.

L'acide nitrique dissout le cuivre à froid avec rapidité. Il se dégage de cette dissolution beaucoup de gaz nitreux très-rutilant. C'est un moyen que M. Priestley a employé pour obtenir ce gaz très-fort. Une portion de ce métal, réduite à l'état d'oxide, se précipite en poudre brune ; on la sépare par le filtre. La dissolution filtrée est d'un bleu beaucoup plus foncé que celle par l'acide sulfurique ; ce qui indique que le cuivre y est plus oxidé. Si on l'évapore avec précaution, elle cristallise par le refroidissement. Macquer est un des premiers chimistes qui aient reconnu cette propriété, dans son Mémoire sur la dissolubilité des sels dans l'alcohol. Si ses cristaux se forment très-lentement, ils offrent des parallélogrammes allongés ; s'ils se déposent plus vîte, ils sont en prismes hexaëdres dont la pointe est obtuse, irrégulière, & qui imitent des faisceaux d'aiguilles divergentes : enfin, si on évapore trop fortement cette dissolution, elle ne donne qu'un magma sans forme régulière : c'est sans doute ce qui a fait dire à quelques chimistes que cette dissolution n'étoit point susceptible de cristalliser. Le nitrate de cuivre est d'un bleu très-éclatant ; il a une saveur tellement caustique, qu'il pourroit être employé pour ronger les excroissances qui viennent sur la peau. Il se fond, suivant M. Sage, à une température de vingt degrés du thermomètre de Réaumur. Il détonne sur les charbons ardens ; mais comme il contient beaucoup d'eau, ce phénomène n'est que peu sensible. Lorsqu'on le fond dans un creuset, il exhale beaucoup de vapeurs nitreuses, qu'on peut recueillir en le distillant ; quand il est desséché, sa couleur est verte ; en le chauffant davantage il devient brun ; ce n'est plus alors qu'un pur oxide de cuivre. Je l'ai distillé à l'appareil pneumato-chimique, il m'a donné beaucoup de gaz nitreux, un peu d'acide carbonique, & un peu d'air vital ; il a été réduit par cette opération à l'état d'un oxide brun. Le nitrate de cuivre attire l'humidité de l'air. On peut cependant le conserver long-tems dans des vaisseaux fermés. Il se couvre à l'air chaud & sec, d'une efflorescence verte. Il est très-dissoluble dans l'eau, & un peu plus dans l'eau chaude que dans l'eau froide. La dissolution exposée à l'air dans des vaisseaux plats, ou évaporée rapidement dans un tems sec & chaud, laisse un oxide vert, comme le font les cristaux de ce sel dans les mêmes circonstances. Elle est précipitée par la chaux en bleu pâle ; par les alcalis fixes en blanc bleuâtre ; par l'ammoniaque en floccons d'une même couleur, qui se dissolvent très-vîte, & donnent à la liqueur un bleu foncé très-brillant ; par les sulfures alcalins en brun rougeâtre, sans odeur fétide ; par la teinture de noix de galle en vert olive. L'acide sulfurique décompose aussi le nitrate de cuivre, & on obtient des cristaux de ſulfate de cuivre, ſi on a employé cet acide très-concentré. Stahl avoit annoncé cette décompoſition ; M. Monnet l'a confirmée depuis, & j'ai eu occaſion de l'obſerver pluſieurs fois. On a dit que le fer a plus d'affinité avec la plupart des acides, que n'en a le cuivre ; parce qu'en plongeant une lame de ce métal dans une diſſolution de cuivre par les acides & en particulier par l'acide nitrique, le cuivre ſe précipite ſous ſa forme métallique, & colore la ſurface du fer ; mais cette précipitation dépend plutôt de ce que le fer a plus d'affinité avec l'oxigène que n'en a le cuivre ; alors celui-ci privé de ce principe, ne peut plus reſter uni à l'acide, tandis que le fer oxidé s'y combine facilement. Le ſulfate de cuivre préſente le même phénomène, & c'eſt un procédé que des charlatans ont employé pour faire croire aux perſonnes peu inſtruites, qu'ils changeoient le fer en cuivre.

L'acide muriatique ne diſſout le cuivre que lorſqu'il eſt concentré & bouillant ; il ne ſe dégage que peu de gaz hydrogène pendant cette diſſolution. L'acide muriatique prend une couleur verte très-foncée & preſque brune. Cette combinaiſon forme un magma très-diſſoluble dans l'eau ; ſi on le leſſive, l'eau eſt d'une belle couleur verte qui diſtingue cette diſſolution des deux précédentes. En l'évaporant lentement &

en la laissant refroidir, elle dépose des cristaux prismatiques, & assez réguliers si l'évaporation a été faite avec précaution; ils ne présentent au contraire que des aiguilles très-petites & fort aigues, lorsque l'évaporation a été trop rapide & le refroidissement trop subit. Le muriate de cuivre est d'un vert de pré fort agréable; sa saveur est caustique & très-astringente; il se fond à une chaleur fort douce, & il se congèle en masse lorsqu'on le laisse refroidir. M. Monnet assure que l'acide muriatique y est très-adhérent, & qu'on ne peut l'en volatiliser qu'à l'aide d'une chaleur très-considérable; ce sel attire fortement l'humidité de l'air; il est décomposable par les mêmes intermèdes que les sels de cuivre précédens. J'ai observé que l'ammoniaque ne dissolvoit point aussi bien l'oxide de cuivre qu'il avoit séparé de l'acide muriatique, que celui du sulfate & du nitrate cuivreux. Le bleu qu'il forme alors n'est pas aussi vif, & il reste une portion de cet oxide que l'ammoniaque ne dissout pas entièrement, ce qui paroît tenir à l'état d'oxidation plus avancé dans cette dissolution que dans les autres. Les acides sulfurique & nitrique ne décomposent point le muriate de cuivre. Les dissolutions nitriques de mercure & d'argent le décomposent, & sont elles-mêmes décomposées dans l'instant du mélange

mélange il se forme un précipité blanc par le transport de l'acide muriatique sur les oxides de mercure ou d'argent, & l'oxide de cuivre s'unit à l'acide nitrique. J'ai cependant observé que la liqueur ne prend pas la couleur bleue que doit avoir la dissolution de cuivre par l'acide du nitre, & qu'en général l'oxide de cuivre formé par l'acide muriatique ne prend que très-difficilement cette couleur, comme nous l'avons déjà vu à l'égard de l'ammoniaque. Il m'a paru qu'en général les oxides de cuivre passent très-facilement du bleu au vert, & très-difficilement du vert au bleu. L'acide muriatique dissout l'oxide de cuivre avec beaucoup plus de facilité qu'il ne fait le cuivre lui-même. Ce fait a été bien observé par Brandt. La dissolution est d'un beau vert, & elle cristallise aussi facilement que la première ; ce qui prouve que, dans les combinaisons salines métalliques, les métaux sont toujours à l'état d'oxides, comme nous l'avons déjà fait observer.

Le nitre détonne difficilement à l'aide du cuivre. Il faut que ce sel soit fondu, & que le cuivre soit très-chaud, pour que la déflagration ait lieu, encore n'est-elle que très-foible. On fait cette opération en jettant le cuivre en limaille sur du nitre en fusion dans un creuset large, afin que le contact soit plus multiplié,

Lorſque le métal eſt bien échauffé, on apperçoit un léger mouvement accompagné d'éclairs peu rapides. Le réſidu eſt un oxide d'un gris un peu brun, mêlé avec la potaſſe; on le lave, l'eau s'empare de l'alcali qui retient un peu de cuivre, & l'oxide de ce métal reſte pur. Il ſe fond tout ſeul en un verre d'un brun foncé & opaque; il eſt employé pour colorer les émaux; on croit que l'alcali eſt rendu cauſtique; mais il n'y a point encore d'expériences exactes ſur cet objet.

Le cuivre décompoſe très-bien le muriate ammoniacal. Bucquet, qui a examiné cette décompoſition avec beaucoup de ſoin, a obtenu, en faiſant l'expérience à l'appareil pneumato-chimique au mercure, ſur deux gros de limaille de cuivre & un gros de muriate ammoniacal, cinquante-huit pouces de fluide élaſtique, dont vingt-ſix pouces étoient du gaz ammoniac très pur, vingt-ſix du gaz inflammable détonnant, & ſix un gaz méphitique qui éteignoit les bougies ſans être abſorbé par l'eau, & ſans précipiter l'eau de chaux, conſéquemment du gaz azote provenant de la décompoſition d'une partie de l'ammoniaque. Il s'eſt dégagé un peu d'ammoniaque liquide, d'une belle couleur bleue qui ſurnageoit le mercure. Le réſidu étoit une maſſe d'un vert noirâtre dont une moitié a été dissoute par l'eau, & lui a communiqué une belle couleur verte, caractère distinctif du muriate de cuivre; l'autre moitié offroit une espèce d'oxide de cuivre brun, formé par l'eau du muriate ammoniacal. En répétant cette décomposition à la dose de quatre onces de cuivre sur deux onces de muriate ammoniacal avec l'appareil ordinaire du ballon, Bucquet a obtenu deux gros dix huit grains d'ammoniaque liquide bleue, qui faisoit un peu d'effervescence avec les acides, & contenoit un pouce environ d'acide carbonique par gros. Ce chimiste ne savoit absolument à quoi attribuer ce dernier gaz; mais je crois qu'il pouvoit venir de quelques impuretés du sel ammoniac; car ayant répété cette expérience avec du muriate ammoniacal purifié par la sublimation, j'ai eu de l'ammoniaque très-caustique, & ne faisant pas la plus légère effervescence avec les acides. L'oxide de cuivre décompose aussi le muriate ammoniacal, & donne à l'ammoniaque qu'il en dégage, une portion d'acide carbonique qui le rend effervescent. Cet alcali est toujours bleu, parce qu'il entraîne avec lui une petite portion d'oxide de cuivre auquel il doit cette couleur; cependant les acides ne précipitent pas un atôme de ce métal. On prépare en pharmacie deux médicamens avec le muriate ammoniacal & le cuivre, dont le premier a reçu le nom de *fleurs ammoniacales cuivreuſes*, ou d'*ens veneris*. Ce n'eſt autre choſe que du muriate ammoniacal coloré par un peu d'oxide de cuivre. On fait ſublimer un mêlange de huit onces de ce ſel avec un gros d'oxide de cuivre dans deux terrines poſées l'une ſur l'autre. Tout le muriate ammoniacal ſe volatiliſe ſans être décompoſé, & il entraîne un peu d'oxide de cuivre qui lui donne une couleur bleuâtre. Le ſecond qu'on appelle *eau céleſte*, ſe prépare en laiſſant ſéjourner pendant dix à douze heures une livre d'eau de chaux & une once de muriate ammoniacal dans une baſſine de cuivre. La chaux dégage l'ammoniaque qui diſſout un peu de cuivre de la baſſine, & ſe colore en bleu : on peut faire l'eau céleſte dans un vaiſſeau de verre ou de terre, en ajoutant un peu de limaille ou d'oxide de cuivre à l'eau de chaux & au muriate ammoniacal.

Il paroît que le cuivre décompoſe le ſulfate d'alumine ; car ſi on fait bouillir une diſſolution de ce ſel dans un vaiſſeau de cuivre, il ſe dépoſe un peu d'alumine ; & lorſqu'on précipite cet alun par l'ammoniaque, ſa terre prend une petite couleur bleue qui décèle la préſence du cuivre. On peut auſſi attribuer cet effet à l'excès d'acide que contient toujours le ſulfate d'alumine.

Le gaz hydrogène n'a pas d'action sur le cuivre ; mais il réduit ses oxides en leur enlevant l'oxigène, avec lequel l'hydrogène a plus d'affinité que le cuivre.

Ce métal s'unit très-bien au soufre. Cette combinaison peut se faire par la voie humide, c'est-à-dire, en faisant un mélange de fleurs de soufre & de limaille de cuivre qu'on humecte avec de l'eau ; mais elle réussit beaucoup plus promptement par la voie sèche. On expose au feu un mêlange de parties égales de soufre en poudre & de limaille de cuivre dans un creuset, qu'on chauffe par degrés jusqu'à le faire rougir; il résulte de cette combinaison une masse d'un gris noirâtre, une sorte de *matte* de cuivre qui est aigre, cassante & plus fusible que le cuivre ; on prépare ce composé pour la teinture & pour la peinture sur les indiennes, en stratifiant dans un creuset des lames de cuivre & du soufre en poudre, & en chauffant ce creuset comme nous l'avons dit ; on pulvérise l'espèce de matte qui en résulte, & on lui donne le nom d'*æs veneris*. Les sulfures alcalins & le gaz hydrogène sulfuré ont une action marquée sur le cuivre ; les premiers dissolvent ce métal par la voie sèche & par la voie humide; le second en colore fortement la surface, mais on n'a point encore examiné l'effet de ces substances les unes sur les autres.

Le cuivre s'allie à plusieurs métaux : avec l'arsenic il devient blanc & cassant, & forme le *tombac blanc*.

Il s'unit au bismuth, & forme, suivant Gellert, un alliage d'un blanc rougeâtre à facettes cubiques.

Il s'allie très-bien avec l'antimoine, & donne le *régule cuivreux* qui se distingue par une belle couleur violette. Il décompose le sulfure d'antimoine & s'unit au soufre qu'il enlève à l'antimoine.

Il se combine très-facilement au zinc. On peut faire cette combinaison de deux manières : 1°. par la fusion, on a un métal dont la couleur imite celle de l'or, qui est beaucoup moins susceptible de la rouille que le cuivre pur, mais qui a moins de ductilité que lui. Plus sa couleur imite celle de l'or, plus le métal est fragile : d'ailleurs il varie suivant la proportion du mélange & des précautions qu'on a prises en le fondant ; ses variétés sont le similor, le pinche-bec, le métal du prince Robert, & l'or de Manheim. 2°. En cémentant des lames de cuivre avec de l'oxide de zinc natif ou pierre calaminaire réduite en poudre & mêlée avec du charbon, & en faisant rougir le creuset au feu, le cuivre s'unit au zinc & forme le *laiton*. Ce dernier se rouille moins facilement que le cuivre; il est aussi malléable & plus fusible que lui; mais pour peu qu'on le chauffe fortement, il perd le zinc qui lui étoit allié, & redevient cuivre rouge.

Le cuivre s'allie difficilement au mercure; on parvient cependant à former une sorte d'amalgame, en triturant du cuivre en feuilles très-minces avec du mercure. Une lame de ce métal, plongée dans une dissolution de mercure par un acide, se couvre d'une belle couleur d'argent, due au mercure réduit & précipité par le cuivre, qui a plus d'affinité avec l'oxigène que n'en a le mercure.

Le cuivre & le plomb s'unissent très-bien par la fusion, comme le prouve la formation des pains de liquation.

On le combine à l'étain de deux manières, ou en appliquant de l'étain fondu sur du cuivre, ou en fondant ensemble ces deux métaux. La première opération est employée dans l'étamage du cuivre, la seconde forme le bronze. Pour étamer des vaisseaux de cuivre, on commence par les bien gratter, afin de rendre leur surface nette & brillante. On les frotte ensuite avec du muriate ammoniacal pour les nétoyer parfaitement; on les fait chauffer & on y jette de la résine en poudre. Cette substance, en recouvrant la surface du cuivre, empêche qu'il ne s'oxide ; enfin on y verse l'étain fondu, & on l'étend avec des étoupes. On se plaint avec raison que l'étamage des vaisseaux de cuivre n'est pas suffisant pour les défendre de l'action de l'air, de l'humidité & des sels, parce qu'on voit souvent ces vaisseaux se couvrir de vert-de-gris. Il seroit possible de remédier à cet inconvénient, en mettant une couche d'étain plus épaisse, si l'on n'avoit à craindre que le degré de chaleur supérieur à celui de l'eau bouillante, auquel sont souvent exposés ces vaisseaux, ne fondît l'étain, & ne mît la surface du cuivre à découvert. Pour prévenir ce dernier accident, on peut allier l'étain avec du fer, de l'argent, du platine, afin de le durcir, de diminuer sa fusibilité, & de pouvoir en appliquer des couches plus épaisses sur le cuivre ; déjà l'on emploie des alliages analogues dans plusieurs manufactures. On est justement étonné de la petite quantité d'étain nécessaire pour étamer le cuivre, puisque MM. Bayen & Charlard ont constaté qu'une casserolle de neuf pouces de diamètre, & de trois pouces trois lignes de profondeur, n'avoit acquis que vingt-un grains par l'étamage. Cependant cette petite quantité suffit pour prévenir les dangers que le cuivre peut faire naître, lorsqu'on a l'attention de ne pas laisser séjourner trop long-tems dans des vaisseaux entamés des substances capables de dissoudre l'étain, & sur-tout de renouveller souvent l'étamage, que le frottement, la chaleur & l'action des cuillers avec lesquelles on agite les substances qu'on y fait cuire, détruisent assez promptement. Il est cependant une crainte qu'on ne peut s'empêcher d'avoir relativement à l'étain dont se servent les chaudronniers pour étamer les casseroles, &c. Il est souvent allié à un quart de son poids de plomb, & l'on a alors à craindre les mauvais effets de ce dernier, qui, comme l'on sait, est fort dissoluble dans les acides & dans les graisses. Il seroit donc nécessaire que le gouvernement prît des mesures pour que les chaudronniers ne fussent point trompés dans l'achat de l'étain, & qu'ils ne puissent employer que celui de Malaca ou de Banca, tel qu'il nous arrive des Indes, & sans qu'il ait été allié & refondu par les potiers d'étain.

M. de la Folie, citoyen de Rouen, recommandable par ses travaux chimiques relatifs aux arts, & par les découvertes utiles dont il a enrichi la teinture, la faïencerie, & un grand nombre de manufactures de Rouen, a proposé pour éviter les inconvéniens & les dangers du cuivre étamé, des casseroles de fer battu recouvertes de zinc, qui, comme on l'a déjà vu, n'a rien de dangereux. Plusieurs personnes en ont déjà fait un usage avantageux, & il est à desirer que ces vaisseaux se multiplient.

Lorsqu'on fond l'étain avec le cuivre, on a un métal spécifiquement plus pesant que les deux métaux employés, en raison de leur pénétration réciproque. Cet alliage est d'autant plus blanc, plus cassant & plus sonore, qu'on y a fait entrer plus d'étain; lorsqu'il est très-blanc, on le nomme métal des cloches. Lorsqu'il contient plus de cuivre, il est jaune, & porte le nom d'*airain* ou de *bronze*; on s'en sert pour couler des statues, & pour faire des pièces d'artillerie qui doivent être assez solides pour ne pas s'éclater au moindre effort, & cependant assez peu ductiles pour n'être pas déformées par le choc des boulets.

Le cuivre & le fer sont susceptibles de s'unir par la fusion & par la soudure. Cependant cette combinaison ne réussit pas facilement. Lorsqu'on fond dans un creuset un mélange de ces deux métaux, le fer se trouve souvent semé dans le cuivre, sans avoir contracté une union parfaite. Le cuivre décompose, suivant M. Monnet, l'eau mère du sulfate de fer, quoique le fer ait avec les acides une plus grande affinité que le cuivre.

Les uſages du cuivre ſont très-multipliés & très-connus. On en fait une multitude d'uſtenſiles très-variés. C'eſt ſur-tout le cuivre jaune, ou ſon alliage avec le zinc, qui eſt le plus employé à cauſe de ſa grande ductilité & de ſa beauté. Comme le cuivre eſt un poiſon très-violent, on ne doit jamais ſe permettre de l'adminiſtrer en médecine. Les remèdes les plus appropriés dans le cas d'empoiſonnement par le cuivre réduit en oxide & en vert-de-gris, ſont les émétiques, l'eau en abondance, les ſulfures alcalins, les alcalis, &c.

CHAPITRE XX.

DE L'ARGENT.

L'ARGENT, nommé *Lune* ou *Diane* par les alchimiſtes, eſt un métal parfait, d'une couleur blanche, & du brillant le plus vif. Il n'a ni ſaveur ni odeur. Sa peſanteur ſpécifique eſt telle qu'il perd à la balance hydroſtatique environ un onzième de ſon poids. Un pied cube de ce métal pèſe ſept cent vingt livres. L'argent eſt d'une ſi grande ductilité qu'on le bat en lames auſſi minces que le papier, & qu'on le réduit en fils plus fins que les cheveux. Un grain d'argent peut former par ſon extenſion un vaiſſeau capable de contenir une once d'eau. Il eſt d'une tenacité aſſez conſidérable pour qu'un fil d'argent d'un dixième de pouce de diamètre puiſſe ſoutenir un poids de deux cent ſoixante-dix livres ſans ſe rompre. Sa dureté & ſon élaſticité ſont moindres que celles du cuivre. Il eſt le plus ſonore des métaux, après celui que nous venons de citer. Il s'écrouit ſous le marteau, & il eſt très-ſuſceptible de perdre l'écrouiſſement par le recuit. MM. Tillet & Mongez ont fait criſtalliſer de l'argent. Ils ont obtenu des pyramides quadrilatères, quelquefois iſolées comme celles qui ſe trouvent aux bords du creuſet où on a fondu ce métal, ou grouppées & poſées latéralement les unes ſur les autres.

L'argent ſe trouve en pluſieurs états dans la nature. Les principales mines de ce métal peuvent être réduites aux ſuivantes :

1°. L'argent natif ou vierge. On le reconnoît à ſon brillant & à ſa ductilité. Il offre un grand nombre de variétés pour la forme. Il eſt ſouvent en maſſes irrégulières plus ou moins conſidérables. Quelquefois il eſt en filets capillaires contournés, & il paroît alors devoir ſa formation à une mine d'argent rouge décompoſé, comme l'ont obſervé Henckel & M. Romé de Liſle. On le rencontre auſſi en lames, en réſeaux qui imitent les toiles d'araignées, & que les Espagnols appellent à cause de cela *arané*; en végétation, ou en rameaux formés par des octaëdres implantés les uns sur les autres. Quelques-uns de ces échantillons offrent une feuille de fougère; d'autres présentent des cubes & des octaëdres isolés, dont les angles sont tronqués; ces derniers sont les plus rares. L'argent natif est souvent dispersé dans une gangue quartzeuse; quelquefois on le rencontre dans des terres grasses. Il se trouve au Pérou, au Mexique, à Konsberg en Norwege, à Johan-Georgenstadt & à Ehrenfriedersdorf en Saxe, à Sainte-Marie, à Allemont en Dauphiné, &c. On ne connoît point dans la nature ce métal en état d'oxide.

2°. L'argent natif uni à l'or, au cuivre, au fer, à l'arsenic, à l'antimoine, ou à l'or & au cuivre ensemble, ou à l'arsenic & au fer en même-tems. C'est à Freyberg en Saxe, & dans les mines de Guadal-Canal en Espagne qu'on trouve ces variétés d'argent natif allié. Mais il faut observer que ces substances métalliques étrangères n'y sont qu'en très petite quantité.

3°. *La mine d'argent vitreuse* est, suivant la plupart des minéralogistes, formée d'argent & de soufre. Elle est d'un gris noirâtre semblable au plomb; il y en a de brune, de verdâtre, de jaunâtre, &c. on la coupe au couteau comme ce métal. Elle est souvent informe, quelquefois cristallisée en octaëdres, en cubes, ou en cubo-octaëdres, c'est-à-dire, en cubes dont les angles sont tronqués. Ces derniers sont le passage de l'octaëdre au cube. M. Monnet en distingue une variété qui se réduit en poudre au lieu de se couper. Cette mine donne depuis soixante-douze jusqu'à quatre-vingt-quatre livres d'argent par quintal. Elle se fond très-facilement; si on l'expose à une chaleur douce, sans la fondre, le soufre se dissipe; & on obtient l'argent en végétation ou en filets.

4°. *La mine d'argent rouge* est souvent foncée en couleur, quelquefois transparente, cristallisée en cubes dont les bords sont tronqués, ou en prismes hexaëdres, terminés par des pyramides trièdres; on la nomme *rossi-clero* au Potosi. L'argent y est combiné avec le soufre & l'arsenic. Lorsqu'on la casse, sa couleur est plus claire en dedans, & elle paroît formée de petites aiguilles ou de prismes convergens comme les stalactites. Si on l'expose à un feu bien ménagé, & capable de la faire rougir, l'argent se réduit, & forme des végétations capillaires semblables à l'argent natif. Elle donne depuis cinquante-huit jusqu'à soixante-deux livres d'argent par quintal. Les variétés de cette ſorte ſont relatives à la couleur plus ou moins foncée, à la forme, à la peſanteur, &c. on la trouve en général dans tous les lieux où exiſtent les autres mines d'argent.

5°. L'argent avec de l'arſenic, du cobalt & du fer minéraliſé par le ſoufre. Bergman dit que l'argent paſſe quelquefois $\frac{50}{100}$ dans cette mine. Elle eſt quelquefois griſe & brillante, ſouvent ſombre & terne; on y reconnoît les efflorеſcences de cobalt. La mine d'argent *merde d'oie* appartient à cette eſpèce.

6°. La mine d'argent griſe, qui ne diffère de la mine de cuivre appelée *Fahlertz*, que parce qu'elle contient plus de ce métal précieux. Elle eſt en maſſes ou bien en criſtaux tétraëdres réguliers dont les bords ou les angles ſolides ſont ſouvent remplacés par des facettes. Les plus gros de ces criſtaux ſont d'une couleur peu éclatante; les plus petits diſperſés ſur une gangue platte forment un ſpectacle fort agréable à la lumière, à cauſe de leur brillant très-vif. L'argent gris donne depuis deux juſqu'à cinq marcs d'argent par quintal. Quelquefois l'argent gris s'eſt introduit dans des matières organiques dont il imite parfaitement la forme. On le nomme alors *mine d'argent figurée*; telle eſt celle qui reſſemble à des épis de blé, & que M. Romé de Liſle a reconnue pour des cônes & des écailles de pin; on a trouvé aussi du bois minéralisé de cette espèce. Cette mine contient de l'argent, du cuivre, du fer, de l'arsenic & du soufre. Lorsque le fer n'est que très-peu abondant, on la nomme *mine d'argent blanche*. Il ne faut point confondre cette dernière avec la galène tenant argent, que les ouvriers appellent quelquefois mine d'argent.

7°. La mine d'argent noire, appelée *nigrillo* par les Espagnols, n'est, suivant MM. Lehman & Romé de Lisle, qu'une décomposition de la mine d'argent rouge ou de la grise, & une sorte d'état moyen entre celui de ces mines & l'argent natif; on y rencontre souvent de ce dernier. Romé de Lisle observe que celle qui est solide, spongieuse ou vermoulue, provient des mines rouges & vitreuses, & est beaucoup plus riche que celle qui est friable & de couleur de poix, dont l'origine est due à l'altération des mines d'argent blanches ou grises. Aussi est-elle fort sujette à varier pour le produit. Elle donne en général depuis six à sept livres jusqu'à près de soixante livres d'argent par quintal.

8°. *La mine d'argent cornée* ou la combinaison naturelle d'argent avec l'acide muriatique & un peu d'acide sulfurique, est d'un gris jaunâtre sale; quelquefois elle tire sur le gris de lin; elle

elle a, quoique rarement, une demi-transparence ; elle est molle, s'écrase & se coupe facilement; elle se fond à la flamme d'une bougie. On la trouve cristallisée en cubes, & le plus souvent en masses informes. Elle contient fréquemment des portions d'argent natif. On croyoit autrefois qu'elle contenoit du soufre & de l'arsenic; mais les minéralogistes sont aujourd'hui d'accord sur sa nature. MM. Cronstedt, Lehman & Sage, Woulf, Lommer, Bergman, y ont reconnu la présence de l'acide muriatique qui s'en dégage par la chaleur. M. Woulf y a reconnu de plus la présence de l'acide sulfurique. On la trouve en Saxe, à Sainte-Marie, à Guadal-Canal en Espagne, & à Allemont en Dauphiné.

9°. *La mine d'argent molle* de Wallerius, n'est que l'argent natif ou minéralisé semé en plus ou moins grande quantité dans des terres colorées. On trouve beaucoup de variétés de couleur dans les terres tenant argent, depuis le gris sale jusqu'au brun foncé.

10°. Enfin, l'argent se trouve souvent combiné avec d'autres matières métalliques, dans des mines dont nous avons fait l'histoire. Tels sont le mispickel, la mine de cobalt grise, le kupfernickel ou mine de nickel, le sulfure d'antimoine qui offre souvent la variété appelée *mine d'argent en plumes*, la blende, la galêne, les pyrites martiales & les mines de cuivre blanches ; ces dernières ne ſont même que des mines d'argent griſes. Toutes ces ſubſtances contiennent ſouvent aſſez d'argent, pour qu'on puiſſe en retirer avec profit ce métal précieux; mais il eſt facile de concevoir qu'on ne doit point les décrire comme des mines d'argent particulières, & qu'il ſuffit d'indiquer qu'elles ſont en partie compoſées de ce métal.

L'eſſai des mines d'argent doit varier ſuivant leur nature. Celles qui contiennent l'argent natif ne demandent, à la rigueur, que d'être bocardées & lavées ; on peut, pour ſéparer exactement ce métal des ſubſtances étrangères qui l'altèrent, les triturer avec du mercure coulant. Ce dernier diſſout l'argent, & on le volatiliſe enſuite à l'aide du feu, pour avoir le métal parfait. Les mines d'argent ſulfureuſes demandent à être grillées, enſuite fondues avec une plus ou moins grande quantité de flux. On obtient dans cette fonte l'argent, ordinairement allié avec du plomb, du cuivre, du fer, &c. On emploie pour le ſéparer, & pour ſavoir exactement la quantité de métal précieux que cet alliage contient, un procédé entièrement chimique, fondé ſur les propriétés des métaux imparfaits. Le plomb étant ſuſceptible de ſe vitrifier

& d'entraîner dans sa vitrification les métaux imparfaits, tels que le fer & le cuivre, sans toucher à l'argent, on se sert de cette propriété pour séparer ce métal parfait d'avec ceux qui l'altèrent. On fond l'argent avec d'autant plus de plomb, qu'il contient plus de métaux étrangers; on met ensuite cet alliage dans des vaisseaux plats & poreux, faits avec des os calcinés & de l'eau. Ces espèces de têts, qu'on appelle *coupelles*, parce qu'ils ont la forme de petites coupes, sont propres à absorber le verre de plomb qui se forme dans l'opération de la coupellation. L'argent reste pur après cette opération. Pour savoir combien il contenoit de métaux imparfaits ou à quel titre il étoit, on suppose une masse d'argent quelconque composée de douze parties, qu'on appelle *deniers*, & chacun de ces deniers est formé de vingt-quatre grains. Si la masse d'argent examinée a perdu un douzième de son poids, c'est de l'argent à onze deniers; si elle n'a perdu qu'un vingt-quatrième, l'argent est à onze deniers douze grains de fin, & ainsi de suite. La coupelle, après cette opération, a acquis beaucoup de poids; elle est chargée d'oxide de plomb vitreux, & de celui des métaux imparfaits qui étoient alliés à l'argent, & que le plomb en a séparés. Comme le plomb contient presque toujours un peu d'argent, il eſt néceſſaire de le coupeller d'abord tout ſeul, afin de déterminer la quantité d'argent qu'il contient ; on doit enſuite défalquer du bouton de *retour* que l'on obtient en coupellant ſon argent, la petite portion que l'on ſait être contenue dans le plomb qu'on a employé & que l'on appelle le *témoin*. La coupellation préſente un phénomène qui avertit l'artiſte de l'état de ſon opération. A meſure que l'argent devient pur par la vitrification & la ſéparation du plomb, il paroît beaucoup plus brillant que la portion qui ne l'eſt pas encore. La partie brillante augmente peu-à-peu, & lorſque toute la ſurface de ce métal devient pure & éclatante de lumière, l'inſtant où il paſſe à cet état préſente une ſorte d'éclair ou de fulguration qui annonce que l'opération eſt finie. L'argent de coupelle eſt très-pur, relativement aux métaux imparfaits qu'il contenoit auparavant, mais il peut contenir de l'or, & comme il en contient toujours une certaine quantité, il faut employer un autre procédé pour ſéparer ces deux métaux parfaits. Comme l'or eſt beaucoup moins altérable que l'argent par la plupart des menſtrues, on diſſout l'argent par les acides nitrique ou muriatique & par le ſoufre; & l'or ſur lequel ces diſſolvans n'ont que très-peu ou point d'action, reſte pur. Cette manière de ſéparer l'argent de l'or eſt nommée *départ*. Nous parlerons des différentes ſortes de départs, après avoir fait connoître l'action de chacun des diſſolvans qu'on y met en uſage ſur l'argent, & lorſque nous traiterons de l'alliage de ce métal avec l'or.

Les travaux en grand, pour extraire l'argent de ſes mines & pour l'obtenir pur, ſont à peu-près ſemblables à ceux que nous avons décrits pour l'eſſai des mines de ce métal. Il y a en général trois manières de traiter l'argent en grand. La première conſiſte à triturer l'argent vierge avec du mercure; on lave cette amalgame pour en ſéparer toute la terre; on l'exprime à travers des peaux de chamois, & on la diſtille dans des cornues de fer; on fond enſuite l'argent & on le coule en lingots. On ne peut pas ſuivre ce procédé pour les mines d'argent qui contiennent du ſoufre; alors on les grille & on les mêle avec du plomb pour affiner le métal précieux par la coupellation. Tel eſt le procédé qu'on met en pratique pour les mines d'argent riches; quant à celles qui ſont pauvres, on ſuit une méthode différente des deux premières. On les fond ſans grillage préliminaire, avec une certaine quantité de pyrites. Cette fuſion, appelée *fonte crue*, donne une matte de cuivre tenant argent, que l'on traite par la liquation avec le plomb; ce dernier qui a entraîné l'argent pendant la fonte, est scorifié ensuite par la coupelle, & le métal parfait reste pur. La coupellation en grand diffère de celle que l'on fait en petit, en ce que dans la première le plomb scorifié est chassé de dessus la coupelle par l'action des soufflets, tandis que dans les essais l'oxide de plomb vitrifié est absorbé par la coupelle.

L'argent, obtenu par les procédés que nous venons d'indiquer, est en général beaucoup moins altérable que tous les métaux dont nous avons jusqu'à présent fait l'histoire. Le contact de la lumière, quelque long-tems que ce métal y reste exposé, n'en change en aucune manière les propriétés. La chaleur le fond, le fait bouillir & le volatilise, mais sans altération. Il faut pour le fondre, un feu capable de le faire rougir à blanc; il est plus fusible que le cuivre. Lorsqu'il est tenu en fusion pendant quelque tems, il se boursouffle, & il exhale des vapeurs qui ne sont que de l'argent volatilisé. Ce fait est prouvé par l'existence de ce métal dans le tuyau des cheminées où on en fond continuellement de grandes quantités. Il est confirmé par la belle expérience de MM. les académiciens de Paris; en exposant de l'argent très-pur au foyer de la lentille de M. de Trudaine, ces savans ont vu ce métal fondu répandre une fumée épaisse qui a blanchi une lame d'or sur laquelle elle avoit été reçue.

L'argent en se refroissant lentement est susceptible de prendre une forme régulière, ou de se cristalliser en pyramides quadrangulaires. M. Baumé avoit déjà fait observer que ce métal prenoit en se refroidissant une forme symétrique qui s'annonçoit à sa surface par des filets semblables aux barbes d'une plume. J'avois remarqué que le bouton de fin que l'on obtient par la coupellation, offroit souvent à sa surface des petits polygones à cinq ou six côtés, arrangés entr'eux comme les carreaux d'une chambre; mais la cristallisation en pyramides tétraëdres n'a été bien observée que par MM. Tillet & l'abbé Mongèz.

On a cru pendant long-tems, & quelques chimistes pensent encore, que l'argent est indestructible par l'action combinée de la chaleur & de l'air. Il est certain que ce métal, tenu en fusion avec le contact de l'air, ne paroît pas s'altérer sensiblement. Cependant Juncker avoit avancé qu'en le traitant pendant long-tems par la réverbération, à la manière d'Isaac le Hollandois, l'argent se changeoit en un oxide vitrescent. Cette expérience a été confirmée par Macquer. Ce savant chimiste a exposé de l'argent jusqu'à vingt fois de suite dans un creuſet de porcelaine au feu qui cuit celle de Sèves, & il a obtenu à la vingtième fuſion, une matière vitriforme d'un vert d'olive qui paroît être un véritable oxide d'argent vitreux. Ce métal chauffé au foyer de verre ardent a toujours préſenté une matière blanche pulvérulente à ſa ſurface, & un enduit vitreux verdâtre ſur le ſupport ſur lequel il étoit placé. Ces deux faits ne peuvent laiſſer de doute ſur l'altération de l'argent; quoiqu'il ſoit beaucoup plus difficile à oxider que les autres matières métalliques, il eſt cependant ſuſceptible de ſe changer à la longue en un oxide blanc qui, traité à un feu violent, donne un verre couleur d'olive. Peut-être ſeroit-il poſſible d'obtenir un oxide d'argent en chauffant pendant long-tems ce métal réduit en lames très-fines ou en feuilles dans des matras, comme on le fait pour le mercure. La commotion électrique paroît auſſi l'oxider. Quoi qu'il en ſoit, il eſt certain que ce métal ne ſe combine que difficilement avec la baſe de l'air vital, & que la chaleur qui ne favoriſe point cette combinaiſon comme elle le fait pour preſque tous les autres métaux, en dégage, au contraire, très aiſément ce principe; car les oxides d'argent ſont tous très-faciles à réduire ſans addition; ce qui dépend du peu d'adhérence de l'oxigène qui ſe dégage de ces oxides en air vital par la chaleur & la lumière.

L'argent n'éprouve aucune altération de la part de l'air; sa surface n'est que très-peu ternie, & même au bout d'un tems très-long. L'eau n'a pas plus d'action sur ce métal. Les matières terreuses ne se combinent point avec lui; il est vraisemblable que son oxide coloreroit en olive les verres avec lesquels on le feroit entrer en fusion.

Les matières salino-terreuses & les alcalis n'agissent pas d'une manière sensible sur l'argent. L'acide sulfurique le dissout lorsqu'il est très-concentré & bouillant, & lorsqu'on lui présente ce métal dans un grand état de division. Il se dégage beaucoup de gaz acide sulfureux de cette dissolution; l'argent est réduit en une matière blanche sur laquelle il faut verser de nouvel acide sulfurique si on veut l'avoir en dissolution. En faisantév aporer cette liqueur, on obtient de très-petites aiguilles de sulfate d'argent. J'ai obtenu plusieurs fois ce sel en plaques formées par la réunion de ces aiguilles sur leur longueur. Ce sel se fond au feu; il est très-fixe. Il est décomposable par les alcalis, par le fer, le cuivre, le zinc, le mercure, &c. Tous les précipités qu'on obtient par les alcalis, peuvent se réduire sans addition & en argent fin dans les vaisseaux fermés.

L'acide nitrique oxide & diſſout l'argent avec rapidité, & même ſans le ſecours de la chaleur. Cette diſſolution ſe fait même quelquefois ſi vivement, qu'on eſt obligé pour prévenir les inconvéniens que cette rapidité fait naître, de n'employer que l'argent en maſſe. Il ſe dégage beaucoup de gaz nitreux, & il ſe fait un précipité blanc plus ou moins abondant, ſi l'acide du nitre contient quelques portions d'acide ſulfurique ou d'acide muriatique. L'acide nitrique ſe colore ordinairement en bleu ou en vert; il perd cette couleur & devient tranſparent lorſque la diſſolution eſt finie, & ſi l'on a employé de l'argent pur; il reſte, au contraire, avec une nuance plus ou moins verdâtre lorſque l'argent contient du cuivre. Souvent l'argent le plus pur qu'on puiſſe employer contient de l'or; alors comme l'acide nitrique n'a que peu d'action ſur ce métal parfait, à meſure qu'il agit ſur l'argent, il s'en ſépare de petits floccons noirâtres qui ſe raſſemblent au fond du vaiſſeau, & qui ne ſont que de l'or. C'eſt d'après cette action diverſe de l'acide nitrique ſur ces deux métaux, qu'on l'emploie avec ſuccès pour les ſéparer l'un de l'autre dans l'opération du départ à l'eau-forte. L'acide nitrique peut diſſoudre plus de moitié de ſon poids d'argent. Cette diſſolution eſt d'une très-grande causticité; elle tache l'épiderme en noir, & elle le corrode entièrement. Lorsqu'elle est très-chargée, elle dépose des cristaux minces brillans semblables à l'acide boracique ; en l'évaporant à moitié, elle donne par le refroidissement des cristaux plats, qui sont ou hexagones, ou triangulaires ou quarrés, & qui paroissent formés d'un grand nombre de petites aiguilles posées les unes à côté des autres. Ces lames se placent obliquement les unes sur les autres. Elles sont transparentes & très-caustiques; on les a nommées *cristaux de lune*. C'est du nitrate d'argent. Ce sel est promptement altéré par le contact de la lumière, et noirci par les vapeurs combustibles. Si on le met sur un charbon ardent, il détonne bien, & il laisse une poudre blanche qui est de l'argent pur: il est très-fusible. Si on l'expose au feu dans un creuset, il se boursouffle d'abord en perdant l'eau de sa cristallisation; ensuite il reste dans une fonte tranquille. Si on le laisse refroidir dans cet état, il se prend en une masse grise légèrement aiguillée, & forme une préparation connue en pharmacie & en chirurgie sous le nom de *pierre infernale*. On n'a pas besoin pour l'obtenir de se servir du nitrate d'argent cristallisé qui est très-long à faire & très-dispendieux. Il suffit d'évaporer à siccité une dissolution d'argent par l'acide nitrique; de mettre ce résidu dans un creuset ou dans une timbale d'argent, comme le conseille M. Baumé, & de le chauffer lentement jusqu'à ce qu'il soit dans une fonte tranquille; alors on le coule dans une lingotière pour lui donner la forme de petits cylindres. Si l'on casse des crayons de *pierre infernale*, on observe qu'ils sont formés d'aiguilles, qui partent en rayonnant du centre de chaque cylindre, & qui vont se terminer à sa circonférence. Il ne faut pas chauffer trop long-tems le nitrate d'argent pour en faire la *pierre infernale*; sans cela une partie de ce sel se décompose, & l'on trouve un culot d'argent dans le fond du creuset. Pour voir ce qui se passe dans cette opération, j'ai distillé ce sel dans un appareil pneumato-chimique. J'en ai obtenu du gaz nitreux & de l'air vital mêlé d'un peu de gaz azote. J'ai retrouvé dans mon matras l'argent entièrement réduit; le verre avoit pris l'opacité de l'émail, & il étoit coloré en un beau brun couleur de marron. C'est sans doute à l'oxide de manganèse ou à quelqu'autre substance contenue dans ce verre, qu'est due la couleur brune qu'il a prise dans cette expérience, car celle du verre formé par l'oxide d'argent, tire sur le vert d'olive, comme nous l'avons déjà fait observer.

Le nitrate d'argent exposé à l'air, n'en attire

pas l'humidité, il se dissout très-bien dans l'eau, & on peut le faire cristalliser par l'évaporation lente de ce fluide.

La dissolution nitrique d'argent est décomposée par les substances salino-terreuses & par les alcalis, mais avec des phénomènes très-différens, suivant l'état de ces matières. L'eau de chaux y forme un précipité couleur d'olive très-abondant. Les alcalis fixes chargés d'acide carbonique la précipitent en blanc; l'ammoniaque caustique, en un gris qui tire sur le vert de l'olive. Cette dernière précipitation n'a lieu qu'à la longue.

Quoique l'acide nitrique soit celui qui agisse avec le plus d'énergie sur l'argent, ce n'est pas celui qui a plus d'adhérence & plus d'affinité avec l'oxide de ce métal; l'acide sulfurique & l'acide muriatique sont susceptibles de lui enlever cet oxide. C'est pour cela qu'en versant quelques gouttes de ces acides dans une dissolution nitrique d'argent, il se forme un précipité en une poudre blanche, lorsqu'on emploie l'acide sulfurique, & en floccons épais comme un *coagulum*, si l'on se sert d'acide muriatique. Dans le premier cas, il s'est formé du sulfate d'argent; dans le second, du muriate d'argent: ces deux sels n'étant pas très-solubles, se précipitent. Il n'est pas nécessaire de se servir des acides sulfurique & muriatique libres, pour opérer ces décompositions; on peut aussi employer les sels neutres qui résultent de leur union avec les alcalis & les matières terreuses; alors il y a double composition & double combinaison, parce que l'acide nitrique, séparé de l'argent s'unit avec la base des sels sulfuriques ou muriatiques.

C'est sur cette différence de rapport entre les acides & l'argent qu'est fondé un procédé que l'on met en usage pour se procurer un acide nitrique bien pur & exempt du mélange des autres acides, tel en un mot, qu'il le faut pour plusieurs opérations de métallurgie, & pour la plupart des recherches chimiques. Comme en distillant l'esprit de nitre, il est rare que ce fluide ne soit point mêlé avec une certaine quantité d'acide sulfurique ou d'acide muriatique, les chimistes ont cherché des moyens de séparer ces fluides étrangers, & ils se servent avec succès de la dissolution nitrique d'argent, pour parvenir à ce but. On verse dans l'acide nitrique impur, cette dissolution jusqu'à ce qu'on s'apperçoive qu'elle n'y occasionne plus de précipité; on laisse rassembler le dépôt formé de sulfate ou de muriate d'argent; on décante l'acide & on le distille à une chaleur douce pour le séparer d'avec la petite portion de sels d'argent qu'il peut contenir. Le preduit que l'on obtient est de l'acide nitrique très-pur ; on lui donne, dans les arts, le nom d'*eau forte précipitée*.

La plupart des matières métalliques sont susceptibles de décomposer la dissolution nitrique d'argent, parce qu'elles ont plus d'affinité que ce métal avec l'oxigène. L'arseniate de potasse dissous dans l'eau, produit dans la dissolution nitrique un précipité rougeâtre formé par l'union de l'argent avec l'acide arsenique. Ce précipité imite la mine d'argent rouge. On peut obtenir l'argent précipité dans son état métallique par le plus grand nombre des métaux ; mais c'est sur tout la séparation de ce métal parfait opéré par le mercure & par le cuivre, qu'il nous importe de considérer ici, à cause des phénomènes que présente la première, & de l'utilité de la seconde.

L'argent séparé de l'acide nitrique par le mercure, est dans son état métallique, & la lenteur de sa précipitation donne naissance à un arrangement symmétrique particulier connu sous le nom d'*arbre de Diane*, ou *arbre philosophique*. Il y a plusieurs procédés pour obtenir cette cristallisation. Lemery prescrivoit de prendre une once d'argent fin, de le dissoudre dans de l'acide nitrique médiocrement fort, d'étendre cette dissolution avec environ vingt onces d'eau distillée,

& d'y ajouter deux onces de mercure. En quarante jours de tems, il s'y forme une végétation très-belle. Homberg a donné un autre procédé beaucoup plus court. On fait d'après ce chimiste, une amalgame à froid de quatre gros d'argent en feuilles avec deux gros de mercure; on dissout cette amalgame dans suffisante quantité d'acide nitrique, on ajoute à cette dissolution une livre & demie d'eau distillée. On met dans une once de cette liqueur une petite boule d'une amalgame d'argent molle, & la précipitation de l'argent a lieu presque sur-le-champ. L'argent précipité & uni à une portion de mercure se dépose en filets comme prismatiques à la surface de l'amalgame. D'autres filets viennent s'implanter sur les premiers, de manière à offrir une végétation en forme de buisson. Enfin, M. Baumé a décrit un moyen d'obtenir l'arbre de Diane, qui diffère un peu de celui de Homberg, & qui réussit plus sûrement. Il conseille de mêler six gros de dissolution d'argent, & quatre gros de dissolution de mercure par l'acide nitrique, & toutes deux bien saturées, d'ajouter à ces liqueurs cinq onces d'eau distillée, & de les verser dans un vase de terre sur six gros d'une amalgame faite avec sept parties de mercure & une partie d'argent. Ces deux méthodes réussissent avec beaucoup plus de promptitude que celle de Lémery, méry, par l'action réciproque & le rapport qui existe entre les matières métalliques. En effet, le mercure contenu dans la dissolution, attire celui de l'amalgame ; l'argent contenu dans cette dernière agit aussi sur celui qui est tenu en dissolution, & il résulte de ces attractions une précipitation plus prompte de l'argent. Le mercure qui fait partie de l'amalgame étant plus abondant qu'il ne seroit nécessaire pour précipiter l'argent de la dissolution, produit encore un troisième effet bien important à considérer : c'est qu'il attire l'argent par l'affinité & la tendance qu'il a à se combiner avec ce métal ; il s'y combine effectivement, puisque les végétations de l'arbre de Diane ne sont qu'une véritable amalgame cassante & cristallisée. Cette cristallisation réussit beaucoup mieux dans des vaisseaux coniques, comme des verres, que dans des vaisseaux arrondis ou évasés, tels que la cucurbite recommandée par M. Baumé. On conçoit aussi qu'il est nécessaire de mettre le vase où se fait l'expérience, à l'abri des secousses qui s'opposeroient à l'arrangement symmétrique & régulier de l'amalgame.

Le cuivre plongé dans une dissolution d'argent en précipite de même ce métal sous la forme brillante & métallique. On emploie ordinairement ce procédé pour séparer l'argent de son dissolvant après avoir fait le départ. On trempe des lames de cuivre dans la dissolution, ou bien on met cette dernière dans un vaisseau de cuivre; l'argent se sépare sur le champ en floccons d'un gris blanchâtre. On décante la liqueur lorsqu'elle est bleue & qu'il ne s'en précipite plus d'argent. On lave ce dernier à plusieurs eaux; on le fond dans des creusets, & on le passe avec du plomb à la coupelle pour en séparer une portion de cuivre auquel il s'est uni dans la précipitation. L'argent que fournit cette opération est le plus pur de tous; il est à douze deniers de fin. On voit, d'après ces deux précipitations de l'argent par le mercure & par le cuivre, que les métaux séparés de leurs dissolvans par des matières métalliques, se précipitent avec toutes leurs propriétés; ce phénomène dépend comme nous l'avons indiqué dans l'histoire du cuivre, de ce que les métaux, plongés dans la dissolution d'argent, enlèvent à ce dernier l'oxigène avec lequel ils ont plus d'affinité.

L'acide muriatique ne dissout point immédiatement l'argent, mais il dissout bien son oxide. Lorsque cet acide est surchargé d'oxigène, il oxide facilement le métal. Telle est, sans doute, la raison de ce qui se passe dans le *départ concentré*. Cette opération consiste à exposer au feu des lames d'or allié d'argent, cémentées avec un mêlange de ſulfate de fer & de muriate de ſoude ; l'acide ſulfurique dégage l'acide muriatique, lui donne une portion de ſon oxigène, & ce dernier ſe porte ſur l'argent qu'il diſſout.

On ſuit un procédé beaucoup plus prompt & plus facile pour combiner l'acide muriatique avec l'argent en oxide. On verſe cet acide dans une diſſolution nitrique de ce métal ; le précipité très-abondant qui ſe forme ſur le champ, eſt la combinaiſon de l'acide muriatique avec l'argent qui a plus d'affinité avec cet acide qu'avec celui du nitre, & qui conſéquemment quitte ce dernier pour s'unir au premier. On obtient la même combinaiſon en verſant de l'acide muriatique dans une diſſolution de ſulfate d'argent ; parce que cet acide a plus d'affinité avec le métal que n'en a le ſulfurique. On peut encore combiner l'acide muriatique à l'argent, en chauffant cet acide ſur un oxide de ce métal précipité de l'acide nitrique par l'alcali fixe.

Le muriate d'argent a pluſieurs propriétés qu'il eſt important de bien connoître. Il eſt ſingulièrement fuſible. Lorſqu'on l'expoſe dans une fiole à médecine à un feu doux, comme ſur les cendres chaudes, il ſe fond en une ſubſtance griſe & demi-tranſparente aſſez ſemblable à de la corne ; c'eſt pour cela qu'on l'a appelé *lune cornée*. Si on le coule ſur un porphyre, il se fige en une matière friable, & comme cristallisée en belles aiguilles argentines. Si on le chauffe long-temps avec le contact de l'air, il se décompose; il passe facilement à travers les creusets; une partie se volatilise & une autre se réduit en métal, & donne des globules d'argent semés dans la portion de muriate d'argent non décomposé. Ce sel exposé à la lumière perd sa couleur blanche & brunit assez promptement. Il se dissout dans l'eau, mais en très-petite quantité, puisqu'une livre d'eau distillée bouillante ne s'en charge que de trois ou quatre grains, suivant l'expérience de M. Monnet. Les alcalis sont susceptibles de décomposer le muriate d'argent dissous dans l'eau, ou traité au feu avec ces sels; c'est un moyen qu'on peut employer pour obtenir l'argent le plus pur & le plus fin que l'on connoisse. On fait un mélange de quatre parties de potasse ou carbonate de potasse, avec une partie de muriate d'argent. On le met dans un creuset, & on le fait fondre; lorsqu'il est en belle fusion, on le retire du feu, on le laisse refroidir & on le casse; on en sépare l'argent qui se trouve au-dessous du muriate de potasse formé dans cette opération, & de la portion surabondante d'alcali employé. M. Baumé, à qui est dû ce procédé, assure que la quantité d'alcali qu'il prescrit, empêche le muriate d'argent de passer à travers le creuset en agissant sur toutes les parties qu'il décompose à la fois. Margraf a donné un autre procédé pour réduire ce sel, & pour en obtenir l'argent parfaitement pur. On triture dans un mortier cinq gros seize grains de muriate d'argent avec une once & demie de carbonate ammoniacal, en ajoutant assez d'eau distillée pour faire une pâte; on agite ce mêlange jusqu'à ce que le gonflement & l'effervescence qui s'y excitent, soient appaisés; alors on y ajoute trois onces de mercure bien purifié, & on triture jusqu'à ce qu'on apperçoive une belle amalgame d'argent, on la lave avec beaucoup d'eau, en continuant la trituration, & on renouvelle le lavage jusqu'à ce que l'eau sorte très-claire, & que l'amalgame soit très-brillante; à cette époque on desséche cette dernière, & on la distille dans une cornue jusqu'à ce que ce vaisseau soit d'un rouge blanc; le mercure passe dans le récipient, & on trouve l'argent pur au fond de la cornue. De cette manière on obtient ce métal de la plus grande pureté & sans déchet sensible. C'est de cet argent qu'on doit se servir pour les expériences délicates de la chimie. L'eau employée pour laver ce mélange, a emporté deux substances, une certaine quantité de muriate ammoniacal qu'elle tient en dissolution, & une poudre blanche qui ne peut point s'y dissoudre. Lorsqu'on sublime cette dernière, on retrouve une petite quantité d'argent au fond du vaisseau sublimatoire. Cette expérience prouve qu'on ne décompose complettement le muriate d'argent que par le secours d'une double affinité. En effet, dans le procédé de Margraf, l'ammoniaque ne s'unit à l'acide muriatique que parce que l'argent se combine de son côté au mercure, qui l'attire & le sollicite de quitter l'acide, ce que l'alcali seul ne peut faire. Mais l'on conçoit que cette opération longue & coûteuse ne peut convenir que dans les travaux en petit de nos laboratoires. Si l'on avoit à réduire le muriate d'argent en grande quantité, on employeroit ou les alcalis fixes, ou quelques substances métalliques, qui la plupart ont plus d'affinité avec l'acide muriatique que n'en a l'argent. Tels sont entr'autres, l'antimoine, le plomb, l'étain, le fer, &c. Si l'on fond dans un creuset une partie de muriate d'argent avec trois parties de l'une de ces matières, on trouve l'argent réduit au fond du creuset, & le métal employé uni à l'acide muriatique. L'argent ainsi précipité est fort impur; il contient toujours une portion du métal dont on s'est servi pour le réduire; & comme on emploie le plus communément le plomb conseillé par Kunckel, l'argent qu'il fournit a besoin d'être coupellé, & il ne peut jamais être amené à l'état de pureté de celui qui est réduit par les alcalis, ou par le procédé de Margraf.

L'acide nitro-muriatique agit assez bien sur l'argent, & il le précipite à mesure qu'il le dissout. Cet effet est fort aisé à concevoir; l'acide nitrique dissout d'abord ce métal, & l'acide muriatique l'enlève au premier, en formant du muriate d'argent qui se dépose, à cause de son peu de solubilité; c'est un procédé qui peut servir à séparer l'argent contenu dans l'or.

On ne connoît pas bien l'action des autres acides sur l'argent; on sait seulement qu'une dissolution de borax produit un précipité blanc très-abondant dans la dissolution nitrique de ce métal, & que ce précipité est formé par l'acide boracique uni à une portion d'oxide d'argent.

Ce métal ne paroît pas être altérable par les sels neutres; au moins on a constaté qu'il ne détonoit pas avec le nitre, & qu'il ne décomposoit pas avec le muriate ammoniacal. Cette inaltérabilité de l'argent par le nitre, fournit un bon moyen d'en séparer par la détonation les métaux imparfaits qui peuvent lui être unis; tels que le cuivre, le plomb, &c. On fait fondre ce métal allié au-dessus du titre qu'il doit avoir, avec du nitre; ce sel détonne & brûle la portion de métal imparfait étranger à l'argent, & ce dernier se trouve au-dessous au fond du creuset; il est beaucoup plus pur qu'il n'étoit auparavant.

Presque toutes les matières combustibles ont une action plus ou moins marquée sur l'argent. Aucun métal n'est plus vîte terni & coloré par les matières inflammables. Le gaz hydrogène sulfuré, de quelque substance qu'il se dégage, lui donne, dès qu'il le touche, une couleur bleue ou violette tirant sur le noir, & diminue beaucoup sa ductilité. On sait que les vapeurs animales fétides, telles que celles des latrines, de l'urine putréfiée, des œufs chauds, produisent le même effet sur ce métal. On n'a point encore examiné l'action réciproque de ces deux corps, & l'espèce de combinaison qui en résulte.

Le soufre se combine très bien avec l'argent; on fait ordinairement cette combinaison en stratifiant dans un creuset des lames de ce métal avec de la fleur de soufre, & en fondant promptement ce mêlange; il en résulte une masse d'un noir violet, beaucoup plus fusible que l'argent, cassante & disposée en aiguilles; en un mot, une véritable mine artificielle.

Cette combinaiſon ſe décompoſe facilement par l'action du feu, à cauſe de la volatilité du ſoufre & de la fixité de l'argent ; le ſoufre ſe conſume & ſe diſſipe, & l'argent reſte pur. Le ſulfure alcalin diſſout ce métal par la voie ſeche ; en faiſant fondre une partie d'argent avec trois parties de ſulfure de potaſſe, ce métal diſparoît & peut ſe diſſoudre dans l'eau en même-tems que le ſulfure. Si l'on verſe un acide dans cette diſſolution, on obtient un précipité noir d'argent ſulfuré. Des feuilles d'argent miſes dans une diſſolution de ſulfure de potaſſe, prennent bientôt une couleur noire, & il paroît que le ſoufre quitte l'alcali pour s'unir au métal & le minéraliſer, ainſi que nous l'avons vu pour le mercure.

L'argent s'unit avec l'arſenic qui le rend caſſant. On ne connoît point encore l'action de l'acide arſenique ſur ce métal parfait.

Il ne ſe combine que difficilement avec le cobalt.

Il s'allie très-bien au biſmuth & forme avec lui un métal mixte fragile, dont la peſanteur ſpécifique eſt plus grande que celle des deux métaux peſés ſéparément.

Suivant Cronſtedt, l'argent ne s'unit point au nickel ; ces métaux fondus enſemble ſe placent à côté l'un de l'autre, comme ſi leur peſanteur ſpécifique étoit parfaitement identique.

Il ſe fond avec l'antimoine, & donne avec ce métal un alliage très-fragile. Il paroît ſuſceptible de décompoſer le ſulfure d'antimoine, & de s'unir au ſoufre de ce minéral, avec lequel il a plus d'affinité que l'antimoine.

L'argent ſe combine facilement au zinc par la fuſion. Il réſulte de cette combinaiſon un alliage grenu à ſa ſurface & très caſſant.

Il ſe diſſout complètement, & même à froid, dans le mercure; pour opérer cette diſſolution, il ſuffit de malaxer avec ce fluide métallique des feuilles d'argent; il en réſulte ſur le-champ une amalgame d'une conſiſtance variée, ſuivant la quantité reſpective des deux ſubſtances qui la forment. Cette amalgame eſt ſuſceptible de prendre une figure régulière par la fuſion & le refroidiſſement lent; elle donne des criſtaux priſmatiques tétraëdres, terminés par des pyramides de la même forme. Le mercure prend une ſorte de fixité dans cette combinaiſon; car il faut, pour le ſéparer de l'argent, un degré de chaleur plus conſidérable que celui qui eſt néceſſaire pour le volatiliſer ſeul. L'argent eſt ſuſceptible de décompoſer le muriate mercuriel corroſif par la voie sèche & par la voie humide.

Il s'unit parfaitement avec l'étain; mais il

perd, par la plus petite dose de ce métal, toute sa ductilité.

Il s'allie promptement avec le plomb, qui le rend très fusible, & qui lui ôte son elasticité & sa qualité sonore.

Il s'allie au fer, & cet alliage peu examiné pourroit peut-être devenir d'une très-grande utilité dans les arts.

Enfin, il se fond & se combine en toutes proportions avec le cuivre. Ce dernier ne lui ôte point sa ductilité; il le rend plus dur & plus sonore; & il forme un alliage souvent employé dans les arts.

L'argent est un métal singulièrement utile, à cause de sa ductilité, de son indestructibilité par le feu & l'air. Son brillant le fait servir d'ornement; on l'applique à la surface de différens corps & même du cuivre; on le fait entrer dans le tissu des étoffes dont il relève la beauté. Mais son usage le plus important est celui de fournir une matière propre par sa dureté & par sa ductilité, à faire des vases de toutes les formes. L'argent de vaisselle est ordinairement allié d'un vingt-quatrième de cuivre, qui lui donne plus de dureté & de cohérence, & qui ne l'expose à aucun inconvénient pour la santé, parce que les vingt-trois parties d'argent masquent & détruisent entièrement les propriétés délétères du cuivre.

Enfin, l'argent eſt employé pour exprimer la valeur de toutes les marchandiſes, & on le fabrique en monnoie; mais dans ce cas on l'allie à un douzième de cuivre, & ſon titre eſt conſéquemment à onze deniers de fin.

CHAPITRE XXI.

DE L'OR.

L'OR ou le ſoleil des alchimiſtes eſt le métal le plus parfait & le moins altérable que l'on connoiſſe ; il eſt d'une couleur jaune brillante. C'eſt après le platine le corps le plus peſant de la nature; il ne perd qu'entre un dix-neuvième & un vingtième de ſon poids dans l'eau; ſa dureté n'eſt pas très conſidérable, ainſi que ſon élaſticité. Son étonnante ductilité bien prouvée par l'art du tireur & du batteur d'or, eſt telle, qu'une once de ce métal peut dorer un fil d'argent long de quatre cens quarante-quatre lieues, & qu'on le réduit en lames ſuſceptibles d'être enlevées par le vent. Un grain d'or peut, ſuivant le calcul de Lewis, couvrir une aire de plus de quatorze cens pouces quarrés. C'eſt le plus tenace de tous les métaux, puiſqu'un fil d'or d'un dixième de pouce de diamètre peut ſoutenir un poids de cinq cens livres avant que de ſe rompre. L'or s'écrouit facilement ſous le marteau, mais le recuit lui rend toute ſa ductilité.

La couleur de l'or eſt ſuſceptible d'un aſſez grand nombre de variétés, il y en a de plus ou moins jaune ou pâle ; il en eſt qui tire preſque ſur le blanc ; il paroît que ces différences dépendent de quelque alliage. L'or n'a ni odeur ni ſaveur ; il eſt ſuſceptible de criſtalliſer par refroidiſſement en pyramides quadrangulaires courtes ; c'eſt ainſi que l'ont obtenu MM. Tillet & Mongèz.

L'or ſe trouve preſque toujours pur & vierge dans la nature. Tantôt il ſe rencontre en petites maſſes iſolées ou continues, & diſpoſées dans du quartz ; d'autres fois il eſt en petites paillettes, & roule avec les ſables au fond des eaux ; enfin, on le retire encore de pluſieurs mines, dans la compoſition deſquelles il entre ; telles que des galènes, des blendes, dès mines d'argent rouges, de l'argent vierge. Il eſt preſque toujours uni à une certaine quantité d'argent ou d'autres métaux, & il forme des alliages naturels.

On diſtingue pluſieurs variétés de l'or natif, en lames, en paillettes, en grains, en criſtaux octaëdres, en priſmes à quatre faces ſtriées, en cheveux & en maſſes irrégulières: M. Sage penſe que l'or natif en priſmes eſt uni à une certaine quantité de mercure; ce qui le rend fragile.

Les minéralogiſtes modernes reconnoiſſent plusieurs ſortes de mines d'or.

1°. L'or natif uni à l'argent, au cuivre, au fer, &c. On le trouve au Pérou, au Mexique, en Hongrie, en Tranſilvanie, &c.

2°. La pyrite aurifère; elle n'eſt pas très-diſtincte à l'œil, des autres pyrites; on en connoît l'or par la diſſolution dans l'acide nitrique, & le lavage du réſidu. Il paroît que l'or n'eſt que mêlé dans les pyrites martiales. Quelques pyrites arſenicales, & en particulier celles de Salzbergh, dans le Tyrol, contiennent auſſi un peu d'or.

3°. L'or mêlé d'argent, de plomb & de fer minéraliſés par le ſoufre. Cette mine aurifère eſt très-mélangée. Suivant M. Sage, on y reconnoît la blende, la galène, l'antimoine ſpéculaire, le cuivre, l'argent & le fer. L'or ſuinte avec le plomb, lorſqu'on l'expoſe au feu. Elle vient de Naggyac en Tranſilvanie.

L'eſſai d'une mine d'or doit être différent ſuivant ſa nature; ſi c'eſt de l'or natif, la pulvériſation & le lavage ſuffiſent. Si l'or eſt allié avec d'autres métaux, il faut griller la mine, la fondre, la coupeler à l'aide du plomb & en faire le départ.

La manière dont on extrait l'or de ses mines, est très-facile à concevoir, d'après les détails dans lesquels nous sommes déjà entrés sur la métallurgie. L'or natif n'a besoin que d'être séparé de sa gangue. A cet effet on le fait passer au bocard; on le lave pour entraîner la gangue réduite en poussière; on le broie dans un moulin plein d'eau, avec dix à douze parties de mercure; on fait écouler l'eau qui lave la matière métallique, & on sépare tout ce qui n'est que terreux. Lorsque l'amalgame formée dans cette opération est débarrassée de toute la terre, & qu'elle paroît bien pure, on l'exprime dans des peaux de chamois; une bonne partie du mercure s'échappe, & l'or reste uni à une certaine portion du métal cassant. On chauffe cette amalgame d'or, & on en sépare le mercure par la distillation: ensuite on fond l'or pur qui résulte de cette distillation, & on le coule en barres ou en lingots. Quant à l'or qui se trouve combiné dans les mines des autres métaux, telles que celles de plomb, de cuivre & d'argent, on l'extrait par la liquation, la coupellation & le départ. Le plomb qui coule pendant la liquation du cuivre, entraîne l'argent & l'or; on le coupelle ensuite pour le séparer du plomb, & on en sépare l'argent par le départ, comme nous le dirons plus bas.

L'or exposé au feu rougit bien avant de se fondre. Lorsqu'il est bien rouge il paroît brillant, & d'une couleur verte claire semblable à celle de l'aigue-marine. Il ne se fond que lorsqu'il est d'un rouge blanc; refroidi lentement, il se cristallise. Il n'éprouve point d'altération, quelque long & quelque fort que soit le feu auquel on l'expose, puisque Kunckel & Boyle l'ont tenu pendant plusieurs mois à un feu de verrerie; sans qu'il ait subi aucun changement. Cependant cette sorte d'inaltérabilité n'est que relative aux feux que nous pouvons nous procurer à l'aide des matières combustibles, puisqu'il paroît certain qu'une chaleur beaucoup plus active, & telle que celle des lentilles de verre, est capable d'ôter à l'or ses propriétés métalliques. Homberg a observé en exposant ce métal au foyer d'une lentille de Tschirnausen, qu'il fumoit, se volatilisoit, & même qu'il se vitrifioit. Macquer a vu que l'or exposé au foyer de la lentille de M. Trudaine, se fondoit, exhaloit une fumée, qui doroit l'argent, & qui n'étoit que de l'or volatilisé; que le globule d'or fondu étoit agité d'un mouvement rapide sur lui-même, qu'il se couvroit d'une pellicule matte, ridée & comme terreuse; qu'enfin il se formoit

formoit dans son milieu une vitrification violette. Cette vitrification s'étendoit peu à peu & donnoit naissance à une espèce de calotte d'une plus grande courbure que celle du globule d'or, qui étoit enchâssée dans ce globule, comme la cornée transparente l'est sur la sclérotique. Ce verre augmentoit d'étendue, tandis que l'or diminuoit. Le support s'est toujours trouvé coloré d'une trace de couleur purpurine qui paroissoit être due à une portion du verre absorbé.

Le temps n'a pas permis à Macquer de vitrifier en entier une quantité donnée d'or; ce célèbre chimiste fait observer qu'il seroit nécessaire de réduire ce verre violet avec des matières combustibles, pour être assuré qu'il donneroit de l'or, & pour en conclure conséquemment qu'il est dû à l'oxide de ce métal parfait. Quoi qu'il en soit, nous pensons qu'on peut le regarder comme un véritable oxide d'or vitrifié, avec d'autant plus de fondement, que dans plusieurs opérations sur ce métal, que nous décrirons tout-à-l'heure, il prend constamment la couleur pourpre, & que plusieurs de ses préparations sont employées pour donner cette couleur à l'émail & à la porcelaine. L'or est donc oxidable comme les autres métaux; seulement il demande, ainsi que l'argent, pour s'unir à la base de l'air une plus grande chaleur & un temps plus long que toutes les autres substances métalliques : ces circonstances ne sont sans doute que relatives à sa densité, & à son peu de tendance pour s'unir à l'oxigène. On lui donne cet état d'oxide purpurin, en l'exposant à une forte commotion électrique.

L'or n'est point altérable à l'air. Sa surface ne fait que se ternir par le dépôt des corps étrangers qui voltigent sans cesse dans l'atmosphère. L'eau ne l'altère non plus en aucune manière ; elle paroît cependant susceptible de le diviser d'après les recherches de la Garaye.

L'or ne se combine point dans son état métallique aux terres & aux substances salino-terreuses. Son oxide peut entrer dans la composition des verres, auxquels il donne une couleur violette ou purpurine.

L'or n'est nullement attaqué par l'acide sulfurique le plus concentré, aidé même de la chaleur.

L'acide nitrique paroît susceptible d'en dissoudre quelques atômes ; plusieurs physiciens pensent que cette dissolution s'opère d'une manière mécanique, plutôt que par une véritable combinaison. Brandt est un des premiers chimistes qui ait annoncé la dissolubilité de l'or dans l'acide nitrique ; elle a été confirmée par

MM. Scheffer & Bergman. Mais il faut obſerver que, d'après les expériences faites par la claſſe entière des chimiſtes de l'académie de Paris, l'acide nitrique ne ſe charge de quelques parcelles d'or que dans des circonſtances particulières, dont ces ſavans viennent de rendre compte dans un mémoire ſur le départ. Voyez *Annales de Chimie, tome V*. M. Deyeux, membre du collège de pharmacie, a remarqué que l'acide du nitre n'eſt ſuſceptible de diſſoudre l'or, que lorſqu'il eſt rutilant & chargé de gaz nitreux. Suivant lui, cet acide dans cet état n'eſt pas pur; il l'appelle *acide chargé de gaz*, & il le compare à une ſorte d'*eau régale*. Nous avons dit ailleurs en quoi conſiſtoit la différence de l'acide nitreux & de l'acide nitrique.

L'acide muriatique ſeul & dans ſon état de pureté, n'attaque pas l'or d'une manière ſenſible. Schéele & Bergman ont découvert que cet acide oxigéné diſſout l'or abſolument comme l'*eau régale*, & forme avec ce métal le même ſel qu'il a coutume de former avec l'acide mixte qu'on emploie ordinairement pour le diſſoudre. C'eſt en raiſon de l'excès d'oxigène uni à l'acide muriatique, que cette diſſolution a lieu; elle ſe fait ſans efferveſcence ſenſible, comme toutes les diſſolutions des métaux par l'acide muriatique oxigéné.

L'*eau régale* a été regardée comme le véritable dissolvant de l'or. Elle ne le dissout cependant pas mieux que l'acide muriatique oxigéné. Sans répéter ici ce que nous avons dit ailleurs sur la nature, les propriétés & les différences de cet acide mixte, suivant la quantité des deux acides que l'on combine ensemble pour le former, nous ne nous occuperons que de son action sur l'or. Dès que l'acide nitro-muriatique est en contact avec ce métal, il l'attaque avec une effervescence d'autant plus vive qu'il est plus concentré, que la température est plus élevée, & que l'or est plus divisé. On peut à l'aide d'une chaleur douce accélérer cette opération, ou au moins en favoriser le commencement. Ensuite les bulles se succèdent sans interruption, & jusqu'à ce qu'une portion du métal soit dissoute. Cette action s'arrête peu à peu, & elle ne se continue que par l'agitation ou la chaleur. Il se dégage du gaz nitreux pendant cette dissolution. L'acide nitro-muriatique chargé de tout ce qu'il peut dissoudre d'or, est d'un jaune plus ou moins foncé. Il est d'une causticité considérable; il teint les matières animales d'une couleur pourpre foncée, & il les corrode. Lorsqu'on l'évapore avec précaution, il donne des cristaux d'une belle couleur d'or, semblable à des topazes, & qui paroissent être des octaëdres tronqués, & quelquefois des prismes tétraëdres. Cette cristallisation est assez difficile à obtenir. M. Monnet pense qu'elle n'est due qu'au sel neutre tout formé dans l'acide nitro-muriatique, & il avance qu'il est nécessaire, pour l'obtenir, d'employer une *eau regale* faite avec l'acide nitrique & le muriate ammoniacal, ou le muriate de soude; on conçoit que cet acide mixte contient alors, ou du nitrate de soude, ou du nitrate ammoniacal. C'est l'un ou l'autre de ces sels neutres, suivant le chimiste que nous venons de citer, qui est la cause de la cristallisation de l'or. Il paroît cependant qu'une dissolution d'or dans l'acide nitro-muriatique fait par le mélange des acides purs, est susceptible de donner des cristaux, & Bergman regarde ce sel comme un vrai muriate d'or. Si on chauffe ces cristaux, ils se fondent & prennent une couleur rouge; ce sel attire fortement l'humidité de l'air. Lorsqu'on distille une dissolution d'or, on obtient une liqueur d'un beau rouge, qui a enlevé un peu d'or avec elle, & qui n'est que de l'acide muriatique. Les alchimistes qui ont fait de grands travaux sur l'or, ont donné le nom de *lion rouge* à cette liqueur. Il se sublime aussi quelques cristaux d'or d'un jaune rougeâtre; la plus grande partie de ce métal reste au fond de la cornue, & il n'a besoin que de la fusion pour être très-pur, & jouissant de toutes ses propriétés.

La dissolution d'or est susceptible d'être décomposée par un grand nombre d'intermèdes. La chaux & la magnésie en précipitent l'or sous la forme d'une poudre jaunâtre. Les alcalis fixes présentent le même phénomène ; mais il faut observer que le précipité ne se forme que très-lentement, & que la dissolution prend une couleur rougeâtre, si l'on a mis plus d'alcali qu'il n'en falloit, parce que l'excédent de ce sel redissout l'or précipité. Le précipité d'or est susceptible de se réduire par la chaleur & dans des vaisseaux fermés ; c'est un oxide de ce métal qui laisse dégager facilement l'oxigène qui lui est uni, dans l'état d'air vital ; cependant cet oxide est susceptible de se fondre avec les matières vitreuses, & de les colorer en pourpre, puisqu'on se sert pour les émaux & les porcelaines d'un précipité d'or formé par le mélange d'une dissolution d'or & de la liqueur des cailloux.

L'or précipité par les alcalis fixes, présente encore une propriété bien différente de celles de l'or dans son état métallique ; c'est sa dissolubilité dans les acides sulfurique, nitrique & muriatique purs. Tous ces acides chauffés sur le précipité jaunâtre d'or, le dissolvent facilement, mais ils ne peuvent s'en charger au point de donner des cristaux. Lorsqu'on évapore ces dissolutions, l'or s'en précipite très-promptement, comme il le fait par le simple repos. M. Monnet a observé, sur la précipitation de la dissolution d'or par la noix de galle (1), un fait qui ne

---

(1) Comme nous n'avons parlé que de la précipitation du fer par la noix de galle, nous croyons devoir donner ici une notice des phénomènes que présente cette substance astringente avec la plupart des autres dissolutions métalliques.

La noix de galle précipite la dissolution de cobalt en bleu clair; celle de zinc en un vert cendré; celle de cuivre en vert qui devient gris & rougeâtre; celle d'argent d'abord en stries rougeâtres, qui prennent bientôt la couleur du café brûlé; celle d'or en pourpre. Tels sont les faits observés & décrits par M. Monnet, qui a vu d'ailleurs que ces précipités sont solubles dans les acides, & que les alcalis s'unissent à ces dernières dissolutions sans les précipiter.

MM. les académiciens de Dijon ont ajouté à ces faits les observations suivantes. La dissolution d'arsenic n'est point altérée par la noix de galle; celle du bismuth donne un précipité verdâtre; celle du nickel est précipitée en blanc; celle de l'antimoine en gris bleuâtre; celle du plomb forme un dépôt ardoisé, dont la surface se couvre de pellicules mêlées de vert & de rouge; enfin celle de l'étain devient d'un gris sale par le mélange de la noix de galle, & elle donne un précipité abondant, comme mucilagineux. Nous reviendrons sur plusieurs de ces faits à l'article de l'acide

doit pas être oublié ; c'est que ce précipité qui est rougeâtre se dissout très-bien dans l'acide nitrique, & lui donne une belle couleur bleue.

L'ammoniaque précipite beaucoup plus abondamment la dissolution d'or. Ce précipité qui est d'un jaune brun, & quelquefois orangé, a la propriété de détoner avec un bruit considérable, lorsqu'on le chauffe doucement ; on lui a donné le nom d'*or fulminant*. L'ammoniaque est absolument nécessaire pour le produire ; on peut le former, soit en précipitant par l'alcali fixe une dissolution d'or faite dans un acide nitro-muriatique composé avec le muriate ammoniacal, ou bien en précipitant par l'ammoniaque une dissolution d'or faite dans une eau régale composée d'acide nitrique & d'acide muriatique purs. On obtient toujours un quart de plus d'or fulminant, qu'on n'avoit d'or dissous dans l'*eau régale*. Il y a plusieurs précautions

---

gallique, dans le règne végétal. Nous devons observer ici que les expériences de M. Monnet & des Académiciens de Dijon ont été faites avec la décoction de noix de galle, & que celles dont il sera mention dans le règne végétal appartiennent à l'action de l'acide gallique pur sur les dissolutions métalliques, ce qui explique les différences qu'on remarquera entre les résultats des uns & des autres expériences.

importantes à prendre, relativement aux terribles effets de l'or fulminant. On doit d'abord ne le faire sécher qu'avec précaution & à l'air, sans approcher du feu; parce qu'il n'est pas nécessaire qu'il soit exposé à une forte chaleur pour fulminer. Comme le seul frottement suffit pour lui faire produire son explosion, il faut ne boucher les vaisseaux qui le contiennent qu'avec des bouchons de liège. Une malheureuse expérience a appris que les bouchons de cristal exposent, par le frottement qu'ils produisent sur les goulots des flacons, aux dangers de la fulmination de l'or qui peut rester dans ces goulots. Il est arrivé chez M. Baumé un accident terrible, dont on trouve le détail dans sa *Chimie expérimentale & raisonnée.*

Les chimistes ont eu différentes opinions sur la cause de la détonation de l'or fulminant. M. Baumé pensoit qu'il se formoit dans cette expérience un *soufre nitreux*, auquel il attribuoit la propriété fulminante de ce composé. Mais Bergman a prouvé que cette théorie ne peut être admise, puisqu'il est parvenu à faire de l'or fulminant sans acide nitrique, en dissolvant un précipité d'or dans de l'acide sulfurique, & en le précipitant de nouveau par l'ammoniaque. Ce n'est pas non plus du nitrate ammoniacal que peut dépendre la fulmination de l'or, puisqu'en lavant de l'or fulminant avec beaucoup d'eau, qui enleveroit facilement ce sel s'il en contenoit, ce composé n'a point perdu sa propriété fulminante. En examinant avec attention ce qui se passe dans la détonation de l'or fulminant, on observe qu'il s'enflamme dans l'instant qu'il éclate. Si on le chauffe sur un feu doux de cendres chaudes, il s'en échappe avant son explosion des aigrettes brillantes, semblables aux étincelles électriques; il détone lorsqu'on l'expose à l'étincelle produite par la bouteille de Leyde; une simple étincelle sans commotion ne l'allume pas; enfin, lorsqu'il a fulminé, il laisse l'or dans son état métallique. Il paroît donc que c'est à une matière combustible contenue dans l'or fulminant, qu'est due sa fulmination; & comme le gaz ammoniacal est nécessaire pour la production de l'or fulminant, il est reconnu aujourd'hui que c'est à ce sel qu'il faut attribuer l'explosion de cette substance. Cette théorie est fondée sur les faits suivans :

1°. M. Berthollet a obtenu du gaz ammoniac, en chauffant doucement de l'or fulminant dans des tubes de cuivre, dont l'extrémité plongeoit, à l'aide d'un syphon, dans un appareil pneumato-chimique au mercure. Après cette expérience hardie, l'or n'étoit plus du tout fulminant, & il étoit réduit en oxide.

2°. En exposant de l'or fulminant à un degré de chaleur qui n'étoit pas capable de le faire fulminer, Bergman lui a ôté cette propriété, en volatilisant peu à peu le gaz ammoniac.

3°. Lorsqu'on fait détoner quelques grains d'or fulminant dans des tubes de cuivre dont l'extrémité plonge dans l'appareil pneumato-chimique au mercure, on obtient du gaz azote, quelques gouttes d'eau, & l'or se trouve réduit. M. Berthollet à qui est due cette expérience, pense que l'ammoniaque est décomposée, que son hydrogène s'unissant à l'oxigène de l'oxide d'or, réduit cet oxide en formant de l'eau, & que le gaz azote devenu libre se dégage; c'est donc à la combustion de l'hydrogène & au dégagement subit du gaz azote qu'est due la fulmination.

4°. L'acide sulfurique concentré, le soufre fondu, les huiles grasses, l'éther enlèvent la propriété fulminante à ce précipité, en s'emparant de l'ammoniaque.

Une singulière propriété de l'or fulminant, & qui annonce combien son action est forte, c'est que lorsqu'on le fait fulminer sur une lame de métal, de plomb, d'étain & même d'argent, il fait une marque ou un trou sur cette lame;

enfin il ne paroît pas susceptible de s'allumer dans des vaisseaux fermés & trop resserrés, puisque renfermé dans une boule de fer & chauffé fortement, il n'a produit aucune explosion, au rapport de Lewis. Ce phénomène paroît dépendre de ce qu'il faut un espace pour permettre le dégagement du gaz azote. Bergman, qui ne connoissoit pas bien la nature du gaz dégagé pendant la fulmination de ce précipité, & qui le regardoit comme de l'air pur entraînant un peu d'ammoniaque, a donné une explication semblable des expériences faites sur cet objet, devant la Société Royale de Londres. Voyez la belle dissertation de ce chimiste, *de calce auri fulminante*, Opuscules, tom. II, Ups. 1780, pag. 133. M. Berthollet a découvert que l'oxide d'argent précipité de l'acide nitrique par la chaux & digéré avec de l'ammoniaque, qu'on en sépare quand cet oxide a pris une couleur noirâtre, acquiert la propriété de détoner non-seulement par une chaleur très-peu supérieure à celle de l'eau bouillante, mais encore par le seul frottement même très-léger d'un corps quelconque. Voilà donc un argent fulminant bien plus singulier encore que l'or ainsi nommé, & dont la fulmination est due à la même cause. L'ammoniaque décantée de dessus cet oxide, dépose par l'évaporation lente des petits criſtaux brillans, lamelleux, qui ont la propriété fulminante, même au fond de l'eau par le ſimple frottement.

La diſſolution d'or eſt précipitée par les ſulfures alcalins. Tandis que l'alcali fixe s'unit à l'acide, le ſoufre qui ſe précipite ſe combine à l'oxide d'or; mais cette combinaiſon eſt peu durable; il ſuffit de chauffer l'or uni au ſoufre pour volatiliſer ce dernier, & obtenir le métal parfait dans ſon état de pureté. Obſervons ici que l'or précipité de ſa diſſolution par un intermède quelconque & réduit, eſt parfaitement pur, & qu'il l'eſt même plus que l'or de départ, parce qu'il eſt ſéparé de l'argent qu'il auroit pu contenir par la précipitation de ce dernier en muriate, qui a lieu pendant la diſſolution même de l'or, comme nous l'avons fait remarquer plus haut.

L'or n'eſt pas le métal qui a le plus d'affinité avec l'acide nitro-muriatique; preſque toutes les autres ſubſtances métalliques ſont au contraire capables de le ſéparer de ſon diſſolvant. Le biſmuth, le zinc & le mercure précipitent l'or. Une lame d'étain plongée dans une diſſolution d'or ſépare ce métal parfait en une poudre d'un violet foncé, qu'on appelle précipité pourpre de *Caſſius*. On prépare ce précipité, qu'on emploie pour peindre ſur les émaux & ſur la porcelaine, en étendant une diſſolution d'étain par l'acide nitro-muriatique dans une grande quantité d'eau distillée, & en y versant quelques gouttes de dissolution d'or. Il se forme sur-le-champ, lorsque les dissolutions sont bien chargées, un précipité d'un rouge cramoisi, qui devient pourpre au bout de quelques jours; ce précipité est léger, & comme mucilagineux; on filtre la liqueur, on lave le précipité, & on le fait sécher. Cette matière est un composé d'oxide d'étain & d'oxide d'or; sa préparation est une des opérations les plus singulières de la chimie, par la variété & l'inconstance des phénomènes qu'elle présente. Tantôt elle fournit un précipité d'un beau rouge; quelquefois sa couleur n'est qu'un violet foncé; & ce qu'il y a de plus étonnant, il arrive assez souvent que le mélange des deux dissolutions n'occasionne aucun précipité. Macquer, qui a très-bien connu ces variétés, observe qu'elles dépendent presque toujours de l'état de la dissolution d'étain que l'on emploie. Si cette dissolution a été faite trop rapidement, le métal y est trop oxidé, & elle en contient trop peu pour que l'acide de la dissolution d'or puisse agir sur lui; car c'est à l'action de cette dernière sur l'étain qu'il attribue la formation du précipité pourpre de *Cassius*. On doit donc pour réussir, suivant lui, dans cette opération, n'employer qu'une dissolution faite très-lentement, & de ſorte qu'elle contienne le plus d'étain poſſible ſans que ce métal y ſoit trop oxidé. Voici, d'après cela, comment il preſcrit de préparer le précipité pourpre. On diſſoudra l'étain par parcelles dans un acide mixte fait avec deux parties d'acide nitrique & une partie d'acide muriatique, affoibli avec poids égal d'eau diſtillée ; d'une autre part, on diſſoudra à l'aide de la chaleur de l'or très-pur dans un autre acide mixte compoſé de trois parties d'acide nitrique, & d'une partie d'acide muriatique. On étendra la diſſolution d'étain dans cent parties d'eau diſtillée ; on la partagera en deux portions ; on ajoutera à l'une des deux une nouvelle quantité d'eau, & l'on eſſaiera l'une & l'autre avec une goutte de diſſolution d'or ; on obſervera alors celle qui donnera le plus beau rouge, pour les traiter toutes deux de la même manière, alors on y verſera la diſſolution d'or juſqu'à ce qu'elle ceſſe d'y occaſionner de précipité.

Le plomb, le fer, le cuivre & l'argent ont auſſi la propriété de ſéparer l'or de ſa diſſolution. Le plomb & l'argent le précipitent en un pourpre ſale & foncé. Le cuivre & le fer le ſéparent avec ſon brillant métallique ; la diſſolution nitrique d'argent & celle de ſulfate de fer occaſionnent auſſi un précipité rouge ou brun dans la diſſolution d'or.

Les sels neutres n'ont pas d'action bien marquée sur l'or. On observe seulement que le borax fondu avec ce métal altère sa couleur & la pâlit singulièrement, tandis que le nitre & le muriate de soude la rétablissent. La dissolution de borax versée dans une dissolution d'or, y forme un précipité d'acide boracique chargé de molécules de ce métal.

Le soufre ne peut pas s'unir avec l'or, & on se sert avec avantage de ce minéral pour séparer les métaux unis avec l'or, mais spécialement l'argent. On fait fondre cet alliage dans un creuset; lorsqu'il est fondu, on jette des fleurs de soufre ou du soufre en poudre à sa surface; cette substance se fond & se combine avec l'argent, & vient nager en scorie noirâtre au-dessus de l'or. Il faut observer qu'on ne sépare jamais exactement ces deux métaux par cette opération, qu'on appelle *départ sec*, & qu'on ne l'emploie que sur une masse d'argent qui contient trop peu d'or pour pouvoir indemniser des frais du départ à l'eau-forte.

Le sulfure alcalin dissout l'or complètement. Stahl pense même que c'est par ce procédé que Moyse a fait boire aux Israëlites le veau d'or qu'ils adoroient. Pour faire cette combinaison, on fait fondre rapidement un mélange de parties égales de soufre & de potasse avec un huitième

tième du poids total d'or en feuille. On coule cette matière sur un porphyre ; on la pulvérise, on y verse de l'eau distillée chaude ; elle forme une dissolution d'un vert jaunâtre qui contient un sulfure de potasse aurifère. On peut précipiter ce métal par le moyen des acides, & le séparer du soufre qui se dépose avec lui, en le chauffant dans un vaisseau ouvert.

L'or se combine avec la plupart des matières métalliques, & présente plusieurs phénomènes importans dans ces combinaisons.

Il s'unit à l'arsenic. Ce métal le rend aigre, cassant, & il en pâlit beaucoup la couleur. On a de la peine à séparer par l'action du feu les dernières portions d'arsenic de cet alliage ; il semble que l'or lui donne de la fixité.

On ne connoît point son alliage avec le cobalt.

Il s'unit au bismuth, qui le blanchit en le rendant aigre & cassant. Il en est de même du nickel & de l'antimoine ; comme ces métaux sont tous très-oxidables & la plupart fusibles, il est très-aisé de les séparer d'avec l'or par l'action du feu combiné avec celle de l'air.

Le sulfure d'antimoine a été vanté par les alchimistes pour purifier l'or ; lorsqu'on le fond avec ce métal allié de quelques ſubſtances métalliques étrangères, comme le cuivre, le fer ou l'argent, le ſoufre de l'antimoine s'unit à ces ſubſtances, & les ſépare d'avec l'or que l'on retrouve au fond du vaiſſeau. Cet or eſt allié d'antimoine; on le purifie en le chauffant juſqu'au rouge blanc. L'antimoine ſe volatiliſe; les dernières portions demandent un feu très-violent pour être enlevées, & l'on obſerve que le métal entraîne quelques portions d'or dans ſa volatiliſation. Ce procédé ſi célèbre parmi les alchimiſtes, n'a donc point d'avantage ſur celui dans lequel on n'emploie que le ſoufre.

L'or s'allie facilement au zinc; il en réſulte un métal mixte, d'autant plus caſſant & d'autant plus blanc que le métal eſt en plus grande proportion. Cet alliage fait à parties égales eſt d'un grain très-fin, & il prend un ſi beau poli qu'il a été recommandé par Hellot pour faire des miroirs de téleſcopes qui ne ſont point ſujets à ſe ternir. Lorſqu'on ſépare le zinc de l'or par la calcination, l'oxide que donne ce métal eſt rougeâtre, & il entraîne un peu d'or comme l'a annoncé Stahl.

L'or a plus d'affinité avec le mercure que les autres ſubſtances métalliques, & il eſt ſuſceptible de décompoſer leurs amalgames. Il s'unit au mercure dans toutes sortes de proportions, & il forme une amalgame d'autant plus colorée & d'autant plus solide, que l'or y est en plus grande proportion. Cette amalgame se liquéfie par la chaleur, & se cristallise par le refroidissement, comme presque tous les composés de ce genre ; on ne connoît pas bien la forme régulière qu'elle est susceptible de prendre. M. Sage dit que ces cristaux ressemblent à l'argent en plume, & qu'à la loupe ils paroissent être des prismes quadrangulaires; il assure aussi que le mercure acquiert de la fixité dans cette combinaison. On emploie cette amalgame pour dorer en or moulu.

Quoique l'or ne soit pas susceptible de s'oxider par l'action du feu de nos fourneaux jointe au contact de l'air, il le devient cependant lorsqu'on le chauffe conjointement avec le mercure. En mettant du mercure avec un quarante-huitième de son poids d'or dans un matras à fond plat, dont on a tiré le col à lampe d'émailleur, pour n'y laisser qu'une très-petite ouverture, & en chauffant ce mélange dans un bain de sable, comme on le fait pour préparer l'oxide de mercure nommé *précipité per se*, ces deux matieres métalliques s'oxident en même tems; elles se changent en une poudre rouge foncée, & on obtient même ce double oxide beaucoup plus promptement que celui de mercure chauffé ſeul, ſuivant M. Baumé.

Voilà donc un métal qui, quoique très-difficile à oxider ſeul, hâte & facilite l'oxidation d'une autre matière métallique, qui par elle-même n'éprouve que difficilement cette altération.

L'or s'allie très-bien à l'étain & au plomb; ces deux métaux lui ôtent toute ſa ductilité. Son alliage avec le fer eſt très-dur, & on peut l'employer à former des inſtrumens tranchans bien ſupérieurs à ceux qui ſont faits avec l'acier pur. Ce métal mixte eſt gris & attirable à l'aimant. Lewis propoſe de ſe ſervir d'or pour ſouder proprement & très-ſolidement les petites pièces d'acier.

L'or ſe combine au cuivre qui lui donne une couleur rouge & beaucoup de roideur, & le rend plus fuſible. Cet alliage eſt fixé à différentes proportions pour les pièces de monnoie, la vaiſſelle & les bijoux.

Enfin l'or s'allie à l'argent, qui lui ôte ſa couleur & le rend très-pâle. Cet alliage ne ſe fait cependant qu'avec une certaine difficulté, à cauſe de la différente peſanteur de ces deux métaux, ainſi que l'a fait obſerver Homberg, qui les a vu ſe ſéparer pendant leur fuſion. L'alliage de l'or & de l'argent forme l'or vert des bijoutiers.

Comme l'or eſt d'un uſage très-étendu, comme il eſt devenu avec l'argent, par une convention humaine, le prix de toutes les autres productions de la nature & de l'art, il eſt très-important de pouvoir connoître le degré de pureté de ce métal précieux, afin de prévenir les excès auxquels la cupidité pourroit porter, & de faire en ſorte que la valeur de toutes les maſſes ou pièces d'or répandues dans le commerce, ſoit toujours la même. Des loix juſtes & ſévères ont preſcrit les doſes des alliages qu'il eſt néceſſaire d'employer pour donner de la dureté, de la roideur à l'or deſtiné à former des uſtenſiles dans leſquels ces propriétés ſont néceſſaires. La chimie a fourni des moyens de s'aſſurer de la quantité de métaux imparfaits introduits dans l'or. L'opération que l'on fait pour cela s'appelle *eſſai du titre de l'or.* On coupelle vingt-quatre grains de l'or que l'on veut eſſayer, avec quarante-huit grains d'argent & quatre gros de plomb pur. Ce dernier entraîne dans ſa vitrification les métaux oxidables, tels que le cuivre, &c. L'or reſte combiné avec l'argent après la coupellation. On ſépare ces deux métaux par une opération qui porte le nom de *départ*. Départir un alliage d'or & d'argent, c'eſt ſéparer les deux métaux à l'aide d'un diſſolvant qui agit ſur l'argent ſans toucher à l'or. On ſe ſert ordinairement de l'eau forte. On a ajouté de l'argent à l'or, parce que l'expérience a appris qu'il étoit néceſſaire que l'or contînt au moins le double de ſon poids d'argent, pour que l'acide nitrique pût diſſoudre entièrement ce dernier métal. Comme on ajoute ſouvent trois parties d'argent à l'or, on appelle cette opération *inquart* ou *quartation*, parce que l'or fait en effet le quart de l'alliage. Voici comment on fait le départ.

Après avoir applati ſous le marteau & paſſé au laminoir le bouton de retour, c'eſt-à-dire, l'alliage d'argent & d'or coupellé, en ayant ſoin de le chauffer & de le remuer ſouvent afin qu'il ne ſe fendille pas, & qu'il ne s'en ſépare pas quelques portions par l'écrouiſſement de la maſſe, on le roule ſur une plume, & on en forme une eſpèce de cornet; on le met dans un petit matras & on verſe deſſus cinq à ſix gros d'eau forte précipitée à 32 degrés, étendue avec moitié de ſon poids d'eau. On chauffe doucement le vaiſſeau juſqu'à ce que l'effervescence ſoit bien établie; alors l'argent ſe diſſout, le cornet prend une couleur brune. Lorſque l'action de l'acide eſt paſſée, on décante ce liquide & on en remet environ une demi-once à 30 degrés qu'on fait bouillir ſur le métal pour enlever tout l'argent. Cette seconde opération se nomme *la reprise*. On décante l'acide, on lave le cornet qui est devenu très-mince & criblé d'un grand nombre de trous; on le fait tomber avec l'eau dans un creuset, on décante l'eau, on fait rougir le creuset, & l'or recuit jouit alors de toutes ses propriétés. On le pèse, & on juge par son poids de l'alliage qu'il contenoit, ou de son titre. Pour connoître exactement la quantité de métaux étrangers que l'or peut contenir, on suppose une masse quelconque d'or composée de vingt-quatre parties qu'on appelle *karats*, & pour plus de précision, on divise chaque karat en trente-deux parties, qu'on nomme trente-deuxièmes de karat. Si l'or qu'on a essayé a perdu un grain sur vingt-quatre, c'étoit de l'or à vingt-trois karats; s'il a perdu un grain & demi, c'étoit de l'or à vingt-deux karats seize trente-deuxièmes, & ainsi de suite. Le poids que l'on emploie dans les essais d'or est nommé *poids de semelle*, & est ordinairement de vingt-quatre grains, poids de marc; il est divisé en vingt-quatre karats, qui sont eux-mêmes subdivisés en trente-deux parties. On se sert aussi de la demi-semelle, qui pèse douze grains, mais divisée en vingt-quatre karats, & le karat en trente-deux trente-deuxièmes.

Il y a deux obſervations importantes à faire ſur l'opération du départ.

1°. Quelques chimiſtes ont cru que l'acide nitrique diſſolvoit un peu d'or avec l'argent. M. Baumé a obſervé (*pag. 117 & 118 du tome III de ſa chimie*) que l'argent de départ retenoit une quantité aſſez notable d'or. Sur deux livres de grenaille fine employée par ce chimiſte pour faire la pierre infernale, il dit avoir ſéparé ordinairement près d'un demi-gros d'or en poudre noire. Cependant en faiſant le départ avec un acide qui ne ſoit pas trop concentré, & en ne pouſſant pas trop loin la diſſolution, l'or reſte pur & intact, & l'argent n'en retient pas. MM. de la claſſe de chimie de l'académie ont été chargés par l'adminiſtration d'examiner ſi, dans le procédé employé pour le départ, l'acide nitrique diſſolvoit de l'or; ils ont fait une grande ſuite d'expériences, d'après leſquelles ils ont conclu « que dans le départ pratiqué ſuivant les règles & l'uſage reçu, il ne » peut jamais y avoir le moindre déchet ſur » l'or, & que cette opération doit être regardée comme portée à ſa perfection ». Cette déciſion extraite du rapport publié par l'académie, eſt bien faite pour éclairer le public ſur cet objet, & raſſurer promptement le commerce.

2°. Plusieurs docimastiques, & entr'autres Schindler & Schlutter, ont pensé que le cornet d'or départi retenoit un peu d'argent. Ils ont donné à cette portion le nom de *surcharge* ou *inter-halt*. MM. Hellot, Macquer & Tillet, chargés d'examiner l'opération des essayeurs de la monnoie, ont prouvé qu'il n'en contenoit pas. Cependant M. Sage assure, dans son ouvrage, intitulé *l'Art d'essayer l'or & l'argent*, *page 64*, que l'or en cornet retient toujours un peu d'argent, & qu'on peut le démontrer en dissolvant ce métal dans douze parties d'acide nitro-muriatique ; la dissolution refroidie dépose au bout de quelque tems, & souvent même douze heureures après avoir été faite, un peu de muriate d'argent sous la forme d'une poudre blanche.

L'or est employé à un grand nombre d'usages. Sa rareté & son prix empêchent qu'on ne s'en serve pour faire des ustensiles & des vaisseaux comme on en fait avec l'argent ; mais comme son brillant & sa couleur flattent agréablement la vue, on a trouvé l'art de l'appliquer à la surface d'un grand nombre de corps, qu'il défend en même-tems des impressions de l'air.

Cet art constitue en général les dorures dont les espèces sont assez variées. On applique souvent à l'aide d'une colle des feuilles d'or sur le bois. L'or en chaux se prépare en broyant avec du miel des rognures de feuilles d'or, en les lavant dans l'eau, & en faisant sécher les molécules d'or qui se précipitent. L'or en coquille est de l'or en oxide délayé avec une eau mucilagineuse, ou une dissolution de gomme. On donne le nom d'or en drapeaux à la préparation suivante. On trempe des linges dans une dissolution d'or : on les fait sécher, on les brûle. Lorsqu'on veut s'en servir, on trempe un bouchon mouillé dans ces cendres, & on en frotte l'argent sur lequel l'or très divisé s'applique facilement. Nous avons déjà parlé de la dorure en or moulu. Pour l'employer, on nettoie bien la pièce du cuivre que l'on veut dorer, à l'aide du sable & d'une eau forte affoiblie, nommé *eau seconde* par les ouvriers; on la plonge dans une dissolution de mercure très étendue, le mercure qui se précipite fait adhéret l'amalgame d'or qu'on étend sur la pièce, après l'avoir lavée dans l'eau pour emporter l'acide. Lorsque l'amalgame est étendue uniformément, on chauffe la pièce sur les charbons, afin de volatiliser le mercure : on termine le travail en passant sur l'or la cire à dorer, qui est composée de *bol rouge*, de *vert-de-gris*, d'*alun* ou de *vitriol martial* incorporés avec de la cire jaune, & en chauffant une dernière fois la pièce dorée pour brûler la cire.

Les autres uſages de l'or pour les bijoux, les galons, ſont aſſez connus, ſans qu'il ſoit beſoin d'y inſiſter davantage. Quant aux vertus médicinales qu'on lui a attribuées, les bons médecins s'accordent aujourd'hui à les lui refuſer, & ils penſent que les effets des différens ors potables propoſés par les alchimiſtes, ne ſont dus qu'aux matières dans leſquelles on méloit ou l'on diſſolvoit ce métal.

CHAPITRE XXII.

Du Platine.

LE platine, qui n'eſt connu que depuis quarante ans pour un métal particulier, n'a encore été trouvé que dans les mines d'or de l'Amérique & ſpécialement dans celle de Santa fe, près Cartagène, & du bailliage de Choco au Pérou. Les eſpagnols lui ont donné ce nom d'après celui de *plata*, qui ſignifie argent dans leur langue, en le comparant à ce métal dont en effet il a la couleur. Cependant le nom d'*or blanc* paroît lui mieux convenir que celui de *petit argent*, parce qu'en effet il ſe rapproche beaucoup plus de l'or que de l'argent, par la plupart de ſes propriétés.

Il exiſtoit avant l'époque que nous avons

citée, quelques bijoux de platine; mais comme ce métal ne peut être fondu & travaillé tout seul, il est vraisemblable que les tabatières, les pommes de cannes & autres ustensiles de cette espèce que l'on vendoit sous le nom de platine, étoient des alliages de ce métal avec quelques substances métalliques qui lui donnent de la fusibilité, comme nous le verrons dans l'histoire de ses alliages.

La platine qui existe dans les cabinets, est sous la forme de petits grains ou de paillettes d'un blanc livide, & dont la couleur tient tout-à la fois de celles de l'argent & du fer. Ces grains sont mêlés de plusieurs substances étrangères; on y trouve des paillettes d'or, du sable ferrugineux noirâtre, des grains qui à la loupe paroissent scorifiés comme le mâche-fer, & quelques molécules de mercure. En chauffant ce mêlange, on en sépare le mercure; le lavage enlève le sable & les grains de fer, que l'on peut encore séparer par le barreau aimanté; il ne reste plus ensuite que les molécules d'or & les grains de platine qu'il est facile de trier séparément, comme l'a fait Margraf. Si l'on examine à la loupe les grains de platine, les uns paroissent anguleux, d'autres arrondis & applatis comme des espèces de gallets. En les battant sur un tas d'acier, la plupart s'applаtissent & paroissent ductiles; quelques-uns se cassent en plusieurs morceaux. Ces derniers examinés de près, paroissent être creux, & on a trouvé dans leur intérieur des parcelles de fer & une poussière blanche. C'est sans doute à ces atômes ferrugineux contenus dans quelques grains de platine, que l'on doit attribuer la propriété d'être attirables à l'aimant, qu'on trouve dans ces grains, quoique séparés exactement du sable ferrugineux qu'ils contiennent.

La dureté de ce métal paroît fort voisine de celle du fer. La pesanteur spécifique du platine mélangé de toutes les matières étrangères dont nous venons de parler, se rapproche beaucoup de celle de l'or; il perd dans l'eau depuis un seizième jusqu'à un dix-huitième de son poids. MM. Buffon & Tillet, en comparant par le poids un égal volume de platine & d'or réduit en molécules semblables à celles du platine, ont trouvé que la pesanteur spécifique de ce dernier étoit moindre d'environ un douzième que celle de l'or. Il est reconnu par de nouvelles expériences qu'elle excède cette dernière lorsque le platine a été purifié par une longue fusion.

Il est vraisemblable que le platine ne se trouve pas dans ses mines tel qu'on nous l'apporte, & qu'il ne doit sa forme de grains ou de paillettes, qu'aux mouvemens des eaux par lesquelles il a été entraîné des montagnes dans les plaines. On en a quelquefois trouvé des morceaux assez considérables, & la société de Biscaye en possède un qui est gros comme un œuf de pigeon. Comme le platine est voisin des mines d'or, on y rencontre toujours une certaine quantité de ce métal; quant au mercure qui y est mêlé, il provient de celui qu'on emploie pour extraire l'or.

Quoiqu'on vendît depuis long-tems des bijoux de platine, ce métal n'étoit point connu en particulier. Les ouvriers des mines n'y avoient même pas fait une attention particulière, & avoient méprisé une matière dont l'aspect n'avoit rien de flatteur, & qui d'ailleurs étoit si difficile à traiter. C'est à un mathématicien espagnol dom Antonio de Ulloa, qui fut du fameux voyage des académiciens françois envoyés au Pérou pour déterminer la figure de la terre, qu'est due la première connoissance qu'on a du platine. Ce savant en a dit quelques mots dans la relation de son voyage publiée à Madrid en 1748. Charles Wood, métallurgiste anglois en avoit rapporté de la Jamaïque en 1741. Il l'a ensuite examiné, & il a détaillé ses expériences dans les transactions philosophiques des années 1749 & 1750. A cette époque, les plus grands chimistes de l'Europe s'occupèrent à l'envi de ce nouveau métal qui prometroit tant d'avantages par ses singulières propriétés. Scheffer, chimiste suédois, publia ses recherches sur le platine dans les mémoires de l'académie de Stockolm en 1752. Lewis, chimiste anglois, a fait un travail suivi & presque complet sur ce métal ; on le trouve dans les transactions philosophiques pour l'anné 1754. Margraf a consigné dans les mémoires de l'académie de Berlin pour 1757, le détail de ses expériences sur ce nouveau métal. La plupart de ces mémoires particuliers ont été recueillis par M. Morin, dans un ouvrage intitulé : *la Platine, l'Or blanc, ou le huitième métal, Paris, 1758.* Dans le même tems, MM. Macquer & Baumé firent en commun un grand nombre d'expériences importantes sur le platine, qui ont été publiées dans les mémoires de l'académie pour l'année 1758. Buffon a rapporté dans le tome I du Supplément à son Histoire Naturelle, une suite de recherches sur le platine faites par lui, M. Morveau & M. Milly. M. le baron de Sickengen a aussi entrepris des recherches suivies sur le métal dont nous nous occupons ; l'ouvrage de ce savant n'a point encore été publié en françois ; Macquer en a donné un extrait dans le Dictionnaire de chimie. M. de Lille a présenté à l'académie un travail sur le platine. La rareté de ce métal, & les difficultés qu'il avoit présentées dans son traitement, ont rallenti la marche des recherches ; mais depuis quelques années, on les a reprises avec une nouvelle ardeur ; Bergman, M. Achard, M. Morveau, se sont occupés de plusieurs propriétés peu connues de ce métal.

Le platine purifié & séparé par le lavage, le triage, & par l'acide muriatique, des divers corps étrangers qu'il contient, exposé au feu le plus violent des fourneaux, n'éprouve aucune altération, seulement il s'agglutine un peu. Tous les chimistes qui ont travaillé sur ce métal s'accordent sur ce point. MM. Macquer & Baumé en ont tenu exposé pendant plusieurs jours au feu continuel d'une verrerie, sans que ses grains aient souffert d'une altération que celle de se lier légèrement les uns aux autres ; cette agglutination étoit même si foible, qu'en les touchant on les séparoit facilement. Ils ont observé que dans ces expériences, la couleur du platine devenoit brillante lorsqu'il avoit rougi à blanc ; qu'il prenoit une couleur terne & grise quand il avoit été chauffé très-long-tems ; & enfin, qu'il augmentoit constamment de poids, comme l'avoit dit Margraf ; ce qui ne peut venir que de l'oxidation qu'il paroît être susceptible

tible d'éprouver. Ces chimistes ont exposé du platine au foyer d'un grand miroir ardent; il a commencé par fumer, il a donné des étincelles vives & très-ardentes; enfin, les portions de ce métal exposées au centre du foyer, se sont fondues au bout d'une minute. Ces portions fondues étoient d'une couleur blanche, brillante, & présentoient la forme d'un bouton. Elles se laissoient couper en lames avec le couteau. Frappée sur un tas d'acier, une de ces masses s'est applatie & s'est réduite en une lame mince sans se fendre ni se gercer; elle s'est écrouie sous le marteau. Cette belle expérience apprend que le platine est fusible à un feu de la dernière violence, qu'il est aussi malléable que l'or & que l'argent, & qu'il n'est que peu altérable par l'action du feu; car dans toutes ces expériences, dont la plupart ont été faites en plein air, le platine n'a offert aucune trace d'oxidation. M. Morveau est aussi parvenu à fondre le platine, en le chauffant dans le fourneau à vent décrit par Macquer, avec son flux réductif, composé de huit parties de verre pilé, d'une partie de borax calciné, & d'une demi-partie de charbon en poudre. Aujourd'hui on en fond très-aisément de petites portions seules & sans addition, en les chauffant sur un charbon allumé par un jet d'air vital; mais ces petits globules ductiles ne peuvent pas servir à cause de leur peu de volume.

Le platine exposé à l'air ne s'altère en aucune manière. Cependant on ne sait pas ce qu'il deviendroit si on le chauffoit pendant longtems, jusqu'à le faire rougir, avec le contact de l'air ; peut-être s'oxideroit-il comme Juncker assure que le font l'or & l'argent traités de la même manière.

Ce métal n'éprouve aucune altération de la part de l'eau, des matières terreuses, salino-terreuses & des alcalis.

L'acide sulfurique le plus concentré, l'acide nitrique & l'acide muriatique les plus forts & les plus fumans, n'agissent point du tout sur le platine, même par le secours de l'ébullition. La distillation, moyen reconnu si efficace par tous les chimistes pour favoriser l'action des acides sur les matières métalliques, ne présente pas plus de dissolution & d'altération dans ces mélanges. Seulement l'acide sulfurique ternit les grains de platine, suivant MM. Lewis & Baumé. L'acide nitrique au contraire les rend brillans. Margraf dit avoir obtenu sur la fin de la distillation de cet acide avec le platine, quelque peu d'arsenic, phénomène que n'ont point observé les autres chimistes. L'acide muriatique n'a changé en aucune façon les grains de platine.

Margraf a de même obtenu de cet acide distillé sur ce métal, un sublimé blanc qui lui a paru être de l'arsenic, & un sublimé rougeâtre dont il n'a pu examiner les propriétés, parce qu'il étoit en trop petite quantité. Toutes ces substances paroissent évidemment étrangères au platine. Ce métal ressemble donc à l'or par le peu d'action qu'ont sur lui les acides simples; mais cette analogie est encore plus marquée par sa dissolubilité dans l'acide muriatique oxigéné, & dans l'acide nitro-muriatique.

Le premier dissout ce métal avec facilité & sans le secours d'une forte chaleur. 15 à 20 degrès dans l'athmosphère suffisent pour faciliter cette dissolution, qui a lieu sans effervescence bien sensible, & qui a d'ailleurs toutes les propriétés de la suivante.

L'acide nitro-muriatique qui dissout le mieux le platine, est celui que l'on fait en mélant parties égales d'acide nitrique & d'acide muriatique. Pour opérer cette dissolution, qui est en général moins facile que celle de l'or, il faut mettre dans une cornue une once de platine, sur lequel on verse une livre d'acide nitro-muriatique fait dans les proportions indiquées; on met la cornue sur un bain de sable, & on y adapte un récipient. Dès que l'acide est chaud, il s'élève quelques bulles de gaz nitreux, ce gaz est peu abondant, l'action de l'acide mixte s'opère sans violence & sans rapidité; cependant cet acide prend d'abord une couleur jaune qui passe à l'orangé, & se fonce peu à peu au point de devenir d'un rouge brun très-obscur. Lorsque la dissolution est achevée, on trouve au fond de la cornue des molécules de sable rougeâtre & noir qu'on sépare par décantation; la liqueur saturée laisse déposer peu à peu des petits cristaux informes d'une couleur fauve, qui sont une combinaison d'acide & de platine. La dissolution de platine est une des dissolutions métalliques les plus colorées. Quoiqu'elle paroisse d'un brun foncé, si on l'étend d'eau, ce fluide prend une couleur d'abord orangée, qui devient bientôt jaune & très-semblable à la dissolution d'or; elle teint les matières animales en brun noirâtre, mais nullement pourpre. M. Baumé dit que le platine fondu au foyer du miroir ardent, dissous dans l'eau régale, ne prend jamais une couleur brune comme celle du platine en grains, & que cette dissolution est d'un jaune orangé foncé.

Macquer assure qu'en faisant évaporer la dissolution de platine, & en la laissant refroidir, on en obtient des cristaux beaucoup plus gros & beaucoup plus beaux que ceux qu'elle laisse déposer d'elle-même lorsqu'elle est saturée. Lewis ayant laissé évaporer cette dissolution à l'air libre, a obtenu des cristaux d'un rouge foncé, passablement grands, de figure irrégulière &. assez semblables à l'acide du benjoin, quoiqu'ils fussent plus épais. Bergman le décrit sous une forme octaëdre. Ce sel est âpre & peu caustique, il se fond au feu, laisse dissiper son acide, & donne pour résidu un oxide d'un gris obscur. L'acide sulfurique concentré y produit un précipité d'une couleur foncée, qui est sans doute un sulfate de platine. L'acide muriatique y produit aussi au bout de quelque tems un dépôt jaunâtre.

Les alcalis & les matières salino-terreuses décomposent la dissolution de platine, & précipitent ce métal dans l'état d'oxide. Le carbonate de potasse produit dans la dissolution de platine un précipité orangé. Ce précipité n'est pas l'oxide de platine pur. MM. Macquer & Baumé ont observé qu'il devoit sa couleur à une certaine quantité d'acide qu'il contenoit. On doit donc le regarder comme un mélange d'une portion d'oxide de platine avec une portion de muriate de potasse, ou comme une espèce de sel triple. Cette opinion est démontrée, parce qu'en lavant ce précipité avec de l'eau chaude, ce fluide se colore en dissolvant le sel de platine, & le résidu est un pur oxide de ce métal, d'une couleur grise. L'alcali fixe bouilli sur ce précipité lui enlève promptement sa couleur, & laisse un oxide de platine qui est d'un blanc gris de perle, suivant les expériences de M. Baumé. Ce chimiste s'est convaincu que le précipité de platine est dissoluble dans l'alcali, puisqu'en versant goutte à goutte la dissolution de ce métal dans une dissolution chaude de carbonate de potasse, il ne s'est point fait de précipité ; c'est pour cela que cette dissolution précipitée par l'alcali fixe retient toujours une couleur foncée, & qu'on en retire facilement du platine par l'évaporation à siccité. Margraf a découvert que la soude ne précipite point la dissolution du platine ; mais Bergman a observé qu'en mettant une grande quantité de cet alcali, le précipité se forme assez promptement.

Les prussiates alcalins forment un précipité bleu abondant, qui, suivant M. Baumé, est dû au fer contenu dans l'alcali, puisque si l'on se sert du prussiate de potasse privé du fer qu'il contient, par le procédé indiqué par ce chimiste, il ne donne plus avec la dissolution de platine que quelques atomes de bleu, dus à la petite portion de fer que ce métal contient toujours. Bergman assure qu'un prussiate alcalin bien ſaturé & bien pur, ne précipite point la diſſolution de platine, & que ce métal eſt le ſeul qui n'eſt pas précipité par ce réactif, auſſi le propoſe-t-il pour ſéparer le fer qui lui eſt toujours uni.

L'ammoniaque cauſtique précipite le platine en jaune orangé. Ce précipité eſt preſqu'entièrement ſalin, puiſque l'eau en diſſout la plus grande partie, & ſe colore comme une diſſolution d'or. Il reſte, après l'action de l'eau ſur ce précipité, une ſubſtance noirâtre qui paroît être ferrugineuſe. Une grande différence entre le précipité du platine & celui de l'or par l'ammoniaque, c'eſt que le premier n'eſt pas fulminant comme le ſecond.

La noix de galle, ou plutôt l'acide gallique, précipite la diſſolution de platine en un vert foncé qui pâlit peu-à-peu par le repos.

Tous les précipités obtenus par les matières alcalines, de la diſſolution de platine, ne ſont point ſuſceptibles de ſe vitrifier & de colorer le verre par le feu des fourneaux. Dans les tentatives faites par MM. Lewis & Baumé ſur cet objet, le platine s'eſt conſtamment réduit en grenailles, en ramifications ou en eſpèces de dentelles. On peut obtenir une eſpèce de culot de platine, en expoſant ces précipités avec quelques fondans réductifs, comme le borax, la crême de tartre, le verre, &c. MM. Macquer & Baumé sont parvenus à fondre ainsi en trente-cinq minutes, à un feu de forge animé par deux forts soufflets, un précipité de platine mêlé avec des fondans. Ils ont obtenu sous un verre noirâtre dur, semblable à celui des bouteilles, un culot de platine brillant qui paroissoit avoir été bien fondu. Ce culot n'étoit point ductile; il s'est cassé en deux morceaux, dont l'intérieur étoit creux. Ce métal présentoit un tissu grenu & grossier dans sa cassure; il étoit d'une dureté à-peu-près semblable à celle du fer forgé, & il a rayé profondément l'or, le cuivre, & même le fer. Quoique nous ayons dit que les précipités de platine ne paroissoient pas susceptibles de se vitrifier ou de se mêler au verre, M. Baumé est cependant parvenu à les fondre en une matière vitriforme par deux procédés différens. Le précipité de platine mêlé avec du borax calciné & un verre blanc très-fusible, & exposé pendant trente-six heures dans l'endroit le plus chaud du four d'un faïencier, lui a donné un verre verdâtre tirant sur le jaune sans globules de métal réduit. Ce verre traité de nouveau par la crême de tartre, le gypse & la potasse, s'est bien fondu, & on y appercevoit des petits globules de platine qui y étoient dispersés. M. Baumé les sépara par le lavage, &

les trouva ductiles. Ce chimiste a ensuite exposé, conjointement avec M. Macquer, du précipité de platine au foyer du même miroir ardent avec lequel ils avoient fondu ce métal. Ce précipité a exhalé une fumée très-épaisse & très-lumineuse qui sentoit vivement l'acide nitro-muriatique; il a perdu sa couleur rouge & repris celle du platine, & il s'est fondu en un bouton lisse & brillant, qui n'étoit qu'une matière vitrescente opaque, de couleur d'hyacinthe à sa surface, & noirâtre à l'intérieur, que l'on peut regarder comme un véritable verre de platine. Il est cependant nécessaire d'observer que les matières salines dont il étoit imprégné, ont sans doute contribué à sa vitrification.

Le précipité de platine ne paroît pas être dissoluble dans les acides simples; mais il se dissout bien dans l'acide nitro-muriatique, auquel il ne donne qu'une couleur orangée, qui n'imite jamais le brun de celle de platine en grains.

La dissolution de platine n'est point précipitée par les sels neutres alcalins ou parfaits; mais le muriate ammoniacal y occasionne un précipité abondant. On ne sait pas encore bien ce qui se passe dans cette expérience. Il paroît que le précipité orangé que l'on obtient en versant une dissolution de muriate ammoniacal dans une dissolution de platine, est une véritable substance saline entièrement dissoluble dans l'eau. Ce précipité présente une propriété bien importante, qui a été découverte par M. de Lisle; c'est qu'il est fusible, seul & sans addition, à un bon feu de fourneau, ou à un feu de forge ordinaire. Le platine fondu par ce procédé, est un culot brillant assez dense & assez serré; mais il manque de malléabilité, & ne devient ductile que lorsqu'on l'expose à une chaleur assez forte. Macquer pense qu'il en est de cette fusion, comme de celle des grains de platine exposés seuls à l'action d'un feu violent; que ce n'est qu'une agglutination des molécules ramollies, qui étant infiniment plus divisées & plus tenues que les grains de platine, se rapprochent mieux, se touchent par beaucoup plus de points que ces derniers; ce qui rend le tissu de ce métal beaucoup plus serré, quoiqu'il n'ait point éprouvé une véritable fusion. Cependant il paroît que si le platine en grains est susceptible de se fondre au miroir ardent, & d'acquérir une ductilité assez considérable, le précipité de ce métal fait par le muriate ammoniacal, peut bien aussi se fondre, à cause de son extrême division; & s'il n'est pas aussi ductile que le bouton de platine fondu par les rayons du soleil, cela dépend peut-être de ce qu'il retient encore quelque matière qu'il a entraînée dans sa précipitation, & dont il est possible de le priver par l'action du feu.

Margraf a dissous le platine dans une *eau régale* composée avec seize parties d'acide nitrique & une partie de muriate ammoniacal. En distillant cette dissolution à siccité & jusqu'à faire rougir la cornue, il s'est sublimé un sel d'un rouge foncé, & le résidu étoit sous la forme d'une poudre rougeâtre. On ne sait pas si la dissolution de platine dans une *eau régale* simple, c'est-à-dire, faite avec les acides nitrique & muriatique, donneroit le même sublimé par la distillation.

MM. Margraf, Baumé & Lewis ont mêlé la dissolution de platine avec les dissolutions de toutes les autres substances métalliques. Il résulte de leurs expériences que presque tous les métaux précipitent le platine sous la forme d'une poudre d'un rouge briqueté ou brun, & qu'aucun de ces précipités ne jouit des propriétés métalliques, comme cela a lieu pour la plupart des autres métaux. C'est une analogie qui existe encore entre l'or & le platine, quoique ce dernier ne donne point avec l'étain un précipité pourpre, comme le fait l'or, mais bien un précipité brun tirant sur le rouge. Quant à l'effet des différentes diſſolutions métalliques ſur celle de platine, il ſuffira d'obſerver que celles de biſmuth & de plomb par l'acide nitrique, de fer & de cuivre par les différens acides, & d'or par l'eau régale, ne produiſent aucun précipité dans celle de platine, ſuivant Margraf, & qu'au contraire celles d'arſeniate de potaſſe, de nitrates de zinc & d'argent, la précipitent; la première, en une ſubſtance criſtalliſée, peu abondante, d'une belle couleur d'or; la ſeconde, en une matière rouge orangée, & la troiſième, en une matière de couleur jaune. On n'a pas encore bien examiné ces différens précipités, & on ne ſait pas quelle eſt la décompoſition qui les occaſionne.

La plupart des ſels neutres n'ont point d'action ſur le platine. Margraf a chauffé à un feu violent du platine avec les ſulfates de potaſſe & de ſoude; ces ſels ſe ſont fondus, & le platine eſt reſté en grains ſans altération; il a ſeulement donné une petite couleur rougeâtre aux matières ſalines, ſans doute à cauſe du fer qui eſt mêlé avec lui.

Le nitre altère le platine d'une manière ſingulière, ſuivant les expériences de Lewis & Margraf. Quoiqu'il ne ſe faſſe point de détonation lorſqu'on projette dans un creuſet rouge un mélange de ces deux ſubſtances, cependant en chauffant fortement & pendant long-tems, ainsi que Lewis l'a fait pendant trois jours & trois nuits de suite, un mélange d'une partie de platine & de deux parties de nitre, ce métal acquiert une couleur de rouille. Si l'on fait bouillir le mélange dans l'eau, ce fluide dissout l'alcali, qui entraîne avec lui une poudre brunâtre, & le platine séparé de ce lavage, se trouve diminué de plus d'un tiers. On sépare la poudre brune enlevée par l'alcali à l'aide d'un filtre. Cette poudre paroît être une espèce d'oxide de platine, mêlée d'un peu d'oxide de fer. Lewis est parvenu à donner à cet oxide une couleur grise blanchâtre, en le distillant un grand nombre de fois avec le muriate ammoniacal. Margraf, qui a répété cette belle expérience, y a ajouté deux faits importans; l'un, c'est que le platine combiné avec l'alcali du nitre, & délayé dans une certaine quantité d'eau, forme une gelée; & l'autre, qu'en chauffant la portion de ce métal séparée de cette gelée étendue d'eau & filtrée, elle a pris une couleur noire comme de la poix. Ce travail annonce certainement une grande altération du platine; & il feroit bien important de le continuer, pour savoir si à force d'oxidations répétées avec le nitre, il feroit possible de réduire tout ce métal en poudre brune comme celle dont nous avons parlé, & sur-tout pour déterminer l'état du platine ainsi oxidé.

Les muriates de potasse & de soude, le borax, les sels terreux, ne font éprouver aucune altération au platine, & n'en facilitent point la fusion. Le muriate ammoniacal sublimé avec ce métal, donne un peu de *fleurs martiales*, en raison du fer que contient le platine.

Les chimistes ne sont point d'accord sur l'action réciproque de l'arsenic & du platine. Scheffer a dit le premier que l'arsenic fait fondre ce métal ; mais l'expérience n'a réussi qu'en partie à Lewis, & elle n'a pas réussi du tout à Margraf, Macquer & à M. Baumé. On a répété depuis quelque tems cette expérience, & l'on est convaincu que le platine est en effet très-fusible par l'arsenic ; mais qu'il reste très-aigre & très-cassant. A mesure qu'on en enlève l'arsenic par le grillage, & qu'on continue de chauffer le métal parfait, il prend de la ductilité ; c'est à l'aide de ce procédé que M. Achard & M. Morveau sont parvenus à faire des creusets de platine, en le faisant fondre une seconde fois dans des moules.

On n'a point essayé de combiner le cobalt, le nickel & le manganèse avec le platine.

Ce métal parfait s'allie très-bien avec le bismuth, qui le rend d'autant plus fusible que ce dernier eſt en plus grande quantité. Cet alliage eſt aigre & caſſant ; il devient jaune, pourpre & noirâtre à l'air ; on ne peut coupeler ce métal mixte qu'avec la plus grande difficulté ; il ne forme jamais qu'une maſſe peu ductile.

Le platine ſe fond facilement avec l'antimoine ; il en réſulte un métal caſſant à facettes, dont on peut ſéparer l'antimoine par l'action du feu, mais qui en retient toujours aſſez pour ôter au platine ſa peſanteur & ſa ductilité.

Le zinc rend le platine très-fuſible, & ſe combine très-facilement avec lui ; cet alliage eſt caſſant, dur à la lime ; il tire ſur le bleu, lorſque le platine eſt plus abondant que le zinc. On ſépare ces deux matières métalliques par l'action du feu qui volatiliſe le zinc ; cependant le platine en retient toujours un peu.

Le platine ne s'unit point au mercure, & il ne peut point former d'amalgame quoiqu'on le triture pendant pluſieurs heures avec ce fluide métallique. On ſait d'ailleurs qu'on emploie le mercure en Amérique pour ſéparer l'or d'avec le platine. Pluſieurs intermèdes, tels que l'eau dont ſe ſont ſervis MM. Lewis & Baumé, & l'acide nitro-muriatique que M. Scheffer a employé, ne facilitent en aucune manière l'union du platine avec le mercure ; cette propriété semble le rapprocher du fer, dont il a d'ailleurs la couleur & la dureté.

Le platine s'allie très-bien avec l'étain. Cet alliage est très-fusible & coule bien. Il est aigre & casse même par le choc, lorsque ces deux métaux sont unis à parties égales. Lorsque l'étain est à la dose de douze parties & même plus sur une de platine, ce métal fixe est assez ductile; mais il a le grain rude & grossier, & il jaunit à l'air. Le platine diminue singulièrement la ductilité de l'étain, & il ne paroît pas qu'on puisse tirer parti de cet alliage. Cependant lorsqu'il est bien poli, il peut rester long-tems à l'air sans s'altérer. Il paroît que Lewis, à qui sont dues la plupart des connoissances qu'on a acquises sur les alliages du platine, est parvenu à oxider ce métal & à le dissoudre dans l'acide muriatique par le moyen de l'étain.

Le plomb & le platine s'allient très-bien par la fusion; mais ils demandent un feu plus fort pour être fondus, qu'il n'en faut pour fondre l'alliage précédent. Le platine détruit la ductilité du plomb; il résulte de la combinaison de ces deux métaux, un métal mixte tirant sur le pourpre, plus ou moins cassant, suivant les proportions du platine, strié & grenu dans sa cassure, & qui s'altère promptement à l'air. La

coupellation

coupellation par le plomb, étoit une des expériences les plus importantes à faire ſur le platine; en effet, cette opération étoit ſeule capable de le purifier des métaux étrangers qu'il pouvoit contenir. Lewis & pluſieurs autres chimiſtes ont tenté en vain de coupeler le platine dans les fourneaux de coupelle ordinaires, quelque chaleur qu'ils ayent employée dans ces fourneaux. La vitrification & l'abſorption du plomb ont lieu dans le commencement de l'opération, à cauſe de l'excès du plomb; mais bientôt le platine ſe fige, & l'opération s'arrête; ce métal reſte uni à une portion de plomb & n'a point de ductilité. MM. Macquer & Baumé ſont parvenus à coupeler entièrement le platine, en expoſant une once de ce métal & deux onces de plomb dans l'endroit le plus chaud du four qui cuit la porcelaine de Sèves. Le feu de bois qu'on y allume dure cinquante heures de ſuite. Au bout de ce tems, le platine étoit applati ſur la coupelle; ſa ſurface ſupérieure étoit ſombre & ridée, elle s'eſt détachée facilement; ſa ſurface inférieure étoit brillante, & ce qui eſt plus précieux, elle s'eſt laiſſée étendre très-bien ſous le marteau. Ces chimiſtes ſe ſont aſſurés par tous les moyens poſſibles, que ce platine ne contenoit pas de plomb, & qu'il étoit très-pur. M. Morveau a également réuſſi à coupeler un mélange d'un gros de platine & de deux gros de plomb, en ſe ſervant du fourneau à vent de Macquer. Cette opération faite en quatre repriſes, a duré onze à douze heures. M. Morveau a obtenu un bouton de platine, non adhérent, uniforme, d'une couleur ſemblable à celle de l'étain, un peu raboteux, qui peſoit un gros juſte, & ne paroiſſoit nullement ſenſible à l'aimant. Voilà donc un procédé convenable pour obtenir le platine fondu en plaques, qui peuvent ſe forger, & être conſéquemment employées pour faire différens uſtenſiles précieux par leur dureté & leur inaltérabilité. M. Baumé lui a encore reconnu une propriété fort utile, celle de ſe laiſſer ſouder & forger comme le fer, ſans le ſecours d'aucun autre métal. Après avoir fait rougir à blanc deux morceaux de platine qui avoient été coupelés ſous le four de Sèves, il les a poſés l'un ſur l'autre, & frappés promptement d'un coup de marteau; ces deux morceaux ſe ſont ſoudés auſſi bien & auſſi ſolidement que l'auroient fait deux morceaux de fer; il n'eſt pas beſoin d'inſiſter long-tems ſur cette expérience, pour faire ſentir tous les avantages qui en réſulteront pour les arts.

Lewis n'a pas pu obtenir d'alliage avec le fer forgé & le platine. Ce métal mixte auroit le grand avantage de réunir la dureté de l'acier trempé avec une forte ductilité ; au moins il ne seroit point aigre & cassant comme l'acier. Le chimiste anglois que nous venons de citer, fit fondre un mélange de fonte & de platine. Cet alliage étoit si dur que la lime ne put l'entamer ; il avoit un peu de ductilité, mais il se cassoit net lorsqu'il étoit rouge.

Le platine donne de la dureté au cuivre, avec lequel il fond assez facilement. Cet alliage a de la ductilité, lorsque la dose du cuivre est trois ou quatre fois plus considérable que celle du platine. Il est susceptible de prendre un beau poli, & ne s'est point terni à l'air dans l'espace de dix ans.

Le platine détruit en partie la ductilité de l'argent, augmente sa dureté, & ternit sa couleur. Ce mêlange est fort difficile à fondre ; les deux métaux se séparent par la fusion & le repos. Lewis a observé que l'argent que l'on fond avec le platine, est lancé aux parois du creuset avec une espèce d'explosion. Ce phénomène paroît appartenir à l'argent seul, puisque M. d'Arcet a vu ce métal rompre des boules de porcelaine dans lesquelles il étoit renfermé, & être lancé au dehors de ces vaisseaux par l'action du feu.

Le platine ne se combine bien avec l'or qu'à

l'aide d'un violent coup de feu. Il altère beaucoup la couleur de ce métal, à moins qu'il ne soit en très-petite quantité; par exemple, un quarante-septième de platine, & toutes les proportions au-dessous de celle là ne changent pas beaucoup la couleur de l'or. Le platine n'altère que peu la ductilité de l'or; c'est même un des métaux qui la diminue le moins. La pesanteur du platine supérieure à celle de l'or, pouvoit favoriser la fraude; & c'est pour cette raison que le ministère d'Espagne a défendu l'exportation du platine. Cependant, depuis que la chimie a découvert des moyens de reconnoître l'or allié du platine, & même du platine allié d'or, ces craintes ne peuvent plus subsister, & il est fort à desirer que le platine soit rendu au commerce, & que l'on puisse jouir d'un nouveau métal qui promet tant d'avantages à la société.

La dissolution du muriate ammoniacal a, comme nous l'avons fait observer, la propriété de précipiter le platine. Si donc on soupçonne de l'or d'être allié de platine, on pourra essayer sa dissolution dans l'*eau régale*, avec une dissolution de muriate ammoniacal, le peu de platine qu'elle contiendra occasionnera un précipité orangé ou rougeâtre; s'il ne s'y fait point de précipité, c'est une preuve que l'or ne contient pas de platine. S'il arrivoit que les belles propriétés du platine le rendissent quelque jour plus rare & plus recherché que l'or, la cupidité ne pourroit pas nous tromper davantage en alliant l'or à ce métal, puisqu'une dissolution de sulfate de fer qui a la propriété de précipiter la dissolution d'or, sans changer en aucune manière celle de platine, feroit reconnoître sur-le-champ la fraude. Une lame d'étain plongée dans une dissolution de platine allié d'or, feroit aussi reconnoître la présence de ce dernier, en se couvrant d'un précipité pourpre, tandis que le platine ne lui donne qu'une couleur brune sale, tirant sur le rouge ; d'ailleurs ce dernier précipité ne colore point le verre, tandis que le précipité d'or lui donne une couleur pourpre.

Toutes les propriétés du platine que nous avons examinées, prouvent que cette substance est un métal particulier. Son peu de ductilité & de fusibilité regardées par quelques personnes comme deux fortes objections contre ce sentiment, ne sont pas capables de le détruire, puisqu'il y a peut-être moins loin de la fusibilité du platine à celle du fer forgé, qu'il n'y a de celle de ce dernier métal à la fusibilité du plomb ; & puisqu'il n'a été si peu ductile jusqu'à présent, que parce qu'on n'est point encore parvenu à lui donner une fusion bien complette. Quant à l'opinion des savans qui regardent le platine comme un alliage naturel d'or & de fer, quelqu'ingénieuse & quelque satisfaisante qu'elle paroisse, il est impossible de l'admettre tant qu'on ne séparera pas ce métal en deux autres par une analyse exacte, & tant qu'on n'imitera pas mieux le platine qu'on ne l'a fait jusqu'aujourd'hui par l'alliage artificiel de l'or & du fer. Enfin, Macquer a fait une très-forte objection contre cè dernier sentiment, en observant que plus on prive le platine du fer qu'il contient, & plus il s'éloigne des caractères extérieurs & des propriétés de l'or.

On conçoit assez de quel important usage seroit cè métal précieux introduit dans le commerce, lorsqu'on sait qu'il réunit l'indestructibilité de l'or à une dureté presqu'égale à celle du fer, qu'il résiste à l'action du feu le plus violent, & des acides les plus concentrés. Les arts & la chimie en retireroient sans doute les plus grands avantages.

CHAPITRE XXIII.

Genre VI. *DES BITUMES EN GÉNÉRAL* (1).

LES bitumes ſont des ſubſtances combuſtibles ſolides, molles ou fluides, dont l'odeur eſt forte, âcre, aromatique, & qui paroiſſent être beaucoup plus compoſées que les corps du règne minéral que nous avons déjà examinés. On les trouve, ou formant des couches dans l'intérieur de la terre, ou ſuintant à travers les rochers, ou nageant à la ſurface des eaux. Leur caractère eſt de brûler le plus ſouvent avec une flamme rapide, lorſqu'on les chauffe avec le contact de l'air, comme le font les matières formées par les organes des végétaux & des animaux, auxquelles on a donné le nom d'*huiles*. Leur analyſe eſt beaucoup moins exacte que celles des matières terreuſes, ſalines ou métalliques, parce que l'action du feu les altère ſingulièrement, & en extrait des principes

(1) On doit ſe rappeler que nous avons diviſé les matières combuſtibles minérales en cinq genres, qui ſont le diamant, le gaz hydrogène, le ſoufre, les métaux & les bitumes.

qui réagiſſent les uns ſur les autres, à meſure qu'ils ſe volatiliſent. C'eſt une analogie que les bitumes ont avec les ſubſtances végétales & animales. On en retire par la diſtillation, une eau ou flegme odorant plus ou moins coloré & ſalin, un ſel acide ſouvent concret, quelquefois de l'ammoniaque, & des huiles qui de légères qu'elles ſont dans le commencement, deviennent d'autant plus épaiſſes & colorées, que la diſtillation eſt plus avancée, & que le feu eſt plus actif. Il reſte après cette analyſe un charbon plus ou moins volumineux, épais, léger, rare, brillant ou compacte, ſuivant les différentes eſpèces de bitumes. Cette analyſe indique que ces corps inflammables ont une origine végétale ou animale, comme nous le dirons avec plus de détail, lorſque nous aurons fait l'hiſtoire de leurs propriétés.

Les bitumes éprouvent quelques altérations de la part de la lumière ; lorſqu'ils ſont fluides, leur couleur ſe fonce, & leur odeur ſe modifie dans des vaiſſeaux tranſparens. L'air les épaiſſit par l'évaporation ſucceſſive de leur humidité, dont l'atmoſphère ſe charge d'autant plus promptement, que l'air eſt plus ſec. Leur principe recteur ou odorant ſe diſſipe en même proportion, & ils paſſent peu à peu de l'état de fluidité à la ténacité & à la ſolidité ; mais il faut un grand nombre d'années pour leur faire éprouver cette dernière altération.

L'eau dans laquelle on fait bouillir les bitumes ne les diſſout pas, mais elle ſe charge de leur principe aromatique, & elle exhale l'odeur qui leur eſt propre; il ſemble donc que l'eau a plus d'affinité avec leur principe odorant que la matière huileuſe du bitume, & peut-être pourroit-on ôter ainſi à ces corps toute leur odeur.

On n'a point eſſayé l'action des matières ſalino-terreuſes ſur les bitumes. Cependant la chaux paroît capable, ainſi que les alcalis purs, de s'unir avec ces matières combuſtibles, & de former avec elles des composés ſolubles dans l'eau, auxquels on donne le nom de ſavons.

On ne connoît pas la manière dont les acides minéraux ſont ſuſceptibles d'agir ſur les bitumes; il eſt vraiſemblable qu'ils les diſſoudroient ou les brûleroient ſuivant leur état de concentration, comme ils font à l'égard des huiles.

On n'a pas plus examiné l'action des ſels neutres, du gaz hydrogène, du ſoufre & des métaux ſur les bitumes; & en général les propriétés chimiques de ces corps ne ſont que très-peu connues. Ce travail eſt entiérement neuf, & il offriroit certainement des résultats utiles.

Les Naturalistes se sont beaucoup plus occupés de l'origine & de la formation des bitumes, que les chimistes ne l'ont fait de leur analyse. Il y a eu plusieurs opinions sur cet objet. Les uns ont pensé que ces corps combustibles appartiennent en propre au règne minéral, & qu'ils sont aux minéraux ce que les huiles & les résines sont aux êtres organiques. Cette analogie, qui a quelque chose de séduisant pour l'imagination, ne s'accorde pas avec les faits; car on ne connoît rien dans le règne minéral qui ait le caractère huileux. Aussi l'opinion de ceux qui attribuent les bitumes à des substances végétales enfouies dans l'intérieur de la terre, & altérées par l'action des acides minéraux, a-t-elle eu beaucoup plus de partisans que la première. En effet, tout atteste que les bitumes proviennent des matières organiques. Il se rencontre constamment dans leur voisinage un grand nombre de ces matières dont a forme est reconnoissable; d'ailleurs ils ont eux-mêmes les caractères chimiques des s bstances formées par la vie, & l'on est parvenu à les imiter jusqu'à un certain point, en co nbinant des huiles avec l'acide sulfurique concentré. Nous verrons dans l'histoire chimique des matières végétales, que cet acide mis en contact avec les huiles volatiles les durcit, les noircit, leur donne une odeur forte & piquante semblable à celle des bitumes. Mais ces corps sont-ils uniquement formés par les végétaux enfouis, comme l'ont avancé la plupart des naturalistes, & les animaux n'y contribuent-ils point pour quelque chose? La grande quantité de bitumes qui existent dans l'intérieur de la terre, comparée avec le peu de bois, ou d'arbres qu'on rencontre dans leur voisinage, & sur-tout le peu d'abondance des matières huileuses que ces végétaux contiennent, semblent s'opposer à ce qu'on attribue entièrement l'origine des bitumes aux individus du règne végétal : d'un autre côté, l'abondance de ces corps combustibles dans des endroits où l'on ne trouve que quelques traces de végétaux, & l'existence presque constante des dépouilles d'animaux entassées au-dessus des bitumes, doivent porter à croire que ces êtres organiques ont contribué pour beaucoup, & peut-être même plus que les végétaux, à la formation de quelques-uns. Observons encore que les couches successives de quelques bitumes qui se trouvent en masses continues dans l'intérieur du globe, annoncent que ces corps ont été déposés lentement & par les eaux, & que leur formation correspond à l'époque où des amas immenses de coquilles & d'autres corps marins ont été formés par la mer. Ils ont donc été dans un état de fluide, & ils se sont durcis par le laps de tems & par l'action des corps salins ou d'autres agens que l'intérieur de la terre contient en grande quantité. Telle est l'opinion que M. Parmentier, membre du collège de Pharmacie, a exposée sur l'origine du charbon de terre, dans un mémoire qu'il a lu à l'ouverture des cours de cette compagnie. Les huiles & les graisses des animaux marins paroissent donc être un des matériaux dont la nature se sert pour former certains bitumes, tandis qu'il en est d'autres dont l'origine est manifestement végétale, & qui sont dus à des résines ou à des huiles volatiles ensouies & altérées dans la terre.

Les bitumes sont en assez grand nombre. Les naturalistes en ont fait plusieurs genres. En les considérant chimiquement, nous les regardons comme des *espèces* ou des *sortes*, parce qu'ils ont en effet tous les mêm s caractères, relativement à leurs propriété chimiques. Les uns sont liquides, d'autres jouissent d'une consistance molle ; il en est qu ont solides, & parmi ces derniers, les uns so t durs & susceptibles de poli, les autres sont fr ables. Nous en connoissons cinq sortes bie dist ctes, qui comprennent une grande quantité de variétés que nous indiquerons. Ces cinq ſortes, dont nous allons faire l'hiſtoire, ſont le ſuccin, l'aſphalte ou bitume de Judée, le jayet, le charbon de terre & le pétrole. Nous ne rangeons plus l'ambre gris parmi les bitumes, mais parmi les produits des animaux.

CHAPITRE XXIV.

Sorte I. DU SUCCIN & DE L'ACIDE SUCCINIQUE.

LE ſuccin nommé *ambre jaune* ou *karabé*, eſt le plus beau de tous les bitumes par ſes caractères extérieurs; il eſt en morceaux irréguliers d'une couleur jaune ou brûne, tranſparens ou opaques, formés par couches ou par écailles. Il eſt ſuſceptible d'un très-beau poli. Lorſqu'on le frotte quelque tems, il devient électrique & capable d'attirer des pailles. Les anciens qui connoiſſoient cette propriété avoient donné au ſuccin le nom d'*electrum*, d'où eſt venu celui d'électricité.

Ce bitume eſt d'une conſiſtance aſſez dure, & qui approche de celle de certaines pierres; ce qui a engagé quelques auteurs & en particulier Hartman, naturaliſte qui vivoit ſur la fin du dernier ſiècle, à le ranger parmi les pierres précieuſes. Cependant il eſt friable & caſſant. Lorſqu'on le pulvériſe, il répand une odeur aſſez agréable. On rencontre ſouvent dans ſon intérieur des inſectes très bien conſervés & très-reconnoiſſables, ce qui prouve qu'il a été liquide, & que dans cet état, il a enveloppé les corps qu'on y trouve. Le ſuccin eſt le plus ſouvent enfoui à une plus ou moins grande profondeur; il ſe trouve ſous des ſables colorés, en petites maſſes incohérentes & diſperſées ſur des lits de terre pyriteuſe; on rencontre au-deſſus de lui des bois chargés de matière bitumineuſe noirâtre; on croit d'après cela qu'il eſt formé par une ſubſtance réſineuſe, qui a été altérée par l'acide ſulfurique des pyrites. Il nage encore ſur les bords de la mer: on le ramaſſe ſur les bords de la mer Baltique dans la Pruſſe ducale. Les montagnes de Provence près la ville de Siſteron, la Marche d'Ancône, & le duché de Spolette en Italie, la Sicile, la Pologne, la Suède & pluſieurs autres pays en fourniſſent auſſi. La couleur, la texture, la tranſparence ou l'opacité de ce bitume en ont fait reconnoître un aſſez grand nombre de variétés; on peut d'après Wallerius, les réduire aux ſuivantes.

Variétés.

1. Succin tranſparent blanc.
2. Succin tranſparent d'un jaune pâle.
3. Succin tranſparent d'un jaune citron.
4. Succin tranſparent d'un jaune d'or; *chryſelectrum* des anciens.
5. Succin tranſparent d'un rouge foncé.
6. Succin opaque blanc, *leucelectrum*.
7. Succin opaque jaune.
8. Succin opaque brun.
9. Succin coloré en vert, en bleu, par des matières étrangères.
10. Succin veiné.

On pourroit encore en diſtinguer un plus grand nombre de variétés, d'après les accidens qu'il offre ſouvent dans ſon intérieur. Mais on doit être prévenu relativement aux prix que l'on attache aux échantillons du ſuccin, remarquables par leur groſſeur, leur tranſparence, & les inſectes bien conſervés qu'ils offrent dans ſon intérieur, qu'il eſt poſſible d'être trompé ſur cet article, puiſque pluſieurs perſonnes poſsèdent l'art de lui donner de la tranſparence, de le colorer à volonté, & de le ramollir aſſez pour pouvoir y introduire des corps étrangers. Wallerius avertit que le ſuccin couleur d'or ne doit jamais ſa tranſparence qu'à la nature, &

que celui que l'art a rendu transparent est toujours d'une couleur pâle.

Quoiqu'il soit très-vraisemblable que ce bitume doit sa naissance à des matières résineuses végétales, plusieurs naturalistes ont eu des opinions différentes sur sa formation. Quelques-uns l'ont regardé comme de l'urine durcie de certains quadrupèdes, d'autres comme un suc de la terre que la mer a détaché, & qui, porté par les eaux sur le rivage, s'y est desséché & durci par les rayons du soleil. Cette classe de naturalistes le désigne comme un suc minéral particulier. Telle étoit l'opinion d'un ancien naturaliste nommé Philémon, & cité par Pline. George Agricola l'a ensuite fait revivre. Frédéric Hoffman croyoit qu'il étoit formé d'une huile légère, séparée du bois bitumineux par la chaleur, & épaissie par l'acide des vitriols. On ne peut admettre cette opinion d'Hoffman, car on ne conçoit pas comment une huile séparée dans les entrailles de la terre, pourroit contenir des animaux qui ne vivent qu'à sa surface. On a cru jusqu'ici que le succin étoit dû à un suc résineux qui a coulé d'abord fluide de quelqu'arbre ; que ce suc enfoui plus ou moins profondément dans la terre, par des bouleversemens que le globe a éprouvés, s'étoit durci & imprégné des vapeurs minérales & salines qui circulent dans son intérieur.

rieur. Il n'y a pas même d'apparence qu'il ait été altéré par des acides concentrés, car l'expérience nous apprend que l'action de ces acides l'auroit noirci & mis dans un état charbonneux. Pline pensoit que le succin n'étoit autre chose que la résine du pin durcie par la fraîcheur de l'automne. M. Girtanner croit que c'est une huile végétale rendue concrète par l'acide des fourmis. C'est l'espèce appelée *formica rufa* par Linneus, qui le prépare suivant cet auteur. Ces insectes habitent les anciennes forêts de sapins, où l'on trouve le succin fossile, qui est ductile comme de la cire fondue & qui se sèche à l'air.

Le succin exposé au feu ne se liquéfie qu'à une chaleur assez forte; il se ramollit & se boursoufle beaucoup. Lorsqu'on le chauffe avec le contact de l'air, il s'enflamme, & répand une fumée très-épaisse & très-odorante. Sa flamme est jaunâtre, variée de vert & de bleu. Il laisse après sa combustion, un charbon noir luisant, qui donne par l'incinération une terre brune en très-petite quantité. Bourdelin, dans son Mémoire sur le succin (*Acad.* 1742), n'a obtenu que dix-huit grains de cette terre, en brûlant deux livres de succin dans un têt. Une demi-livre du même bitume, brûlé & calciné dans un creuset, lui a fourni dans une seconde opération douze grains de résidu terreux, d'où il a retiré du fer à l'aide du barreau aimanté.

Si l'on distille le succin dans une cornue & par un feu gradué, on obtient d'abord un phlegme qui se colore en rouge, & qui est manifestement acide. Cette liqueur acide retient l'odeur forte du succin; il passe ensuite un sel volatil acide qui se cristallise en petites aiguilles blanches ou jaunâtres dans le col de la cornue; à ce sel succède une huile blanche & legère, d'une odeur très-vive. Cette huile prend peu à peu de la couleur, à mesure que le feu devient plus fort, & elle finit par être brune, noirâtre, épaisse, visqueuse, comme les huiles empyreumatiques. Il se sublime pendant que ces deux huiles passent, une certaine quantité de sel volatil de plus en plus coloré. Il reste dans la cornue, après cette opération, une masse noire moulée sur le fond de ce vaisseau, cassante & semblable au bitume de Judée; George Agricola avoit déjà fait cette observation, il y a près de trois siècles, sur le résidu du succin distillé. Si l'on conduit l'opération par un feu doux & bien ménagé, & si l'on opère sur une grande quantité de succin, on peut obtenir séparément tous ces produits en changeant de récipient. Ordinairement on les reçoit dans le même, & on les rectifie ensuite à une chaleur douce. L'acide se décolore en partie par cette rectification. L'huile qui ne devient noire sur la fin de l'opération, que parce qu'elle entraîne une portion charbonneuse, & parce que l'acide a réagi sur ses principes, peut être rendue très-blanche & très-légère par plusieurs distillations successives. Rouelle l'aîné a donné un très-bon procédé pour l'obtenir dans cet état par une première opération. Il faut pour cela mettr cette huile avec de l'eau dans un alambic de verre, & la distiller à la chaleur de l'eau bouillante; la portion la plus pure, la seule qui soit volatile à ce dégré de chaleur, à cause de sa légèreté, passe avec l'eau au-dessus de laquelle elle se rassemble. Si on veut la conserver dans cet état, il faut la renfermer dans des vaisseaux de grès; car dans des vaisseaux de verre, les rayons lumineux qui traversent cette matière, lui donnent au bout d'un certain tems une couleur jaune & même brune.

Cette analyse démontre que le succin est formé d'une grande quantité d'huile rendue concrète par un acide. Il contient encore une très-petite quantité de terre, dont on n'a point examiné la nature, & quelques atômes de fer.

L'huile de succin paroît se rapprocher des huiles essentielles; elle a leur volatilité, leur odeur; elle est très-inflammable, elle paroît ſuſceptible de former des ſavons avec les alcalis.

Le ſel volatil de ſuccin a été regardé pendant quelque tems comme un ſel alcali. Glaſer, Leſevre, Charas & Jean-Maurice Hoffman profeſſeur à Altdorf, étoient de ce ſentiment. Barchuſen & Boulduc le père ſont les deux premiers chimiſtes qui, dans le dernier ſiècle, ont reconnu la nature acide de ce ſel. Depuis eux tous les chimiſtes ont adopté cette découverte, mais ils n'ont point été d'accord entr'eux ſur la nature de cet acide. Frédéric Hoffman, fondé ſur ce que le ſuccin ſe trouve en Pruſſe ſous des couches de matières remplies de pyrites, a imaginé que ſon ſel étoit formé d'acide ſulfurique. Neuman paroît avoir eu le même ſentiment. Bourdelin, dans le mémoire que nous avons cité, rapporte pluſieurs expériences qu'il a faites pour déterminer la nature de ce ſel. Il obſerve d'abord que le ſel du ſuccin obtenu par la diſtillation de ce bitume, quelque blanc & quelque pur qu'il ſoit, contient toujours une matière huileuſe; c'eſt ſans doute à cette ſubſtance huileuſe qu'eſt due ſon odeur & l'eſpèce de combuſtibilité dont il jouit, & qu'il préſente lorſqu'on le jette ſur des charbons ardens. Il a tenté pluſieurs moyens pour le débarraſſer de cette ſubſtance. Nous verrons, lorſque nous examinerons la nature & les propriétés de l'alcool, que ce fluide n'a pas pu remplir ses vues. L'alcali fixe seul digéré sur le succin, dans le dessein de lui enlever sa partie grasse & huileuse, & d'obtenir son sel séparé, n'a pas eu plus de succès ; il a seulement dissous un peu de bitume, & il a pris une saveur lixivielle & salée comme le sel marin. Enfin, Bourdelin n'a pas trouvé de meilleur procédé pour unir l'acide du succin pur & privé de matières huileuses, avec l'alcali fixe, que de faire détoner un mélange de deux parties de nitre avec une partie de ce bitume. Il a lessivé le résidu de cette détonation avec de l'eau distillée. Cette lessive étoit ambrée ; elle a précipité la dissolution d'argent en caillé blanc, celle du mercure avec la même couleur. Plusieurs autres dissolutions métalliques ont été également décomposées ; mais Bourdelin n'a regardé que les deux premières comme concluantes. Elles lui ont paru indiquer que l'acide du succin étoit le même que celui du sel marin, puisqu'il présentoit les mêmes phénomènes que ce dernier, avec les dissolutions nitriques de mercure & d'argent. La lessive du résidu de la détonation du succin avec le nitre, ayant été évaporée à l'air, a donné une matière mucilagineuse, au milieu de laquelle se sont peu à peu déposés des cristaux quarrés allongés, dont la forme, la saveur salée, la décrépitation sur les charbons ardens, & sur-tout l'effervescence considérable & l'odeur d'acide muriatique qu'ils exhalèrent par l'affusion de l'acide sulfurique concentré, indiquèrent à l'auteur que cet acide muriatique y étoit uni à la base du nitre. Malgré cette analyse qui est fort exacte pour le tems où Bourdelin travailloit, les chimistes qui ont examiné depuis lui le sel de succin, ne l'ont point trouvé analogue à l'acide muriatique, & y ont découvert tous les caractères d'un acide végétal huileux. Bergman qui paroît avoir adopté cette opinion, donne les détails suivans sur les propriétés & les affinités électives de sel. L'acide succinique retiré par la sublimation & purifié par des dissolutions & des cristallisations successives, forme avec la potasse & l'ammoniaque des sels neutres cristallisables & déliquescens. Avec la soude il donne un sel qui n'attire point l'humidité de l'air. Uni à la chaux & à la baryte, il constitue des sels peu solubles; la magnésie forme avec lui une matière épaisse comme une gomme. Il dissout les oxides métalliques, & les succinates produits par ces dissolutions, sont la plupart cristallisables & permanens.

La baryte, la chaux & la magnésie enlèvent, suivant lui, l'acide succinique aux alcalis. La baryte décompose les succinates de chaux & de magnésie, & l'eau de chaux précipite la magnésie unie à cet acide.

On n'a pas suivi plus loin l'examen des propriétés chimiques de ce bitume. On ne connoît même pas la manière dont les acides sont susceptibles d'agir sur lui. Frédéric Hoffman assure qu'on peut le dissoudre en entier dans la lessive d'alcali caustique & dans l'acide sulfurique. On sait encore que l'huile volatile de succin peut s'unir avec l'ammoniaque caustique, & former par le simple mélange & l'agitation une sorte de savon liquide, d'un blanc laiteux, d'une odeur très-pénétrante, qu'on connoît en pharmacie sous le nom d'*eau de luce*; enfin, que cette même huile dissout le soufre à l'aide de la chaleur d'un bain de sable, & constitue un médicament appelé *baume de soufre succiné*.

Le succin est d'usage en médecine, comme anti-spasmodique; on l'a recommandé dans les affections hystériques & hypocondriaques, la suppression des règles, la gonorrhée, les fleurs blanches, &c. On l'emploie en nature après l'avoir lavé avec de l'eau chaude, & réduit en poudre fine sur le porphyre. On s'en sert pour des fumigations fortifiantes & résolutives, en jetant ce bitume en poudre sur une brique bien chaude, & en dirigeant la fumée qu'il exhale, sur la partie qu'on se propose de soumettre à son action. L'acide liquide & le sel de succin sont regardés comme béchiques, incisifs, cordiaux & anti-septiques; on les administre aussi comme des puissans diurétiques. L'huile de succin est employée extérieurement & intérieurement aux mêmes usages que le succin lui-même; on la prescrit à des doses moins fortes, à cause de son activité plus grande. Le baume de soufre succiné que l'on donne à la dose de quelques gouttes dans les boissons appropriées, ou mêlé avec d'autres substances pour en former des pilules, a du succès dans les affections humorales & pituiteuses de la poitrine, des reins, &c. On fait avec l'acide liquide du succin & l'opium un sirop appelé *sirop de karabé*, que l'on emploie avec avantage comme calmant, anodin & anti-spasmodique. L'eau de luce que l'on prépare en versant quelques gouttes d'huile de succin dans un flacon plein d'ammoniaque caustique, & en agitant ce mélange jusqu'à ce qu'il ait pris une couleur blanche laiteuse, est depuis long tems en usage comme un irritant très-actif, dans les asphixies; on l'approche des narines, dont elle stimule les nerfs, & c'est par les secousses qu'elle excite, qu'elle ranime le mouvement des fluides, & fait revenir les malades.

Les plus beaux morceaux de succin sont taillés & tournés pour en faire des vases, des pommes de cannes, des colliers, des bracelets, des tabatières, &c. Ces sortes de bijoux ne sont plus recherchés chez nous depuis que les diamans & les pierreries sont connus; mais on les envoie en Perse, en Chine & chez plusieurs nations qui les estiment encore comme de grandes raretés. Wallerius dit qu'on peut employer les morceaux les plus transparens pour faire des microscopes, des verres ardens, des prismes, &c. On assure que le roi de Prusse avoit un miroir ardent de succin d'un pied de diamètre, & qu'il y a dans le cabinet du duc de Florence une colonne de succin de dix pieds de haut, & un lustre très-beau. On peut réunir deux morceaux de ce bitume en les enduisant de dissolution de potasse, & en les rapprochant après les avoir chauffés.

CHAPITRE XXV.

Sorte II. DE L'ASPHALTE.

L'ASPHALTE ou *bitume de Judée*, nommé aussi *gomme des funérailles*, *karabé de Sodôme*, *poix de montagne*, *baume de momies*, &c. est un bitume noir, pesant, solide, assez brillant.

Il se casse facilement, & sa cassure est vitreuse. Une lame mince de ce bitume paroît rouge, lorsqu'on la place entre l'œil & la lumière. L'asphalte n'a pas d'odeur quand il est froid. Lorsqu'on le frotte il en acquiert une légère. Il se trouve sur les eaux du lac Asphaltide ou mer morte dans la Judée, près duquel étoient les anciennes villes de Sodôme & de Gomorre. Les habitans incommodés par l'odeur que répand ce bitume amassé sur les eaux, & encouragés par le profit qu'ils en retirent, le ramassent avec soin. Lémery dit dans son Dictionnaire des Drogues, que l'asphalte se dégorge comme une poix liquide, de la terre que couvre la mer morte, & qu'élevé sur ses eaux, il y est condensé par la chaleur du soleil & par l'action du sel que ces eaux contiennent en grande quantité. Il s'en rencontre aussi sur plusieurs lacs de la Chine.

L'asphalte du commerce se retire, suivant M. Valmont de Bomare, des mines de Daunemore, & notamment dans la principauté de Neuchatel & de Wallengin. Il y en a de deux couleurs, suivant ce naturaliste, de noirâtre, de grisâtre ou fauve : mais cet asphalte n'est pas à beaucoup près pur, & il paroît n'être qu'une terre endurcie & pénétrée par le bitume.

Les naturalistes sont partagés sur l'origine de l'asphalte comme sur celle de tous les bitumes. Les uns le croient un produit minéral, formé par un acide uni à une matière grasse dans l'intérieur de la terre. D'autres le regardent comme une matière résineuse végétale, enfouie & altérée par les acides minéraux. Le sentiment le plus répandu & le plus vraisemblable, c'est qu'il a la même origine que le succin, & qu'il est formé par ce dernier bitume, qui a éprouvé l'action d'un feu souterrain. Cette opinion est fondée sur ce que le succin fondu & privé d'une partie de son huile & de son sel par l'action du feu, devient noir, sec, cassant & parfaitement semblable à l'asphalte; mais elle ne pourra être solidement établie que par une analyse comparée de ce résidu du succin & de l'asphalte; ce dernier bitume n'a point encore été examiné avec l'exactitude nécessaire pour assurer cette analogie.

L'asphalte exposé au feu, se liquéfie, se boursouffle, & brûle en répandant une flamme & une fumée épaisse, dont l'odeur est forte, âcre & désagréable. On en retire par la distillation une huile colorée comme le pétrole brun, & un phlegme acide.

L'asphalte est employé, comme le goudron, pour enduire les vaisseaux, par les arabes &

les indiens. Il entre dans la composition des vernis noirs de la Chine, & dans les feux d'artifice qui brûlent sur l'eau. Les égyptiens s'en servoient pour embaumer les corps ; mais il n'étoit employé à cet usage que par les pauvres qui ne pouvoient pas se procurer des substances anti-septiques plus précieuses. Wallérius assure que des marchands préparent une espèce d'asphalte avec la poix épaissie, ou en mêlant & faisant fondre cette dernière avec une certaine quantité de véritable baume de Judée ; mais on peut reconnoître cette fraude par le moyen de l'alcool, qui dissout entièrement la poix, & qui ne prend qu'une couleur jaune pâle avec l'asphalte.

CHAPITRE XXVI.

Sorte III. DU JAYET.

LE jais ou jayet, nommé par les latins *gagus*, appelé *succin noir* par Pline, *Pangitis* par Strabon, &c. est un bitume noir, compact, dur comme quelques pierres, brillant & vitreux dans sa cassure, & susceptible de prendre un beau poli. Frotté quelque tems, il attire les corps légers, & paroît électrique comme le ſuccin. Il n'a point d'odeur; lorſqu'on le chauffe, il en acquiert une à-peu-près ſemblable à celle du bitume de Judée.

Le jayet ſe trouve en France dans la Provence, dans le comté de Foix; il y en a même une carrière qu'on exploite à Béleſtat dans les Pyrénées. On le rencontre auſſi en Suède, en Allemagne, en Irlande. Les carrières de jais ſont diſpoſées par couches; elles contiennent des pyrites, ainſi que le charbon de terre, & comme la plupart des bitumes.

Ce bitume ſe ramollit & ſe fond lorſqu'on le chauffe fortement; il brûle avec une odeur fétide. On en retire de l'huile par la diſtillation, & une liqueur acide.

Parmi les différentes opinions ſur la formation du jayet, la plus vraiſemblable eſt celle qui conſiſte à le regarder comme de l'aſphalte endurci par le laps des tems. Elle a été adoptée par le ſavant Wallerius.

Le jayet eſt employé pour faire des bijoux de deuil. C'eſt à Wirtemberg qu'on le travaille. On en fait des bracelets, des boutons, des boîtes, &c.

CHAPITRE XXVII.

Sorte IV. DU CHARBON DE TERRE.

ON donne le nom de *charbon fossile*, charbon de terre, de pierre, *lithantrax*, *houille*, &c. a une matière bitumineuse, noire, feuilletée, luisante ou terne, qui se casse facilement, & qui n'a pas la consistance & la pureté des bitumes décrits jusqu'actuellement.

Ce bitume a reçu le nom qu'il porte, en raison de sa propriété combustible & de l'usage qu'on en fait dans plusieurs pays. On le trouve dans l'intérieur de la terre, au-dessous de pierres plus ou moins dures & de schistes alumineux & pyriteux. Ces derniers portent constamment l'empreinte de plusieurs végétaux de la famille des fougères, qui pour la plupart sont exotiques, suivant l'observation de Bernard de Jussieu. Le charbon de terre est placé plus ou moins profondément dans l'intérieur de la terre. Il est toujours disposé par couches horisontales ou inclinées; cette dernière disposition est la plus fréquente. Les lits ou couches dont il est composé different par l'épaisseur, la consistance, la couleur, la pesanteur, &c. On observe souvent au-dessus de ce bitume des lits plus ou moins étendus de coquilles & de madrépores fossiles ; ce qui a fait penser à quelques modernes, & particulièrement à M. Parmentier, que le charbon de terre avoit été formé dans la mer, par le dépôt & l'altération des matières huileuses ou graisseuses des animaux marins. La plupart des naturalistes le regardent comme le produit d'un résidu des bois enfouis & altérés par les acides.

On exploite les carrières de charbon fossile comme les mines, en creusant des puits & des galeries, & en détachant ce bitume à l'aide de pics ou espèces de pioches. Les ouvriers qui le retirent, sont souvent exposés au danger de perdre la vie par les fluides élastiques qui s'en dégagent. Cette espèce de mofette est nommée *pousse* ou *tousse* par les ouvriers ; elle éteint les lampes, & paroît être du gaze acide carbonique. Il se développe aussi dans ces mines une espèce de gaze inflammable très-délétère qui produit quelquefois des explosions dangereuses.

Le charbon fossile est très-abondant dans la nature. On en trouve en Angleterre, en Ecosse, en Irlande, dans le Hainault, le pays de Liège, la Suède, la Bohême, la Saxe, &c. Plusieurs provinces de la France en fournissent beaucoup

& ſpécialement la Bourgogne, le Lyonnois, le Forèz, l'Auvergne, la Normandie, &c.

Le charbon foſſile ſe diſtingue en charbon de pierre & charbon de terre, ſuivant ſa dureté ou ſa friabilité; mais la manière dont il brûle, & les phénomènes qu'il préſente dans ſa combuſtion, fourniſſent des caractères bien plus importans pour en faire reconnoître les différentes ſortes. Wallerius en diſtingue trois eſpèces sous ce point de vue : 1°. Le charbon de terre écailleux, qui reſte noir après sa combuſtion : 2°. Le charbon de terre compact & feuilleté, qui, après avoir été brûlé, donne une matière ſpongieuſe, ſemblable à des ſcories : 3°. Le charbon de terre fibreux comme le bois, & qui le réduit en cendres par la combuſtion.

Ce bitume chauffé avec le contact d'un corps en combuſtion & de l'air, s'embraſe d'autant plus lentement & difficilement, qu'il eſt plus peſant & plus compact; une fois embraſé, il répand une chaleur vive & durable, & il eſt long tems en ignition avant d'être conſumé. On peut même l'éteindre & le faire ſervir pluſieurs fois de ſuite à de nouvelles combuſtions. Sa matière inflammable paroît très-denſe, & comme fixée par une autre ſubſtance non combuſtible qui en arrête la deſtruction. Il exhale en brûlant une odeur forte particulière, mais qui

qui n'eſt nullement ſulfureuſe lorſque le charbon de terre eſt bien pur & ne contient pas de pyrites. La combuſtion de ce bitume paroît être fort analogue à celle des matières organiques, en ce qu'elle eſt ſuſceptible de s'arrêter & d'être partagée en deux tems. En effet, la partie combuſtible huileuſe la plus volatile que contient le charbon de terre, ſe diſſipe & s'enflamme par la première action du feu ; & ſi, lorſque tout ce principe eſt diſſipé, on arrête la combuſtion, le bitume ne retient que la portion la plus fixe & la moins inflammable de ſon huile réduite dans un véritable état charbonneux, & combinée avec une baſe terreuſe. C'eſt par un procédé de cette nature que les anglois préparent leurs *coaks* qui n'eſt que du charbon de terre privé de ſa partie huileuſe fluide par l'action du feu.

On voit très-bien ce qui ſe paſſe dans cette expérience, en chauffant ce bitume dans des vaiſſeaux fermés & dans un appareil diſtillatoire. On en obtient un phlègme alcalin, du carbonate ammoniacal concret, une huile qui ſe fonce en couleur, & devient plus peſante à meſure que la diſtillation avance. Il paſſe en même tems une grande quantité de fluide élaſtique & inflammable, que l'on regarde comme une huile en vapeurs, mais qui eſt du gaz hydrogène mêlé de gaz azote, de carbone qui y est dissous, & de gaz acide carbonique. Il reste dans la cornue une matière scorifiée, charbonneuse, qui est encore susceptible de brûler; c'est le *coaks* des anglois. Si l'on observe avec soin l'action du feu sur le charbon de terre pur, on voit qu'il éprouve un ramolissement évident, & qu'il semble passer à une demi-fusion (1): or on conçoit que cet état pouvant nuire à la fonte des mines, il est essentiel de priver le charbon de terre de cette propriété. On y réussit en lui enlevant le principe de ce ramollissement, c'est-à-dire, l'huile qu'il contient en grande abondance, & en le réduisant dans un état analogue à celui du charbon fait avec les végétaux. N'oublions pas de faire observer que l'ammoniaque fournie en assez grande quantité

---

(1) Il y a quelques espèces de charbon de terre qui n'éprouvent point cette fusion, ou plutôt ce ramollissement par l'action du calorique; ces espèces ne paroissent pas contenir tant d'huile que celles qui se ramollissent au feu; mais les dernières sont les plus nombreuses & les meilleures. La distinction des charbons de terre d'après leur nature intime n'est pas encore à beaucoup près aussi exacte qu'elle pourra l'être quelque jour. M. Faujas a donné quelques lumières nouvelles à cet égard dans la dissertation qu'il a publiée, il y a quelques mois, sur le charbon de terre.

par le charbon de terre, favorise l'opinion que nous avons exposée sur son origine animale; puisque, comme on le verra ailleurs, les corps qui appartiennent au regne animal donnent toujours ce sel dans leur distillation. Cette analyse est faite en grand dans plusieurs parties de l'Angleterre, & l'on recueille dans un appareil distillatoire particulier les différens produits du charbon de terre; l'huile est employée comme goudron, l'ammoniaque sert aux fabriques de muriate ammoniacal, & le résidu est un très-bon *coaks*. M. Faujas de Saint-Fond a transporté cet art utile en France, & les expériences qu'il a faites au jardin des plantes, ont très-bien réussi en petit; malgré cela, il n'y a encore aucun établissement de ce procédé en grand.

Le charbon de terre est singulièrement utile dans les pays où il n'y a pas de bois. On l'emploie comme matière combustible, & sans qu'on puisse craindre les dangers que quelques personnes ont attribués à son usage. La vapeur sulfureuse que l'on croit qu'il répand dans sa combustion, ne doit pas être redoutée, puisque l'analyse la plus exacte a prouvé à tous les chimistes que lorsque le charbon de terre est pur, il ne contient pas un atóme de soufre. On voit, d'après cela, combien est fausse & trompeuse la prétention de quelques hommes peu instruits, qui annoncent des procédés pour *désoufrer* ce bitume. Une autre considération qui doit engager à tirer tout le parti possible du charbon de terre, sur-tout en France, c'est que les travaux des mines consommant des quantités énormes de charbon de bois, il est à craindre que le bois ne manque quelque jour; c'est spécialement dans ces sortes de travaux que l'industrie doit chercher à employer le charbon de terre, comme le font depuis long-tems les anglois. Déjà l'usage du charbon de terre commence à s'établir dans beaucoup d'atteliers, & les fameuses fonderies de fer du Creusot près Montcenis, en Bourgogne, en montrent un grand & utile exemple.

Le charbon de terre épuré n'est autre chose que celui qui a été privé de son huile par l'action du feu; cette espèce de charbon brûle sans fumée, sans ramolissement, sans odeur forte, c'est, en un mot, du véritable coaks, & il est préféré pour les cheminées des appartemens, en raison de ces propriétés.

Un des grands inconvéniens du charbon de terre, outre la fumée très-abondante & très-épaisse qu'il exhale & qui noircit tous les meubles, c'est que le courant d'air très-rapide & très-abondant qu'il exige pour sa combustion, enlève & volatilise une partie de ses cendres, qui s'attachent sur tous les corps environnans. Mais on remédiera en grande partie à ces deux inconvéniens par une construction bien entendue des cheminées, & telle que le courant excité par sa combustion soit tout entier entraîné au-dehors, & qu'il n'y en ait aucune portion refoulée dans les chambres.

La grande utilité que ce combustible aura en France, est plus relative encore aux arts & aux manufactures de toutes les espèces; on ménagera singulièrement par son usage, les bois pour le chauffage & la construction.

CHAPITRE XXVIII.

Sorte V. DU PÉTROLE.

ON a donné le nom de *pétrole* ou d'*huile de pierre*, à une substance bitumineuse liquide, qui coule entre les pierres sur les rochers, ou dans différens lieux de la surface de la terre. Cette huile diffère par sa légèreté, son odeur, sa consistance & son inflammabilité. Les auteurs en ont distingué un assez grand nombre de variétés. Ils ont donné le nom de *naphte* au pétrole le plus léger, le plus transparent & le plus inflammable ; celui de *pétrole* proprement dit à un bitume liquide, un peu épais, & d'une couleur brune foncée ; enfin celui de *poix minérale* à un bitume noir, épais, peu liquide, tenace & s'attachant aux doigts. Voici quelles en sont les variétés décrites par Wallerius & par plusieurs autres naturalistes.

Variétés.

1. Naphte blanc.
2. Naphte rouge.
3. Naphte vert ou foncé.
4. Pétrole mêlé à de la terre.
5. Pétrole suintant à travers les pierres.
6. Pétrole nageant sur les eaux.
7. Poix minérale ou *maltha*.
8. Pissasphalte. Il est d'une consistance moyenne entre celle du pétrole ordinaire, & de l'asphalte ou bitume de Judée.

Les différens naphtes se trouvent en Italie, dans le duché de Modène, & au mont Ciaro, à douze lieues de Plaisance. Kempfer rapporte dans ses *Amœnitates exoticœ*, qu'on le ramasse en grande quantité dans plusieurs endroits de la Perse. Le pétrole coule en Sicile & dans plusieurs autres lieux de l'Italie ; en France, au village de Gabian, dans le Languedoc ; en Alsace ; à Neufchatel en Suisse ; en Ecosse, &c.

Le pissasphalte & la poix minérale se tiroient autrefois de Babylone, dont ils ont servi à la construction des murailles; de Raguse en Grèce, & de l'étang de Samosate, capitale de la Comagène en Syrie. On les tire aujourd'hui de la principauté de Neufchatel & de Wallengin, du Puits de la Pège, à une lieue de Clermont-Ferrand en Auvergne, & de plusieurs autres endroits.

Il faut observer à l'égard des différentes variétés que nous avons indiquées, qu'elles paroissent toutes avoir la même origine, & qu'elles ne diffèrent les unes des autres que par quelque modification particulière. La plupart des Naturalistes & des Chimistes attribuent la formation des pétroles à la décomposition des bitumes solides par l'action des feux souterrains. Ils observent que le naphte paroît être l'huile la plus légère, que le feu dégage la première, & que celle qui lui succède acquérant de la couleur & de la consistance, forme les diverses sortes de pétroles; qu'enfin ces derniers unis à quelques substances terreuses ou altérées par les acides, prennent les caractères de la poix minérale ou du pissasphalte. Ils ont, pour étayer leur sentiment, une comparaison fort exacte avec les phénomènes que présente la distillation du succin, qui fournit en effet une sorte de naphte, & un pétrole plus ou moins brun suivant le degré de chaleur, & le temps de l'opération. Enfin, ils observent que la nature présente souvent dans le même lieu toutes les espèces de pétrole, depuis le naphte le plus léger jusqu'à la poix minérale. Tels sont les bitumes fluides que l'on retire au mont Festin dans le duché de Modène. Quoique cette opinion soit très-vraisemblable, quelques auteurs pensent que le pétrole est une combinaison huileuse minérale formée par l'acide sulfurique & quelque matière grasse; mais cette combinaison même appartiendroit encore à quelques êtres organiques, puisque les matières grasses sont toujours formées par ces êtres.

On n'a point encore examiné les propriétés chimiques du pétrole. On sait seulement que le naphte est très-volatil, & si combustible, qu'il s'enflamme par le voisinage de quelque matière en combustion; il semble même attirer la flamme à cause de sa volatilité. On retire un phlegme acide du pétrole brun, & une huile qui d'abord est semblable au naphte, & qui se colore à mesure que la distillation est plus avancée. Il reste dans la cornue une matière épaisse comme le pissasphalte, qu'on peut rendre sèche & cassante comme l'asphalte, & réduire entièrement à l'état charbonneux par un feu plus vif. Les alcalis n'ont que peu d'action sur le pétrole ; l'acide sulfurique le colore & l'épaissit, l'acide nitrique l'enflamme comme les huiles essentielles; il dissout facilement le soufre ; il se colore par les oxides métalliques, & il s'unit au succin dont il ramollit & dissout une partie à l'aide de la chaleur.

Les diverses espèces de pétrole sont employées à différens usages dans les pays où elles sont abondantes. Kempfer nous apprend qu'on s'en sert en Perse pour s'éclairer, & qu'on en brûle dans des lampes à l'aide des mêches. On peut aussi les faire servir au chauffage. Lehman dit que pour cet effet on verse du naphte sur quelques poignées de terre, & qu'on l'allume avec du papier ; il s'enflamme tout-à-coup avec activité, mais il répand une fumée épaisse très-abondante, qui s'attache à tous les corps, & dont l'odeur est fort désagréable. On croit aussi que le pétrole entre dans la composition du feu grégeois. On emploie encore le pétrole épais pour faire un mortier très-solide & très-durable. On retire, par la décoction du pissasphalte avec l'eau, une huile dont on se sert pour goudronner les vaisseaux.

Enfin, quelques médecins se sont servis avec succès du pétrole dans les maladies des muscles, la paralysie, la foiblesse, &c. en frottant la peau, ou en l'exposant à sa fumée. Vanhelmont regardoit les frictions faites avec le pétrole comme un très-bon remède pour les membres gelés, & il les conseilloit comme un excellent préservatif contre l'impression du froid.

Fin du Tome troisième.

www.ingramcontent.com/pod-product-compliance
Ingram Content Group UK Ltd.
Pitfield, Milton Keynes, MK11 3LW, UK
UKHW020256230726
13925UKWH00001B/83